XIANDAI LIUSUAN SHENGCHAN CAOZUO
YU JISHU ZHINAN

现代硫酸生产操作与技术指南

孙治忠　主编　　　方永水　张宏昌　马　俊　副主编

U0209808

化学工业出版社

·北京·

本书以烟气制酸工艺流程为主线，分 12 章论述了烟气输送单元、净化单元、转化单元、干吸单元、升温炉单元、风机单元、余热锅炉单元、尾气吸收单元、软化水和循环水单元、硫酸成品库单元、通用单元、电气仪表单元，就操作中所涉及的仪器设备、工艺流程、生产技术与条件、调试、操作、安全等方面进行了详细讲解。以一问一答的编排形式，共提炼出598 个问题，涉及基本概念，设备组成与构造，设备运行原理，生产过程中常见问题的产生原因、处理方法和安全保障。

本书适于冶炼烟气制酸企业与硫黄制酸和硫铁矿制酸企业的技术人员与操作工人阅读。既可作为相关企业的培训教材，也可作为硫酸生产管理及高校学生实习的参考书。

图书在版编目（CIP）数据

现代硫酸生产操作与技术指南 / 孙治忠主编. —北京：化学工业出版社，2016.2 (2021.2重印)
　ISBN 978-7-122-25750-5

　Ⅰ.①现… Ⅱ.①孙… Ⅲ.①硫酸生产-生产工艺-指南　Ⅳ.①TQ111.16-62

中国版本图书馆 CIP 数据核字（2015）第 282500 号

责任编辑：李晓红　　　　　　　　　　　装帧设计：王晓宇
责任校对：王素芹

出版发行：化学工业出版社（北京市东城区青年湖南街 13 号　邮政编码 100011）
印　　装：北京天宇星印刷厂
710mm×1000mm　1/16　印张 23¾　字数 376 千字　　2021 年 2 月北京第 1 版第 4 次印刷

购书咨询：010-64518888　　　　　　　售后服务：010-64518899
网　　址：http://www.cip.com.cn
凡购买本书，如有缺损质量问题，本社销售中心负责调换。

定　　价：88.00 元

编 委 会

编 写 人 员

主　编　孙治忠

副主编　方永水　张宏昌　马　俊

其他编写人员（按姓氏笔画排序）

马　莹　马军民　王　辉　王延伟　王金峰

王超文　毛艳丽　艾海元　刘　陈　刘　雨

刘　娜　刘元戎　刘花蕊　刘兵波　许明鹏

牟建国　苏青天　李山东　李平德　李雪栋

肖怀学　宋　莹　宋小虎　张　建　张文虎

张可为　张宝才　张雪峰　张鹏云　杨　森

杨振杰　周洪涛　赵宁文　赵晓斐　胡启峰

贾小军　贾金山　高　明　郭　征　常培珑

梁开军　彭国华　景红梅　谢　成　程　楚

程华花　裴英鸽

序 言

近年来，我国硫酸行业以科技创新为突破口，不断提升技术、装备水平，深化节能、环保工作，取得了长足进步。在此基础上，技术理论类硫酸专著逐渐增多，为行业技术进步和硫酸企业发展提供了有益的参考和借鉴。但硫酸生产操作类书籍却鲜有问世。没有系统的操作经验作指导，更多是依靠硫酸企业内部长期的摸索积累和经验传承，未能将硫酸生产操作经验提炼推广，不能不说是硫酸行业的一大憾事。

现由金川集团股份有限公司（简称金川集团）化工厂一线员工编纂的《现代硫酸生产操作与技术指南》弥补了这一缺憾。金川集团长期致力于冶炼烟气治理技术的研究和实践，冶炼烟气制酸产能目前已达 412 万吨/年，装置规模及技术水平均处于行业领先地位，同时也在硫酸生产方面积累了丰富的生产和操作经验，为硫酸行业技术水平提升起到了重要的推动作用。金川集团高度重视全员创新工作，"人人参与创新、时时都在创新、处处体现创新"蔚然成风。自 2003 年至今，仅化工厂一线职工总结创新并获得授权专利达 150 余项，获得省部级奖励十余项，形成了深厚的技术积淀。如今，金川集团能够将冶炼烟气制酸操作方面的经验和精华汇集、整理并以书籍的形式呈现出来，对整个硫酸行业来说，实属一大贡献。

2015 年新《环境保护法》的实施，对硫酸生产稳定操作、稳定达标排放提出了更高的要求，金川集团同行业分享的《现代硫酸生产操作与技术指南》一书，系统性及适用性强，内容全面，通俗易懂，不仅适用于冶炼烟气制酸企业，同时部分内容也适用于硫黄制酸和硫铁矿制酸企业，希望该书的出版能对硫酸企业的生产提供帮助。

齐焉

中国硫酸工业协会理事长

二○一五年九月

前　言

进入新世纪以来，伴随着有色金属冶炼产能的快速增长，冶炼烟气制酸产能迅猛扩张，我国硫酸工业发展步入"快车道"，技术创新能力大幅提升，工艺技术、装备水平、新材料应用、仪表自控等方面取得很大进展。随着国内产业结构的优化整合，硫酸行业将面临新的机遇与挑战，在新的背景环境下，优化产业格局，提升技术装备水平，强化精细管理及精益操作，已成为推动行业可持续健康发展的主要内容。

金川集团股份有限公司（简称金川集团）是以有色金属生产为核心的垂直一体化、相关多元化的大型企业集团。硫酸产业作为集团公司的主流程产业，经过三十年的创新发展，硫酸生产能力及技术装备水平取得了长足进步。目前，已形成九套生产系统、412万吨/年的硫酸产能。同时，在金川集团"人人参与创新、时时都在创新、处处体现创新"的全员创新氛围下，通过不断消化、吸收、再创新和自主研发，硫酸生产技术水平达到了行业领先水平。

金川集团在长期的硫酸生产和技术创新过程中，通过不断地摸索和经验传承，积累了丰富的硫酸生产和操作经验，培养了一大批技术型和操作型专家。但硫酸生产具有毒性、强腐蚀、生产过程连续性强、生产工艺复杂等特点，尤其随着新《安全生产法》和新《环境保护法》的出台，硫酸生产对员工操作的准确性以及故障分析、判断及处置能力等均提出了更高的要求。为指导硫酸生产，实现精细化操作，金川集团从硫酸生产一线员工出发，对其多年来积累的硫酸生产和操作经验进行汇集整理，在金川集团工会的大力支持下，将其固化，以专业性员工操作指导类书籍的形式展示给读者，旨在分享金川集团硫酸生产与操作经验，帮助读者学习和了解硫酸生产工艺、技术、装备及日常生产操作、故障分析处置等内容。

本书侧重一线生产操作，在章节架构上，以冶炼烟气制酸工艺流程为主线，分工序、分专业进行阐述，其中第一章至第四章涵盖烟气配送、净化、转化、干吸单元，第五章至第十二章涵盖升温炉、风机、余热锅炉、尾气吸收、软化水和循环水、硫酸成品库及通用、电气仪表单元，内容全面、详细。在内容编排上，各工序均以关键理论为基础，重点从操作层面入手，针对各工序操作的要点和重点，通过设问的形式予以回答，并配以相关图片，使读者更易理解和掌握。

本书既可作为硫酸生产企业的培训教材，又可作为硫酸生产管理和高等院校学生实习的参考书。编写过程中，力求精益求精，虽然经过多次修改，但由于水平有限，不足之处在所难免，敬请读者同仁不吝赐教。

编　者

二〇一五年十月

目　录

第一章

烟气输送单元

一、概述

有色金属资源普遍以硫化物的形式存在于天然矿物中,其冶炼过程中产生的含有 SO_2 的烟气可作为制取硫酸的原料。受有色金属矿物组成复杂及冶炼工艺的影响,冶炼烟气制酸与硫黄制酸相比,存在烟气量及 SO_2 浓度波动大、烟气成分复杂、烟气含尘高等特点,因此冶炼烟气输送单元是冶炼烟气制酸的基础。同时冶炼炉窑众多,各炉窑产生的烟气 SO_2 浓度相差很大,需在烟气输送单元进行烟气混配,将 SO_2 浓度调配至适宜制酸的范围。本章介绍了不同组分的烟气输送管道材质选择、管道加工安装方法以及施工过程注意事项,详细阐述了烟气配送过程中常见问题的原因及处理方法,并对烟气管道检修的安全事项进行了说明。

二、基本理论

1. 冶炼烟气是如何产生的?

常见的有色金属冶炼包括:铜冶炼、镍冶炼、钴冶炼及其他有色金属的冶炼,其原料大部分为金属硫化矿,冶炼过程会产生 SO_2 浓度为 2%～40%的烟气。

金属硫化矿的冶炼分为火法和湿法两大类。

(1)火法冶炼

火法冶炼是利用金属(及其伴生金属)与脉矿石在高温下物理化学作用的不同使其分离,最后得到金属。主要冶炼工艺:通过闪速炉、鼓风炉、反射炉或电炉、顶吹炉、侧吹炉、底吹炉等进行熔炼得到冰铜,然后将冰铜送入转炉吹炼成粗铜。熔炼工艺采用富氧,所以生产过程中的 SO_2 浓度较高,在 30%

左右；转炉吹炼由于漏风影响，生产过程中的 SO_2 浓度较低，在 5%左右。

（2）湿法冶炼

硫化矿在沸腾炉内进行低温硫酸化焙烧，将焙砂浸出、净化、电解，得出金属，焙烧过程中产生的烟气用来制酸。

因此，冶炼 SO_2 烟气主要是火法冶炼金属硫化矿产生的。

2. 冶炼烟气输送管道（以下简称烟道）采用什么材质？如何制作安装？

烟气成分随冶炼方式不同而不同，因此根据烟气成分、温度、水分含量等因素的不同，通常选择钢制烟道和玻璃钢烟道。冶炼烟气若采用干法收尘工艺，烟气中含水较少，烟道采用钢制烟道，做内防腐；冶炼烟气若采用湿法除尘，则含水较高，烟道采用玻璃钢烟道。

（1）钢制烟道加工制作方法

当烟气温度在 200℃以上，冶炼烟气采用干法收尘，设计采用内防腐钢制烟道。钢板的材质选用 Q235 碳钢，根据工艺计算确定内径，利用卷制设备将钢板卷成管状，焊口开 45°坡口，利用电焊或者气体保护焊进行焊接。烟道在卷制及焊接过程中严格控制椭圆度，采用在每节烟道出口加十字支撑的方法，所有焊缝用煤油、白垩粉试漏。

安装钢制烟道应注意以下几点：

① 安装就位前，对接烟道断面开坡口；

② 起吊安装前完成钢制烟道内、外防腐，若采用胶泥内防腐，在完成内防腐后焊接锚爪、挂金属网、刮第一遍胶泥；

③ 当烟道直径过大时（DN2400 以上），需要每隔约 10m 做烟道外抱箍，起加强作用，防止烟道变形；

④ 对 DN2400 以上的烟道严禁安装前完成胶泥内防腐所有工作，避免安装过程中由于烟道受力变形而破坏胶泥防腐层。

（2）玻璃钢烟道制作安装

当烟气温度低于 110℃，烟气中水分含量较高时一般采用玻璃钢烟道，主要采用手糊法进行玻璃钢施工，具体方法有间断法和连续法两种。酚醛玻璃钢采用间断法施工，不饱和聚酯玻璃钢采用连续法施工。

① 间断法施工：

a. 打底层。将打底料均匀涂刷于基层表面，进行第一次打底，自然固化，一般不少于 12h。打底应薄而均匀，不得有漏涂、流坠等缺陷。

b．刮腻子。基层凹陷不平处用腻子修补填平，并随即进行第二次打底，自然固化时间一般不少于24h。

c．衬布。先在基层上均匀涂刷一层衬布料，随即衬上一层玻璃布，玻璃布必须贴紧压实，其上再均匀涂刷一层衬布料（玻璃布应浸透）。一般需自然固化24h（即初固化不粘手时），再按上述衬布程序铺衬，如此间断反复铺衬至设计规定的层数或厚度。每间断一次均应仔细检查衬布层质量，如有毛刺、突起或较大气泡等缺陷，应及时清除修整。

d．面层。用毛刷蘸上面层料均匀涂刷，一般自然固化24h后，再涂刷第二层面层料。

② 连续法施工：除衬布需连续进行外，打底刮腻子和面层的施工均同间断法施工。衬布时，先在基层上均匀涂刷一层衬布料，随即衬上一层玻璃布，玻璃布贴紧压实后，再涂刷一层衬布料（玻璃布应浸透），随之再铺衬一层玻璃布，如此连续铺衬至设计规定的层数或厚度。最后一层衬布料涂刷后，需自然固化24h以上，然后进行面层料的施工。打底层、面层、富树脂内层（胶衣层）宜采用薄布（$\delta=0.2mm$）或短切玻璃纤维毡。根据要求，聚酯玻璃钢面层可采用胶衣层，即把加有颜料糊的胶衣树脂均匀涂在模具表面，胶衣层厚度为$0.25\sim0.4mm$（即$300\sim450g/m$），待其初固化后涂刷一层加有颜料糊的胶液，先贴衬一层薄布或短切玻璃纤维毡。涂刷一层胶液，使其充分浸透，待其初步固化，然后再贴衬相应玻璃布。玻璃布的贴衬次序根据形状而定。玻璃布与布间的搭接缝应互相错开，搭缝宽度不应小于50mm，搭接应顺物料流动方向。衬管的玻璃布与衬内壁的玻璃布应层层错开，设备转角处、法兰处、人孔及其他受力处，均应增加适当玻璃布层数。玻璃钢制品的脱模操作，应在模具上常温固化24h以上（或巴柯尔硬度值达20以上）方可脱模加工。施工完毕后，需经常温自然固化或热处理后方可交付使用。

安装玻璃钢管，连接管中心应在一条线上，玻璃钢管道制作须严格按设计要求进行，其接头处玻璃钢的厚度和宽度应符合设计要求。另外在管道支架卡具与管壁间应衬垫橡胶板，管道接头距支架边沿不得小于200mm。由于玻璃钢烟道外部光滑，需要制作抱箍，以便于将烟道固定在托架上防止侧滑，必要时需要在管道接口处也制作抱箍。

3．钢制烟道内防腐的目的是什么？具体做法是什么？当烟道直径大于DN1800时内防腐应如何施工？

烟道内防腐的主要作用是阻止烟气中硫的氧化物在长距离的管道输送中

因温度降到露点温度时产生冷凝酸腐蚀。

烟道内防腐主要有两种方法：第一种是衬保温毡、砌缸砖；第二种是焊锚爪、挂钢丝网、刮胶泥。

第一种内防腐的具体做法如下。

① 烟道钢基层除锈：采用机械除锈，除锈等级 st2.5 级。

② 涂刷底涂料：处理后的表面为防止二次生锈，应该在 8h 内涂刷一遍环氧聚氨酯底漆。

③ 贴衬隔离层：贴衬一层 20mm 的硅酸铝保温毡做隔离层，隔离层应平整光滑，与烟道内表面结合牢固，无气泡脱壳。

④ 刮腻子找平：采用环氧树脂胶泥和铁粉等配制成腻子，刮平干燥后要打磨平滑。

⑤ 衬贴耐酸砖：

a．预排列耐酸砖；

b．将涂好胶浆的耐酸砖按排列平铺到表面上，铺贴要平直整齐；两块砖连接之处应上下相应错缝，错缝宽度大于 50mm；

c．衬贴砖后，用刮板或压辊赶压平实，并且不留气泡。

⑥ 酸洗、养护：酸洗要用 30%～40%硫酸，用软毛刷将硫酸刷到胶泥表面，使其有白色晶体析出为宜，共酸洗 4 次，每一次间隔时间不小于 4 小时，清理白色析出晶体，使胶泥表面形成一层密实、高强度的保护层，增强其耐高温和耐酸性，养护时间为 5～7 天，在养护期间禁止接触水、汽、酸碱盐等腐蚀介质。

第二种内防腐的具体做法如下。

① 烟道钢基层除锈：采用机械除锈，除锈等级 st2.5 级。

② 锚爪加工焊接：用直径 6mm 的线材，剪成 100mm 长，然后加工成 L型，短边紧靠钢基层，采用手工焊与基层焊接牢固，长边与基层垂直。

③ 结合层刷稀胶泥撒石英砂：在除锈合格的基层上刷稀胶泥，随刷随用人工垂直向胶泥用力打撒石英砂，使石英砂镶入稀胶泥并与稀胶泥牢固黏结。

④ 钢板网安装：从垂直于烟道底部的一侧固定在锚爪上，然后把锚爪向烟道上方用锤砸倒，将钢板网固定在钢管内壁，使钢板网紧紧地靠在已固化的结合层上，保证后续胶泥与前一层胶泥的结合与密实，使钢板网牢固的锚固在胶泥层中。

⑤ 刮 KPI 胶泥：为了使胶泥与基层黏结牢固，第一层胶泥稍稀一些，第三四层胶泥稍稠一些，使表面平整光滑。

⑥ 酸洗、养护：酸洗要用 30%～40%硫酸，用软毛刷将硫酸刷到胶泥表面，使其有白色晶体析出为宜，共酸洗 4 次，每一次间隔时间不小于 4h，清理白色析出晶体，使胶泥表面形成一层密实、高强度的保护层，增强其耐高温和耐酸性，养护时间为 5～7 天，在养护期间禁止接触水、汽、酸碱盐等腐蚀介质。

当烟道直径大于 DN1800 时，采用胶泥防腐的施工注意事项：烟道在安装桁架之前完成上面的①、②、③、④施工步骤，烟道固定在桁架上后再做上面的⑤、⑥施工步骤，不能将胶泥完全刮好后再将烟道吊至桁架上施工，主要是防止施工过程中烟道因受力变形损坏胶泥，导致胶泥裂缝以及脱落。

4. 烟道上为什么要安装膨胀节？常用的膨胀节有哪些？

烟道安装膨胀节是为补偿因温度差与机械振动引起的附加应力而设置在烟道上的一种挠性结构。主要是为了保障烟道安全运行，使其在一定范围内克服烟道对接不同轴向而产生的偏移，能极大地方便阀门的安装与拆卸，在烟道允许伸缩量中可以自由伸缩，一旦越过其最大伸缩量就起到限位，对长距离管路因温差伸缩起到了很好的调节作用，确保烟道的安全运行。另外，烟道产生的附加应力在膨胀节消除，防止附加应力作用于桁架，对桁架也具有保护作用。

制酸烟道主要采用不锈钢波纹膨胀节，其种类主要有以下 3 种。

① 轴向波纹膨胀节：由两段波纹管，中间接管及长拉杆等零件构成，它只吸收轴向位移，其长拉杆不是承力构件。

② 圆形波纹膨胀节：由一个波纹管和两个端接管构成。它通过波纹管的柔性变形来吸收管线轴向位移（也有少量横向、角向位移），端接管或管道接管焊接，或焊上法兰再与烟道法兰连接。膨胀节上的小拉杆主要是运输过程中的刚性支承或作为产品预变形调整用，它不是承力构件。该类膨胀节结构简单、价格低，因而凡是在烟道上可能的地方应优先予以考虑。因所流的介质的腐蚀性可内加聚四氟乙烯。

③ 大拉杆横向波纹膨胀节：此类膨胀节是由两个波纹管、长中间接管以及大拉杆等零件构成，它能吸收烟道任意平面内的横向位移。位移时大拉杆上的球面螺母绕球面垫圈转动，同时大拉杆还具有承受内压推力的能力。具体结构类型见图 1-1。

④ 直管（弯管）压力平衡型膨胀节：该

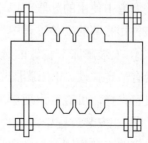

图 1-1　大拉杆横向波纹膨胀节

膨胀节具有吸收内压推力的能力，具有良好的导向性，产品刚度小、外形尺寸小等特点。具体结构类型见图 1-2。

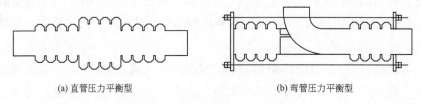

(a) 直管压力平衡型　　　　　　　　　　　　(b) 弯管压力平衡型

图 1-2　压力平衡型膨胀节示意图

5. 烟道上设计安装膨胀节的注意事项有哪些?

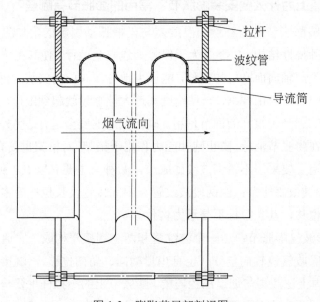

图 1-3　膨胀节局部剖视图

　　烟道上安装的膨胀节因材质不同、使用的介质不同，注意事项也不同，在制酸烟道中使用的膨胀节以不锈钢波纹膨胀节为主，具体结构如图 1-3 所示，在该种膨胀节的安装过程中，需要注意以下几个方面：

　　① 安装膨胀节位置的选择，应该在一个"井"字型桁架上部，因为膨胀节具有一定弹性，由于膨胀节的柔性，若安装于一长段悬空的烟道上，由于下部没有支撑，可能会出现烟道下沉、膨胀节变形的现象。

　　② 在安装过程中，该种膨胀节需要正确地区分安装方向，烟气方向应与导流筒的方向相同，否则会严重缩短膨胀节的使用寿命。

③ 在安装时，应当将膨胀节的拉杆适当收紧，进行安装；安装完成后，应将拉杆放松，使拉杆螺栓能够自由活动，但不能取下两端螺帽，避免膨胀节无限伸展，波纹拉裂，膨胀节无法恢复到正常位置。

④ 在烟道内防腐过程中，不能将导流筒的末端与膨胀节壳体链接为一体，否则会造成膨胀节无法正常收缩，失去膨胀节的调节作用。

⑤ 若安装该种膨胀节的烟道外部需要进行保温，包裹的保温材料不能影响膨胀节正常收缩，要为膨胀节留下自由活动的空间。

6. 烟道保温的目的是什么？具体做法是什么？

烟道输送的介质主要为 SO_2 烟气，其中含有 SO_3 和水分，若在输送的过程中或在停产期间烟气温度不恒温，温度下降的过快就会导致水蒸气液化形成冷凝水，这些冷凝水与 SO_3 结合产生冷凝酸。烟道保温的目的是使输送的烟气温度保持稳定，尽量减少热量损失，防止外界低温而导致烟气温度降低后 SO_3 和冷凝水形成冷凝酸。由于钢制烟道正常生产时处于密闭状态，积酸无法排出，导致烟道腐蚀泄漏，影响烟道使用。另外，由于烟道内烟气温度较高，通常高于 $200℃$，烟道保温也可防止发生操作人员被管道烫伤事故。

保温的目的是减少管内外的热量传递，因此保温材料应当选用导热系数小、空隙率大、体轻、受震动时不易损坏的材料。常用的有石棉、矿渣棉、玻璃棉、硅藻土、膨胀珍珠岩、蛭石、多孔混凝土、聚氯乙烯和聚苯乙烯泡沫塑料等。

施工步骤：

① 首先清除管道外表面的污垢和锈蚀物；

② 刷涂防腐漆；

③ 防腐漆干后在烟道外刷厚度为 0.03mm 高温中性黏结剂，外裹一层保温材料，一般采用硅酸铝针刺毯或者硅酸铝纤维毡，保温材料采用铁丝网或者铁丝固定，固定完后再刷黏结剂，重复作业，直到保温材料厚度达到施工要求；

④ 烟道最外层包裹厚度为 0.8mm 铝合金板，以防止雨水冲刷，铝合金板接缝搭接宽度大于 80mm，用铆钉固定。一般情况下保温层整体厚度为 200～300mm，具体情况视烟气温度确定。

烟道保温具体结构见图 1-4。

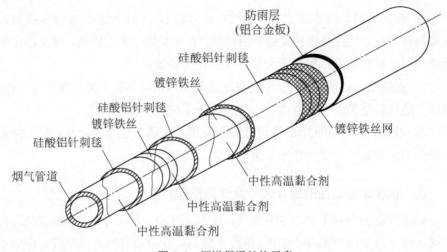

图 1-4　烟道保温结构示意

7. 烟道人孔封闭前砌砖以及加保温材料的目的是什么？

因为冶炼烟气各炉窑温度不同，通过烟气管网长距离输送过程中烟气温度逐渐降低，导致烟气温度低于露点温度，造成钢制烟道人孔门腐蚀漏烟。为了减少热量损失，在烟道人孔门封闭前应采用黄泥砌小红砖封口，再用黄泥抹面，最后铺一层保温材料，方可封闭人孔。

8. 烟气管网上加装阀门、温度测点和压力测点的作用是什么？

制酸烟气由多个不同种类的冶炼炉窑的 SO_2 烟气混合而成，而各个炉窑吹送时间以及送气量均不同，SO_2 浓度波动较大，为此，建立烟气管网将各炉窑烟气进行集中，然后通过烟气管网送入各制酸系统。由于各制酸系统设计的气量和浓度不同，所以需要在烟气管网上加装阀门，使中央控制室能够通过调节烟气管网上的阀门开度来匹配各系统的气量及浓度，从而保证各制酸系统间烟气量达到平衡稳定。烟气调配最主要的控制参数是温度和压力，所以要在烟道上加装温度测点和压力测点，根据烟气的温度和压力来调整阀门的开度，从而调整烟气量。

阀门的种类有以下 6 种。

① 蝶阀：价格便宜，安装位置最省，开、关快速，流体阻力小，易内漏。

② 闸阀：流体阻力小，流量有一定的可调性，阀板易损坏。

③ 截止阀：密封性好，可靠性最好，流体阻力较大，流量较难调节，安装位置最大。

④ 球阀与旋塞阀：开、关快捷，流量不可调，内密封性差，开、关要求

力矩大，不适合大规格阀门。

⑤ 针阀：流量可调性最好，内密封性也好，但开、关行程大，所用材料价格高，适用于要精细调节流量的地方。

⑥ 柱塞阀：可靠性好，价格偏高，开、关要求力矩较小，流体阻力较大，适用于温度较高的地方。

冶炼烟气制酸系统的烟道阀门一般采用蝶阀。

9. 什么是盘根？烟气管网阀门密封填料应如何选择？

盘根，也叫密封填料，通常由柔软的线状物编制而成，通过将截面积是正方形的条状物填充在密封腔体内实现密封。

阀门的盘根种类有：石棉盘根、陶瓷盘根、油浸盘根、橡胶盘根、芳纶盘根、石墨盘根、四氟盘根、碳纤维盘根、高水基盘根、苎麻盘根、牛油盘根等。

在烟气制酸行业中，往往选用耐高温以及耐酸材质的盘根，最常用的有：石棉盘根、石墨盘根、碳纤维盘根。

根据阀门安装位置的不同，选择不同的盘根作为阀门的填料。

① 石墨盘根：适用于高温高压条件下的动密封。除少数的强氧化剂外，它能用于密封热水、过热蒸汽、热传递流体、氨溶液、碳氢化合物、低温液体等介质，主要用于高温、高压、耐腐蚀介质下阀门、泵、反应釜的密封，它也是独特的万用密封盘根。

② 碳纤维盘根：碳纤维盘根在烟气制酸工业中更多的使用于平面密封，在需要的情况下，可以代替填料用于阀门压盖，但不能用于氧化性较强的气体或液体阀门内。

③ 石棉盘根：石棉盘根同样多用于平面的密封，但在必要情况下也可以作为填料用于阀门压盖，烟气制酸工业中使用的石棉大多为耐酸石棉。虽然石棉能够耐酸，但由于其被酸性液体浸泡后会变硬的性质，使其无法应用于酸管道上安装的阀门。目前石棉盘根多应用于烟气管道上的阀门填料。

10. 烟气管网阀门定期盘车的目的是什么？阀门抱死和卡死的原因有哪些？有哪些处理措施？阀门盘车时要如何操作？注意事项有哪些？

由于冶炼烟气来自收尘工序，烟气中的含尘会吸附在阀板和阀轴上，如果阀门长时间不动作，就会造成卡阻现象。

烟气管网上阀门定期盘车的目的：防止阀门因长时间不动作而发生抱死或卡死现象，避免阀门无法正常使用。

阀门抱死的原因主要有：

① 由于冶炼烟气温度较高，若阀门长时间关闭，就会造成阀门内外温差过大，阀门轴承受热膨胀过度，胀大轴承内圈，使内外圈的间隙变小而抱死；

② 阀轴空隙被酸泥等物质腐蚀结死；

③ 阀轴长时间不活动锈死。

阀门抱死的处理措施：多采用降温、加热，减小阀门内外温差，加入润滑剂等方法，并配合手动盘车。

阀板卡死的原因及处理措施：烟道阀门一般采用蝶阀，阀板卡死主要是由于烟道内烟灰积累量过多，阀板的力矩无法推动烟灰而卡死。烟灰的积累是一个时间和量的累积过程，不是瞬间或短时间就能积累到阀门的轴力矩无法推动的程度。烟气管网上阀门定时定量盘车的目的就是防止阀门因长时间不动作而发生阀板卡死现象。

阀门盘车时要均匀缓慢操作，注意事项有：

① 不能一次性关死，以防止烟道内酸泥、烟灰的堆积对阀芯的损伤甚至抱死；

② 每次盘车时只针对一个阀门，同时要做好烟气管网相关阀门的配合，保持气路畅通。

由于烟气成分复杂，烟道安装阀门的主要作用是调节浓度和气量，起不到隔断烟气的作用。阀门的开度不能小于30%，一是防止积灰，二是防止因阀门开度过小，达不到烟道的设计气速及气量，在烟道内形成大量的冷凝酸而腐蚀烟道。

11. 烟气管网上增加混气室的目的是什么？

有色冶炼行业尤其是早期建设的有色冶炼炉窑，难以做到冶炼炉窑与制酸系统的"一对一"匹配，为了提高制酸系统运行效率，增加冶炼烟气的相对稳定性，来自各炉窑的烟气需要一个集中动态混合的地方，可以考虑增设混气室对不同烟气进行混配。混气室的作用就是实现这一目的。

其作用主要有：①使高、低 SO_2 浓度的烟气充分混合，成为 SO_2 浓度的调配点；②有效地缓解压力波动对整个系统的影响，成为压力平衡点；③为网络控制系统提供参数操控点。

以金川集团冶炼烟气制酸配气系统为例，涉及冶炼炉窑共 40 余台套，每台炉窑都配有相应的排烟机，由于各炉窑作用不同，建设的年代不同，冶炼能力不同，烟气浓度、气量、压力等差异很大。因此，混气室应设在烟气输送管道的零压点处。

混气室用普通 A3 钢卷制，内衬保温防腐材料，其内固壁面边界采用绝热、无滑移的壁面边界条件。在数值模拟中，混气室处于开放状态，此边界适用自由边界条件，压力调配基点为零。

混气室配气三维示意图如图 1-5 所示。

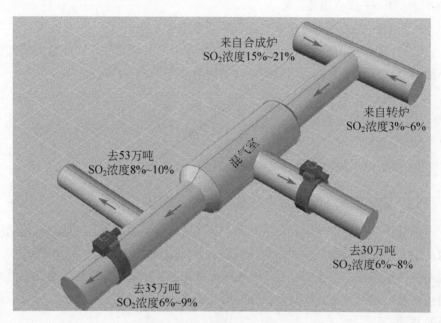

图 1-5　混气室配气三维示意图

12. 烟道内产生冷凝酸的原因是什么？日常操作中如何避免？

（1）烟道内产生冷凝酸的原因

① 由于烟气中含有 SO_3 和水蒸气，SO_3 与水蒸气结合形成硫酸蒸气，当烟气温度低于露点温度时，烟气中硫酸蒸气就会凝结形成冷凝酸，对烟道造成腐蚀。

烟气 SO_3 露点计算如下：

a. 弗霍夫露点计算公式

$1000/T = 2.276 - 0.0294 \ln(p_{H_2O}) - 0.0858 \ln(p_{SO_3}) + 0.0062 \ln(p_{H_2O} p_{SO_3})$；

b. 由卢钦斯基的相平衡数据回归的露点计算公式

当 $p_{H_2O} > 1.102 p_{SO_2}$，$c \leqslant 98.3\%$：

$1000/T = 2.28119 - 0.0662 \ln(p_{H_2O}) - 0.04877 \ln(p_{SO_3})$；

当 $p_{H_2O} < 1.102 p_{SO_3}$，$c \geqslant 100\%$：

$1000/T = 2.49478 - 0.0888 \ln(p_{H_2O}) - 0.03204 \ln(p_{SO_3})$

式中　p_{H_2O}——气相中水的分压；

　　　p_{SO_3}——气相中 SO_3 的分压；

　　　　c——露点时液相中硫酸浓度（质量分数）；

　　　　T——露点温度，K。

根据上述公式，即可推算出烟气的露点温度。

② 气量和流速也是决定烟道中冷凝酸多少的关键参数，因此输送烟气量小或烟道长期不使用时，易造成烟气管网温度低，产生冷凝酸。

（2）避免措施

① 烟道加装保温材料；

② 提高烟气温度；

③ 保证烟道温度在烟气露点温度以上。

13. 烟道管网上如果发现漏点，该如何处理？

烟气管网进行烟气输送时导致烟气温度下降，容易低于露点温度，使烟道内产生大量的冷凝酸，会对烟道造成腐蚀并产生漏点。由于冶炼烟气气量大、流速快的原因，这些漏点若不及时处理会越漏越大，外界的冷空气进入烟道而造成冷凝酸越积越多，从而导致 SO_2 烟气泄漏，发生环境污染事件，所以应该及时补漏。

处理方法：将漏点处用钢板进行点焊封堵，使烟道内 SO_2 气体不再继续泄漏，然后在补焊处制作方盒并灌入防腐胶泥，对烟道漏点处起到防腐作用。

三、注意事项

14. 检修时进入烟道前为什么要做含氧分析？

氧气是空气的主要成分之一，占空气含量的 21%，其主要化学性质是支持燃烧和供给呼吸。当氧气含量减少至 12%～18% 时，人的呼吸就会急促、头晕、浑身疲劳无力；当氧气含量小于 10% 时，人就会失去知觉、晕倒甚至死亡。

检修前停止通烟气，制酸系统孤立转化器保温，SO_2 鼓风机缩量，在烟道上打开人孔，小风量地通入空气将烟道内残余气体吹除，然后停 SO_2 鼓风机。但是烟道内还可能含有部分残余的有毒有害气体，这些有毒有害气体含量过高时，一方面会使在烟道内施工作业人员中毒；另一方面，会使氧气含量下降，造成施工人员窒息。所以，为了保证人员安全，必须在进入烟道前在烟道中心位置取样做含氧分析，当含氧量大于 18%时，方可进入烟道作业。

15. 烟道内检修时为什么要砌隔离墙？砌墙的技术要求是什么？如何施工？检修期间为什么要对隔离墙巡检？

（1）烟道内检修时砌隔离墙的目的

烟气由各冶炼炉窑通过烟气管网将 SO_2 烟气送入制酸系统，当制酸系统检修时，各炉窑不一定同时停产检修。这时，就需要将未停产炉窑的烟气通过烟道切换阀门引入其他制酸系统。但是，烟道切换阀门常因关不严而存有泄漏现象，为了确保检修期间制酸系统内没有 SO_2 烟气，保证施工安全可靠，所以在烟道内要砌隔离墙，将烟气完全隔离。另外在某一个系统长期停产时烟道内也要砌隔离墙。

（2）砌墙的技术要求

① 用红砖砌成厚度为 370mm 的隔离墙；

② 砖与砖之间接缝处用砂浆填充饱满，不能产生空隙；

③ 砌完墙后用水泥砂浆将墙面抹平，不能有缝隙。

（3）检修期间对隔离墙进行巡检的目的

因为在检修过程中部分炉窑会提前提水冷闸板或烘炉，抹灰面受热收缩会产生缝隙，需要及时发现并修补。如果不进行定期巡检，对隔离墙的损坏情况不能及时发现，容易发生漏烟现象，存在严重的安全隐患。

16. 烟气管网盲堵时为什么需要和中央控制室做好安全确认？

烟气管网盲堵，是将阀门的螺丝卸开，然后将盲板加在阀门的前端或后端，阻挡残留烟气，防止烟气进入系统。若不进行安全确认，冶炼未停产就作业，大量的烟气就会从被卸开的阀门处冒出，造成人员伤害和环境污染；若 SO_2 鼓风机未降负荷，大风量会使烟道形成负压。为了确保安全，在烟气管网盲堵时先要进行安全确认。

安全确认的内容：

① 确认冶炼是否已停产，冶炼烟气进入制酸系统的各个阀门是否关闭，冶炼烟气是否排空；

② 确认制酸系统转化器是否孤立，电除雾器出入口阀是否关闭；

③ 确认 SO_2 鼓风机是否将负荷及风量降至最低；

④ 确认烟气管网阀门是否关闭。

17. 烟道内清理烟灰时应注意哪些安全事项？烟灰回收的目的是什么？

烟道内清理时应注意的事项：

① 穿戴好劳动保护用品；

② 烟道内作含氧分析；

③ 防止 SO_2、SO_3 烟气中毒；

④ 防止烟灰灼伤；

⑤ 施工现场必须有专人监护；

⑥ 施工现场设立安全警戒区域；

⑦ 确认冶炼炉窑停料，烟气排空；

⑧ 确认冶炼制酸阀处于关闭状态；

⑨ 确认隔离墙无泄漏。

烟灰回收的目的：烟气中含有大量的粉尘，粉尘在烟气管网中沉积形成烟灰，烟灰中含有大量的有价金属，如镍、铜、硒、金、银、铅等。烟灰回收进行二次提炼，不仅提高经济效益，而且可实现有价金属的资源化利用。

第二章

净化单元

一、概述

与硫黄制酸相比，冶炼烟气成分复杂，含有矿尘、氟、砷、三氧化硫等有害成分，这些有害成分对制酸系统的转化和干吸工序产生不利影响，因此必须通过净化去除，为后续工序提供洁净烟气。烟气净化多采用湿法洗涤工艺，本单元介绍了行业内常用的几种湿法净化工艺，并以行业内应用最广的"三塔两电"稀酸洗涤工艺为基准，从工艺原理、设备结构、工艺指标控制、日常操作、故障处理等方面对净化工序进行论述，并详细阐述了在生产过程中净化工序常见问题的产生原因和处理方法。

二、基本理论

18. 冶炼烟气中有哪些有害成分？对制酸系统有何影响？

在冶炼烟气中除含有二氧化硫（SO_2）、氧气（O_2）、氮气（N_2）外，还含有矿尘、砷（As）、氟（F）、水分（H_2O）、三氧化硫（SO_3）、氯（Cl）、硫化氢（H_2S）等有害成分，其对制酸系统的影响如下。

（1）矿尘

① 矿尘首先会在烟道内沉积，堵塞管道，导致通道面积减小，烟气的输送能力降低。

② 矿尘进入净化工序，经湿法洗涤进入循环酸中，随着循环酸含固量增加，易导致净化塔内喷头堵塞、冷却塔填料和收水器积泥堵塞，阻力增大，净化除尘降温效率下降；严重时会导致板式热交换器酸道堵塞，上塔循环酸量不足，板式热交换器换热效率下降，二段电除雾器出口烟气温度升高，烟气含水量增加；尘泥后移入电除雾器内，致使阳极管和阴极线积泥，除雾效率下降。

③ 矿尘进入转化工序，会覆盖催化剂表面，使催化剂结疤，活性下降，转化率降低的同时还会导致转化阻力增大。

④ 矿尘进入干吸工序，使成品酸中杂质含量增高，颜色变红或变黑，影响成品酸质量。

（2）砷

砷在烟气中以氧化物形态存在，三氧化二砷（As_2O_3）是危害催化剂最严重的毒物，也影响成品酸质量。三氧化二砷能在催化剂表面生成不挥发的五氧化二砷（As_2O_5），覆盖催化剂表面使转化率降低。在温度低于550℃时，催化剂被砷饱和后，转化率下降到某一水平时继续通入含砷的烟气，转化率就不再继续下降。当温度高于 550℃时，砷的氧化物则与催化剂中的五氧化二钒（V_2O_5）生成挥发性的化合物（$V_2O_5 \cdot As_2O_3$），使催化剂中的钒含量降低。挥发物在后面几段催化剂层中凝结下来，形成黑色硬壳，使阻力增大，转化率显著下降。

（3）氟

烟气中的氟大部分以氟化氢（HF）的形态存在，小部分以四氟化硅（SiF_4）的形态存在。氟化氢与二氧化硅（SiO_2）发生化学反应生成四氟化硅，四氟化硅遇水后又会反应放出氟化氢。制酸系统设备内衬瓷砖、瓷质填料、玻璃钢（FRP）设备和管道的增强玻璃纤维以及催化剂载体硅藻土均含二氧化硅，所以氟化氢是腐蚀塔内瓷砖、填料瓷环和破坏催化剂载体的严重毒物。

① 净化工序设备与管道多为玻璃钢材质，氟化氢与玻璃纤维中的二氧化硅反应导致设备和管道内壁变薄甚至腐蚀渗漏；

② 干吸三塔内瓷环易与氟化氢反应粉化塌陷，导致系统停产；

③ 在转化器内含二氧化硅载体的钒催化剂上，二氧化硅由固态转化为气态的四氟化硅，四氟化硅水解反应分解出的水合二氧化硅（$SiO_2 \cdot nH_2O$），可使催化剂外观变成浅灰色或结硬壳，甚至会使催化剂颗粒互相黏结成块，活性严重下降。

（4）水分

水分本身对催化剂无直接毒害作用，但是在一般制酸过程中烟气都经干燥除水后进入转化系统，若烟气中的指标控制不严，水分含量过高，会产生以下影响：

① 烟道内冷凝酸量增加，烟道腐蚀加剧；

② 若制酸系统净化入口烟气中含水量过高，在湍冲洗涤塔内洗涤降温后

烟气中所含饱和水含量下降，烟气中所含水分部分液化进入循环酸中，湍冲洗涤塔液位上升，净化补水量减少，导致净化三塔由后向前串酸量减少，冷却塔循环酸中含固量及有害成分增加；

③ 干燥酸浓度下降过快，干吸工序酸、水平衡难以维持，干燥与吸收循环酸浓度波动大，导致串酸量增大，干燥、吸收效率下降；

④ 使转化后的三氧化硫气体的露点温度升高，在低于三氧化硫气体露点温度的设备内，产生冷凝酸，对设备有强烈的腐蚀作用，造成 SO_2 鼓风机叶轮等设备和管道腐蚀；在转化器内冷凝酸致使催化剂板结，活性下降，阻力上升，转化率下降；

⑤ 三氧化硫与水蒸气结合成硫酸蒸气，在吸收塔的下部可能生成酸雾，酸雾不易被捕集，导致尾气烟囱冒白烟。

（5）三氧化硫

三氧化硫对制酸系统的危害主要表现在以下三个方面：

① 在净化洗涤的过程中，三氧化硫溶解于循环酸，导致循环酸的酸度增加，酸度过高使净化板式热交换器板片、过滤网及循环泵密封件、轴套等加剧腐蚀；

② 三氧化硫与水蒸气结合生成硫酸蒸气，冷凝生成酸雾，在电除雾器效率下降时，冷凝酸会腐蚀 SO_2 鼓风机叶轮及后续设备设施；

③ 三氧化二砷（As_2O_3）、二氧化硒（SeO_2）、矿尘等杂质易成为酸雾雾滴的核心，与酸雾一起进入催化剂层，引起催化剂中毒或覆盖催化剂表面，使催化剂层结疤、阻力增大，转化率下降。

（6）氯、硫化氢等有害成分

① 氯：氯（Cl）的危害主要表现在对金属材质的腐蚀，如造成板式热交换器板片及过滤网腐蚀、逆喷管内衬哈氏合金腐蚀、干吸塔金属大梁腐蚀、电除雾器吊杆及合金极线腐蚀。

② 二氧化碳：二氧化碳（CO_2）对催化剂无直接危害，但冶炼烟气中二氧化碳含量高表示冶炼原料中含烃类或一氧化碳（CO），在烃类或一氧化碳的还原作用下净化三塔及电除雾器内产生积硫；烃类或一氧化碳焙烧时要消耗较多氧气（O_2），烟气中含氧量降低，含氧量过低导致转化率下降。

③ 硫化氢：由于硫化氢（H_2S）和二氧化硫（SO_2）在转化高温条件下会生成单质硫（S），覆盖在催化剂层上，增大阻力，转化率降低。

④ 重油：重油在炉窑内燃烧不充分，在净化工序循环液中形成泡沫，堵塞喷头、填料、收水器；后移进入循环酸，影响成品酸外观及品位。

（7）氮氧化物

空气中氮气（N_2）和氧气（O_2）在炉窑内经高压电弧的作用生成氮氧化物（NO_x），进入制酸系统在吸收塔捕沫丝网上形成亚硝酸盐，堵塞捕沫丝网，排酸时产生红棕色的二氧化氮（NO_2）气体；如果捕沫器无法捕集，直接进入尾气烟囱，在烟囱出口与水蒸气生成硝酸雾滴，造成尾气冒白烟。

19．冶炼烟气净化的目的是什么？

与硫黄制酸不同，冶炼烟气不能直接进行转化制酸，需先经净化工序处理后才能进行转化。净化的目的主要是除尘、降温、除雾、除水，这主要是由冶炼烟气的特点决定的。

① 冶炼烟气中除含有氮气（N_2）、二氧化硫（SO_2）、氧气（O_2）外，还含有金属氧化物矿尘、氟化氢（HF）、三氧化硫（SO_3）等气态的有害杂质，矿尘对后续制酸带来一定的危害，氟化氢、三氧化硫等杂质对后续设备会造成腐蚀和危害，因此必须通过净化工序去除。

② 火法冶炼过程中产生的烟气温度很高，经余热锅炉进行高温位余热回收后送至制酸系统。为避免烟气输送过程中三氧化硫（SO_3）结露，送入制酸系统的烟气温度基本在 220～280℃左右。净化工序设备设施多选用玻璃钢材质，最高耐受温度在 120℃左右，因此，需要通过净化工序对烟气进行降温。

③ 冶炼烟气中酸雾含量高会导致后续设备设施腐蚀和尾气烟囱冒白烟，需在净化工序去除烟气中的酸雾。

④ 水分过高会导致设备设施腐蚀、破坏干吸工序酸/水平衡、催化剂板结、尾气冒白烟。因此，需通过净化湍冲洗涤塔温度骤降脱水和电除雾器电离作用脱水。

20．烟气净化的原则是什么？

① 烟气中悬浮微粒的粒径分布很广，对净化过程中应分级逐步进行分离，先大后小，先易后难。

② 烟气的悬浮微粒以气态、固态、液态三种形态存在，质量相差很大，在净化过程中应按微粒的轻重程度分别进行，要先固、液后气体，先重后轻。

③ 对于不同大小粒径的微粒，应选择与之相适应的有效分离设备。

三、工艺原理

21. 冶炼烟气净化的方法有哪些？

冶炼烟气净化的基本方法有以下 4 种：

① 利用机械力（如重力或离心力）的作用，使冶炼烟气中的悬浮杂质进行沉降分离的方法，叫机械法气体净化，如净化湍冲塔内置沉降槽及外置沉降设备等；

② 利用烟气通过液体层或用液体对气体喷洒，使冶炼烟气中的杂质得到分离的方法，叫液体洗涤法或称湿法气体净化，主要设备有净化洗涤塔；

③ 利用冶炼烟气通过一种多孔的物质，把冶炼烟气中的悬浮杂质截留分离下来的方法，叫过滤法气体净化，主要设备有冷却塔内收水器；

④ 利用冶炼烟气通过高压电场，使悬浮杂质荷电并移向沉淀极而沉降分离的方法，叫电离法气体净化，主要设备有电除雾器。

22. 冶炼烟气制酸湿法净化工艺流程有哪几种？

目前冶炼烟气制酸行业常用的湿法净化工艺流程主要有 3 种，分别是：塔槽一体一级逆喷管净化工艺流程（见图 2-1）、塔槽分体一级逆喷管工艺流程（见图 2-2）、塔槽一体二级逆喷管工艺流程（见图 2-3）。

23. 酸性废水是如何产生的？

在净化过程中，冶炼烟气所含的尘、砷、氟以及二氧化硫、三氧化硫等成分通过循环酸洗涤、带入循环酸中，循环酸经过循环反复使用，其中的有害成分不断富集。为此，需要对循环酸进行部分开路处理，补充等量的新水以降低循环酸浓度和含尘量，由此产生了大量的酸性废水。

24. 酸性废水有哪些有害因素？对系统有何影响？

酸性废水中的有害因素包括：尘泥、酸度、氟离子（F^-）、氯离子（Cl^-）。

（1）尘泥

冶炼烟气中大量的矿尘进入净化系统后，在湿法洗涤过程中，一部分溶解到酸水中，一部分未溶解的矿尘以尘泥的形式存在。当酸性废水中矿尘浓度高于溶解度时，尘泥富集堵塞管路、喷头、填料，导致系统净化效率降低，阻力上升。为了保证系统安全稳定生产，必须将酸性废水中的尘泥及时移出系统。

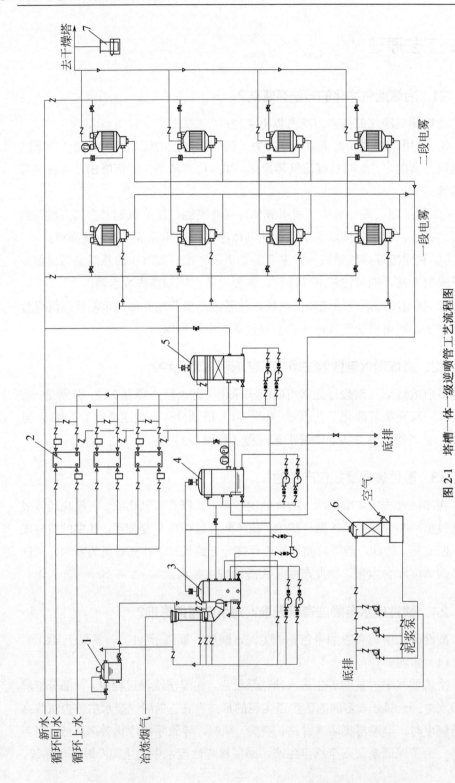

图 2-1 塔槽一体一级逆喷管工艺流程图

1—高位槽；2—板式换热器；3—湍冲塔；4—洗涤塔；5—气体冷却塔；6—稀酸脱气塔；7—安全水封

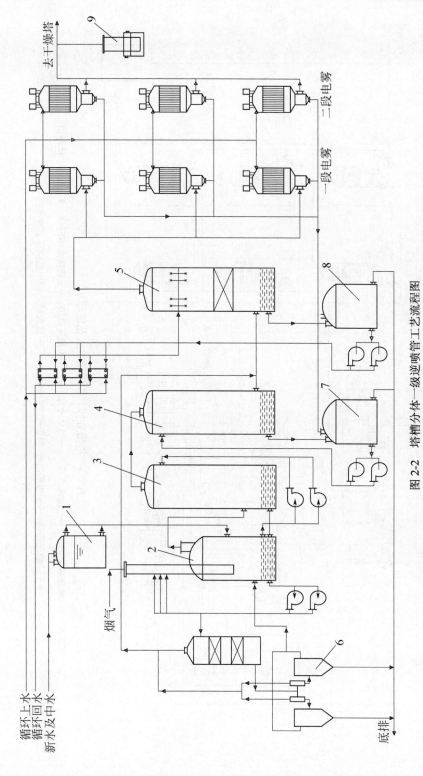

图 2-2　塔槽分体一级逆喷管工艺流程图

1—高位槽；2—湍冲塔；3—洗塔；4—二吸塔；5—填料冷却塔；6—悬浮过滤器；7——二循环槽；8—三洗循环槽；9—安全水封

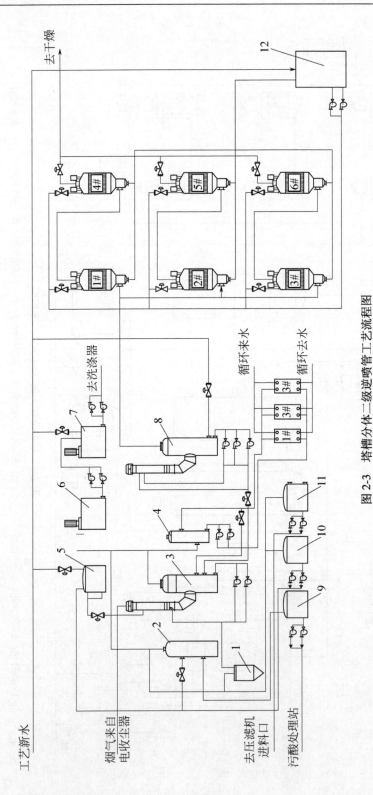

图 2-3 塔槽分体二级逆喷管工艺流程图

1—沉降槽；2—稀酸脱塔器；3—一级洗涤塔；4—气体冷却塔；5—事故高位槽；6—玻璃水溶液槽；7—玻璃水稀释槽；
8—二级洗涤塔；9—污酸储槽；10—上清液储槽；11—底流槽；12—电除雾器冲水槽

（2）酸度

冶炼烟气在制酸系统湿法净化过程中，三氧化硫易溶于水形成稀硫酸，经过不断循环富集，酸度逐渐增大。酸度过高对净化设备的金属材质会产生腐蚀，致使泵轴封、密封垫渗漏，严重时导致板式热交换器漏酸。

（3）氟离子

酸水中的氟含量随着稀酸的不断循环而增加，主要对净化玻璃钢设备设施、干吸塔瓷环及内衬瓷砖等含有二氧化硅物质的材料造成腐蚀。

（4）氯离子

氯离子主要来源于冶炼烟气、循环水和钠碱法尾气吸收液，氯离子对金属材质产生腐蚀，主要有：湍冲洗涤塔合金逆喷管、稀酸泵、板式热交换器板片及过滤网（SMo-254）、电除雾器合金极线、干燥塔合金大梁、SO_2 鼓风机叶轮等。

25．目前国内处理酸性废水的方法有哪些?

目前国内处理酸性废水的方法主要有石灰法、石灰-铁盐法、硫化法、氧化法、硫化＋石灰乳中和法。

（1）石灰法

当酸性废水中原始砷、氟及其他重金属离子含量低于 40mg/L 时，通常采用石灰中和法进行一步中和、一步沉降后，出水均能达到国家排放标准，这种方法完全成熟，国内外普遍采用。石灰法中和处理酸性废水的化学反应方程式如下：

$$CaO+H_2O \longrightarrow Ca(OH)_2 \tag{2-1}$$

$$SO_3+H_2O+Ca(OH)_2 \longrightarrow CaSO_4\downarrow+2H_2O \tag{2-2}$$

$$SO_2+H_2O+Ca(OH)_2 \longrightarrow CaSO_3\downarrow+2H_2O \tag{2-3}$$

$$2HF+Ca(OH)_2 \longrightarrow CaF_2\downarrow+2H_2O \tag{2-4}$$

$$2H_3AsO_3+Ca(OH)_2 \longrightarrow Ca(AsO_2)_2\downarrow+4H_2O \tag{2-5}$$

$$2H_3AsO_3+2Ca(OH)_2 \longrightarrow 2Ca(OH)AsO_2\downarrow+4H_2O \tag{2-6}$$

（2）石灰-铁盐法

当酸性废水中的砷含量高于 40mg/L 时，仅用石灰法一次处理，污水达不到排放标准，可以加入铁离子在碱性条件下参与如下的反应：

$$FeSO_4+Ca(OH)_2 \longrightarrow Fe(OH)_2\downarrow+CaSO_4\downarrow \tag{2-7}$$

$$As_2O_3+2Fe(OH)_2 \longrightarrow Fe_2As_2O_5\downarrow+2H_2O \tag{2-8}$$

$$Fe_2(SO_4)_3+3Ca(OH)_2 \longrightarrow 2Fe(OH)_3\downarrow+3CaSO_4\downarrow \tag{2-9}$$

$$3As_2O_3+2Fe(OH)_3 \longrightarrow 2Fe(AsO_2)_3\downarrow+3H_2O \tag{2-10}$$

通过控制适当的铁砷比及 pH 值，使酸性废水中的砷（As）达到排放要求。

（3）硫化法

硫化法是在酸性条件下对砷、氟含量较高的酸性废水进行初级预处理的一种方法，回收酸性废水中的砷、氟后，酸性废水还需要用其他方法如石灰石-铁盐法进一步深度处理，才能使酸性废水达到排放要求。硫化法基本原理如下：

$$Na_2S+H_2SO_4 \longrightarrow Na_2SO_4+H_2S\uparrow \tag{2-11}$$

$$2NaHS+H_2SO_4 \longrightarrow Na_2SO_4+2H_2S\uparrow \tag{2-12}$$

$$Cu^{2+}+H_2S \longrightarrow CuS\downarrow+2H^+ \tag{2-13}$$

$$2HAsO_2+3H_2S \longrightarrow As_2S_3\downarrow+4H_2O \tag{2-14}$$

（4）氧化法

当酸性废水中的砷含量超过 50mg/L，甚至更高而又不值得回收时，采用氧化法将亚砷酸（H_3AsO_3）氧化成砷酸（H_3AsO_4），再与石灰石 [$Ca(OH)_2$] 反应生成砷酸钙 [$Ca_3(AsO_4)_2$]，砷酸钙的溶解度比亚砷酸钙的更低一些，除砷效果更好。氧化法采用的氧化剂大部分为漂白粉，其反应如下：

$$Ca(ClO)_2+2SO_2 \longrightarrow 2SO_3\uparrow+CaCl_2 \tag{2-15}$$

将三价砷氧化成五价砷：

$$Ca(ClO)_2+2H_3AsO_3 \longrightarrow CaCl_2+H_3AsO_4 \tag{2-16}$$

$$3Ca(OH)_2+2H_3AsO_4 \longrightarrow Ca_3(AsO_4)_2\downarrow+6H_2O \tag{2-17}$$

除漂白粉外，其他氧化剂还有高锰酸钾（$KMnO_4$）、次氯酸钠（NaClO）、双氧水（H_2O_2）等。另外，有一些厂家根据自身的具体情况进行废物综合利用，用废电石渣替代石灰石中和酸性废水，其作用机理与石灰法相同，成本相对较低，还有一些厂家利用液碱作为中和剂处理酸性废水，其特点是渣量少，但是处理成本较高，约为石灰法的 8～10 倍。

（5）硫化＋石灰乳中和法

该工艺流程先采用硫化钠（Na$_2$S）除去重金属，在此过程中也能除去一部分砷，除重金属是主要目的，重金属滤渣作为原料返回冶炼炉窑，上清液进入石灰乳中和系统除砷，砷渣作为危废集中存放处理，该上清液一部分返回生产系统再次利用，一部分达标后外排。工艺流程如图 2-4 所示。

硫化法除铜过程中副产硫化氢气体，产生二次污染，易对操作者的生命健康构成威胁。石灰乳中和法系统占地面积大、投资和运行费用高、维护困难。

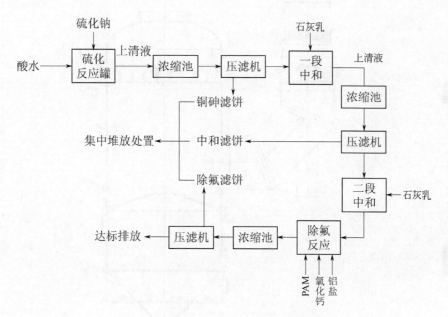

图 2-4　硫化＋石灰中和工艺流程示意图

四、设备原理

26．湍冲洗涤塔的结构由哪几部分组成？

湍冲洗涤塔由塔体、逆喷管、喷淋装置、沉降槽、循环槽等组成。具体结构如图 2-5～图 2-7 所示。

（1）塔体

湍冲洗涤塔体采用现场整体缠绕组装而成，在内外壁形成一层富树脂层，保证设备具有良好的耐腐蚀性和抗老化性。塔体上端封头设有烟气出口，封头与塔体采用螺栓连接，采用聚四氟乙烯盘根密封。

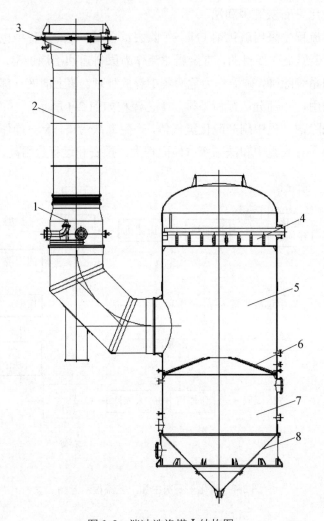

图 2-5 湍冲洗涤塔 I 结构图

1—喷头；2—逆喷管；3—溢流堰；4—喷头装置；5—气液分离室；

6—拱形分布板；7—循环槽；8—锥形沉降槽

（2）逆喷管

逆喷管由过渡段、溢流堰、逆喷段和直管段组成。结构见图 2-8。

过渡段采用 Q235 内衬哈氏合金材质，具有耐高温、耐腐蚀特性并有良好的机械强度，起着连接过渡的作用。在过渡段下方、逆喷管的正上方设置有直径与逆喷管相同的溢流堰，内部设有凹槽，溢流堰采用切线方向进液，使进入溢流堰的循环酸以逆时针方向流动，底部设有与上酸管道管径相同的排污管道。

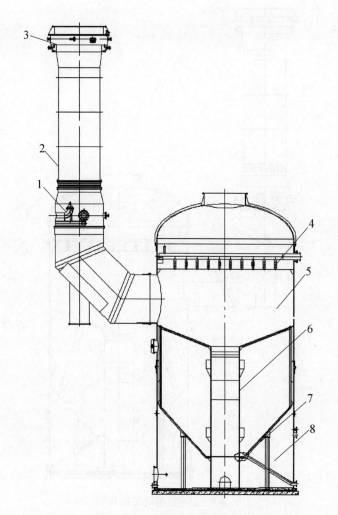

图 2-6 湍冲洗涤塔Ⅱ结构图

1—喷头；2—逆喷管；3—溢流堰；4—喷淋装置；5—气液分离室；6—中心筒；

7—锥形沉降槽；8—循环槽

逆喷段采用玻璃钢内衬石墨砖，具有良好的耐腐蚀、耐高温性能和优良的机械强度，逆喷段下部直管段与筒体连接，直管段采用由耐磨、耐高温、高强度的碳纤维和特种树脂制作的玻璃钢材质，能承受循环酸不间断、长时间的冲刷。在逆喷段设置有 3 个正三角形排列的梅花瓣结构喷头，正三角形中心设有 1～2 个应急喷头。

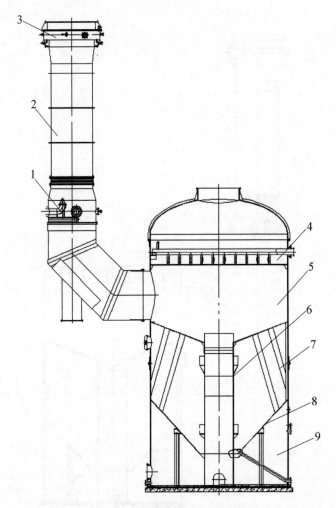

图 2-7 湍冲洗涤塔Ⅲ结构图

1—喷头；2—逆喷管；3—溢流堰；4—喷淋装置；5—气液分离室；6—中心筒；

7—导流管；8—锥形沉降槽；9—循环槽

(a) 逆喷管主视图

(b) 逆喷管俯视图

图 2-8 逆喷管主视图和俯视图

（3）喷淋装置

在湍冲洗涤塔气液分离室顶部设置单层单向喷淋装置，用循环酸对气体进行二次洗涤。

（4）沉降槽

塔体中部设置沉降槽，经湍冲洗涤塔逆喷管及雾化喷淋两级洗涤下来的含尘酸水，全部进入沉降槽内，上清液经中心筒溢流至底部的循环槽内，实现固液分离。沉降槽采用玻璃钢材质，通过锥体结构，利用重力和离心力共同作用达到沉降目的。

（5）循环槽

设置于塔体底部，循环槽有两种结构形式：一种是锥体结构的循环槽，另一种是平底带坡度的循环槽，作为酸水循环使用的中间槽。

27. 湍冲洗涤塔的工作原理是什么？

来自冶炼的高温烟气（220～280℃）经湍冲塔过渡段自上而下高速进入逆喷管，部分循环酸经泵输送至湍冲洗涤塔溢流堰，沿逆喷管内壁自上而下呈切线方向运动，在逆喷管管内壁形成一层薄膜，保护逆喷管不被进口的高温烟气破坏。大部分循环酸通过梅花瓣结构的三个喷头自下而上逆向喷入气流中，气液两相高速逆向对撞，当气液两相的动量达到平衡时，形成一个高度湍动的泡沫区，气液两相高速湍流接触，接触体积大，泡沫区气液分子接触面积大，通过接触表面不断地得到迅速更新，在泡沫区内进行传质传热，烟气中的大部分矿尘进入循环酸中，烟气温度也骤降到 60℃左右。经逆喷管洗涤降温后的烟气进入塔体气液分离段，与顶部雾化喷淋装置喷淋的循环酸液再次逆流接触，进行二次洗涤。经两次洗涤降温的烟气进入后续洗涤塔再次除去其中含有的少量矿尘。

经湍冲洗涤塔逆喷管及雾化喷淋两级洗涤下来的含尘酸水，下层较沉的泥水混合物进入沉降槽进行固液分离，上层清液经中心筒溢流至底部的循环槽内，经泵输送至溢流堰、逆喷管喷头和喷淋装置内再次重复循环，沉降槽底部浓缩的酸泥经泥浆泵移出塔体。

为防止湍冲洗涤塔循环酸泵故障跳车、高温冶炼烟气导致设备损坏，设置了应急高位槽，通过高位槽将应急水引入溢流堰和应急喷头，应急加水阀与湍冲洗涤塔出口烟气温度连锁，一旦湍冲洗涤塔出口烟气温度达到或超过设定值，应急加水阀自动打开为溢流堰和应急喷头内供水，保护逆喷管和玻璃钢喷头不会因断水过热而损坏。

28. 洗涤塔的结构与作用是什么？

洗涤塔是净化过程中的除尘设备（结构示意图见图 2-9），它主要是辅助湍冲洗涤塔进行烟气除尘。该设备为空塔结构，由塔体和喷淋装置构成。喷淋装置为两层四级喷淋装置，即一个总管按上下两层分出两个支管，每个支管再分成若干个小支管，小支管的上、下都设有喷头，每层喷头呈上下对喷状。在洗涤过程中，每个喷头喷出的锥形酸液互相交错，共形成四层封闭的洗涤层，相当于烟气在洗涤塔中经过了 4 次洗涤，杜绝塔内气流短路和喷淋盲区。SO_2 烟气通过封闭洗涤层时，进行传质与传热，使烟气得到进一步洗涤净化和降温。喷头是洗涤塔的核心部件，其功能是把循环稀酸转化成细小液滴喷出，它的设计与选择对洗涤塔的洗涤效果和除尘能力有十分显著的影响。

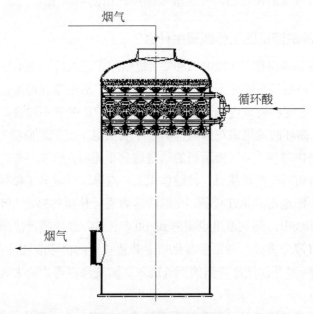

图 2-9 洗涤塔结构示意图

29. 冷却塔的作用与结构是什么？

气体冷却塔是填料塔（结构示意图见图 2-10），其工作原理符合"双膜理论"，塔中相互接触的气液两相流体间存在稳定的相界面，界面两侧各有一个很薄的停滞膜，烟气以分子扩散方式通过两层膜进行相间质的传递，气体通过气相主体以对流的形式扩散到气膜中，并以分子扩散的形式通过气膜到双膜界面而溶解于液膜，再以分子扩散的形式通过液膜，由气相主体进入液相主体。在塔内烟气与喷淋的循环酸逆流接触，进行传质、传热，将烟气中热量转移到循环酸中，达到降低烟气温度的目的；同时气体中少量矿尘也随之除去，使烟气更加洁净。由烟气转移到循环酸中的热量最终则通过换热设备（如板式热交换器）移出。

冷却塔主要由填料层、分酸装置和收水器组成，如图 2-10 所示。

（1）塔内填料为三种不同规格的聚丙烯填料，其中下部为规整填料，中部为鲍尔环乱堆填料，上部为尺寸更小的鲍尔环填料。

（2）分酸装置采用三级管槽式分酸器，位于填料层上部，主要由一条分酸主管和若干分酸支管组成。通过上酸管，将循环酸引入分酸主管中部，循环酸由分酸主管自流入分酸槽，利用分酸槽侧部同一平面的三角形开口将循环酸均匀分布到填料层表面。该分酸装置具有分酸点多（平均可达 35 点/m^2 以上）、分酸均匀和气体带沫少等优点。

（3）收水器采用 SD-B 型高效收水器，阻力小，除沫效率可达 90% 以上，有效减少气体的带沫。收水器的上部设有清洗用的喷淋装置，可定期清洗收水器。

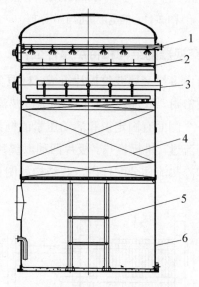

图 2-10　气体冷却塔结构示意图

1—喷头；2—收水器；3—分酸器；4—填料层；5—固定支架；6—塔体

30. 电除雾器的作用和原理是什么？

电除雾器是净化工序去除酸雾的关键设备，通过整流控制装置和直流高压发生装置，将交流电变成直流电送至除雾装置中，在阴极线(阴极)和酸雾捕集极板(阳极)之间形成强大的电场，使空气分子被电离，瞬间产生大量的电子和正、负离子，这些电子及离子在电场力的作用下做定向运动，构成捕集酸雾的媒介,并使酸雾微粒荷电,这些荷电的酸雾粒子在电场力的作用下做定向运动,抵达捕集酸雾的阳极板上,荷电粒子在极板上释放电子,于是酸雾被集聚,在重力作用下流到电除雾器的储酸槽中,由此达到去除酸雾的目的。其工作原理如图 2-11 所示。

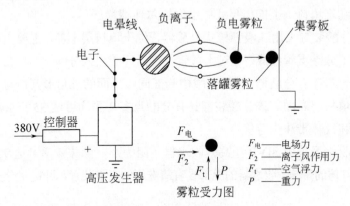

图 2-11　静电除雾的工作原理

31. 稀酸板式热交换器的结构和特点是什么?

稀酸板式热交换器由多组金属波纹板片组成,材质多为 SMO254,板片间采用三元乙丙橡胶垫圈密封。板片四角开口,作为冷热流体的出入口。金属板片用夹紧螺栓安装在一个侧面有固定板和活动压紧的框架内。冷热流体在板片形成的流道中逆向相间流过,进行换热。板片四周以垫片密封,四个角孔周围也有垫圈,起到密封和冷热流体分配作用,其结构如图 2-12 所示。

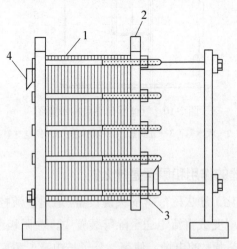

图 2-12　板式热交换器结构示意图

1—板片;2—框架;3—螺栓;4—酸、水进出口板式热交换器的特点如下：

1）传热系数高，冷热介质换热效率高；

2）结构紧凑，体积小，占地少；

3）拆卸方便，易于检修和清理，在生产负荷变动时，可以简单地通过增减板片数目解决换热面积等问题，适应性强。

32. 脱气塔的结构和工作原理是什么？

酸性废水中溶解有大量饱和 SO_2，在排放或者后续处理过程中，会逸出污染周围环境，同时也浪费了硫资源。因此酸性废水在排出净化系统前，必须通过脱气塔脱除其中溶解的 SO_2 并回收。脱气塔主要由空气入口管、填料层、填料支撑板、液体分布器、脱出气出口管和逆止翻板组成，具体结构如图 2-13 所示。

空气入口 1 和 2 为一个两端敞口的管道，其中一端与塔体中部和下部相连，采用切线方向进气。

填料支撑板 3 和 4 位于塔体下部和中部，处于空气入口的上方，采用格栅板，主要是用于支撑塔内填料，同时又能保证气液两相的顺利通过和塔内均匀布气。

填料层 5 和 6 分别置于填料支撑板 3 和 4 之上。

液体分布器 7 和 8 分别位于填料层 5 和 6 的上方，其中液体分布器 7 采用多级管式分酸器，液体分布器 8 采用流槽式分布器，主要是对进入塔内的液体进行均匀分布，使得液体在塔截面上分布均匀。

脱出气出口 9 位于塔体上部，一端与塔体连接，一端通过管道与湍冲塔相连。

逆止翻板 10 位于塔体上部空气出口处，主要用于防止烟气净化系统故障或压力波动时烟气从脱吸塔空气入口外逸，防止对环境造成污染。

该脱吸塔的填料层分为两段，气体进口设置上下两处，液体分布器也设置为两级，整体形成两级脱气工艺，目的是使气体和液体实现均匀分布，增大气液接触面积，提高脱气效率。酸性废水从脱气塔的上部进入塔内，并通过液体分布器均匀喷洒于塔体填料顶部，在填料表面自上而下呈膜状自流，最后从塔底排出；用来脱除 SO_2 的空气是利用 SO_2 鼓风机做工在管道内形成的负压，由脱气塔的底部导入，在脱气塔中，空气与酸水在填料间逆流接触。由于填料的阻挡作用，从上向下的酸水流被分散成许多小股或水滴状，进入的空气与水有非常大的接触面积，气液两相在液膜表面进行传质，脱除的 SO_2 气体进入系统回收利用。在脱气塔的顶部采用了一种逆止式单向翻板,在正常运行中,脱除的 SO₂ 烟气可以通过逆止式单向翻板进入后续设备,一旦硫酸净化工序出现故障或压力波动时,整个翻板靠自重将自动翻转至关闭状态,防止净化工序的烟气反向顶出脱气塔而污染环境。

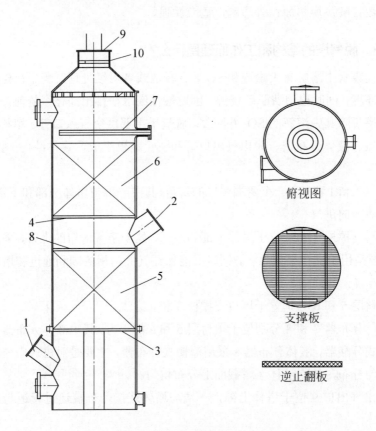

图 2-13 脱气塔结构示意图

1,2—空气入口;3,4—填料支撑板;5,6—填料层;7,8—液体分布器;

9—脱出气出口;10—逆止翻板

33. 悬浮过滤器的结构和工作原理是什么?

悬浮过滤器主要是利用重力沉降作用,通过悬浮填料将悬浮固体颗粒物过滤拦截、深层吸附的设备,主要由中心筒、斜板、滤帽、顶层滤板、滤料组成,具体结构如图 2-14 所示。

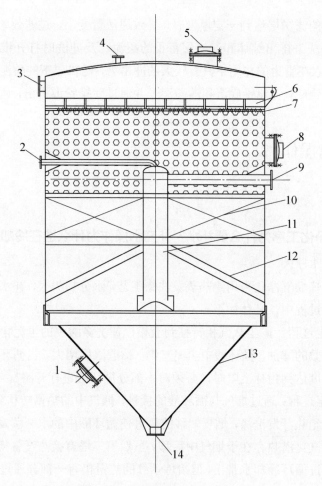

图 2-14 悬浮过滤器结构示意图

1—人孔；2—侧面排气口；3—出液口；4—顶部排气口；5—人孔；6—开孔板；

7—开孔板加强；8—人孔；9—进液口；10—斜板；11—中心筒；

12—过滤器支撑；13—椎体；14—污泥排放口

含固量高的酸性废水经脱气塔脱除 SO₂ 后进入悬浮过滤器中心筒内，在中心筒内部酸性废水自上而下运动进入斜板层，酸性废水自下而上在斜板的作用下初步沉降，较大的固体颗粒被拦截下来靠自重进入悬浮过滤器锥体，经初步沉降的酸性废水进入滤料层进一步过滤。滤料一般是由 ϕ1.0~2.0mm 的改性发泡乙烯制成，具有较大的比表面积，会将大颗粒的悬浮物吸附拦截，在滤料下面形成一层滤饼，滤饼也起到过滤作用。细小的颗粒进入滤料内层，被滤料深层静电吸附，使排出液清澈。另外，正常生产中往往还会加入一定量的絮凝剂，增强滤料与悬浮物之间的物理吸附效果。

滤料下的滤饼层达到一定厚度时，导致通液量变小，过滤效率下降，此时需通过反冲洗来排出锥体和滤料层蓄积的酸泥。反冲洗时打开锥体底部自动阀，酸性废水在重力的作用下具有较大的冲击力，滤料层下的酸泥滤饼被打散成小块落入锥底，与原锥底沉积的酸泥一并通过底排管道排出，达到自清洗的目的。

五、日常操作

（一）工艺

34. 净化工序为什么要补水？补充水操作为什么选在冷却塔？

（1）补水原因

由于冶炼烟气净化采用绝热蒸发洗涤工艺，水分损失大，补水主要表现在除尘和降温过程中，具体如下。

① 除尘过程：矿尘从气相转移到液相，使洗涤酸中的尘泥含量增加，并随着循环次数的增加，循环酸中尘泥富集，稀酸浓度增大。当循环酸中尘泥含量和稀酸浓度达到指标上限时，必须对小部分循环酸进行开路。

② 降温过程：通过烟气与循环酸的接触，烟气中的热量转移到循环酸中，前两塔采用绝热蒸发洗涤，烟气转移的热量使循环酸中的水分蒸发，以饱和水的形态携带汽化潜热存在于烟气中后移。虽然第三塔有换热设备换热，使循环酸中热量通过循环冷却水带出，但冶炼烟气的热量仍有一部分通过饱和水蒸气带入后续设备中，循环酸中水存在一定的损失量，致使液位降低，必须通过补充水保证液位。

（2）补水在冷却塔内加入的原因

① 在净化"三塔"流程中，前两塔主要起除尘和降温作用，第三塔主要作用是降温，烟气温度和含尘量经过三塔呈阶梯式降低趋势，循环酸中尘的浓度梯度在三塔内也逐级下降，烟气和循环酸中尘的浓度梯度在三塔逐级对应，以获得最好的除尘效果。因此，补充水在含尘浓度最低的冷却塔加入。

② 在湿法净化工艺中，湍冲洗涤塔内循环酸中尘泥含量最高，因此，在湍冲洗涤塔中配置沉降槽，以对酸泥进行分离。补水在冷却塔加入，使补充水由后向前逐级串酸，将后端两塔循环酸中的少量尘泥串入湍冲洗涤塔，并通过沉降槽送入酸水处理系统进行固液分离。

③ 冷却塔设有换热设备（板式热交换器），考虑到冷却塔循环酸中的含泥

量较低，通过从冷却塔大量补充新水，可稀释循环酸中泥含量，有效降低换热设备堵塞概率。

35. 烟气湿法净化过程中，为什么要在净化各塔之间串酸？有几种串酸方式？

根据湿法净化工艺流程的特点，烟气经稀酸洗涤后，矿尘移入循环酸中，烟气中含尘和循环酸中含尘在净化各塔中由前向后逐级递减。为缩短工艺流程，减少设备投资，不会在每个塔单独设置沉降槽进行固液分离，因此将沉降槽配置在含泥量最高的湍冲洗涤塔以便更好地将尘泥移出。若净化各塔间不进行串酸，虽然洗涤塔和冷却塔循环酸内含泥量较少，但随着循环次数增加，酸泥富集，导致冷却塔和洗涤塔底部积泥严重，造成管道、喷头等堵塞，影响到设备的正常运行。因此必须要在净化各塔间串酸，将后两塔内的循环酸逐级由后至前串至湍冲洗涤塔沉降槽内沉降分离，底部沉积的酸泥最终移出净化系统。

此外，随着循环次数增多，循环酸中的尘、酸度、氟、氯等有害元素富集，需对循环酸部分开路，会造成塔内液位下降；同时冷却塔出口烟气带出大量饱和水同样会导致净化各塔内水量损失，造成塔内液位降低；因此需及时补充新水以保持塔的液位。按照净化各塔循环酸含尘浓度梯度和净化各塔出口烟气温度梯度，补充水应在含尘和烟气温度最低的冷却塔加入，并由后向前串至湍冲洗涤塔，补充洗涤塔和湍冲洗涤塔的液位。因此，净化各塔之间必须串酸以维持液位稳定。

在净化工序湿法洗涤工艺流程中，常用的串酸方式有两种，一种是泵后强制串酸，即通过循环泵后端强制串酸；另一种是平衡管串酸，即通过平衡管，利用液位差实现两塔之间的串酸。由于配置的不同，平衡串酸与泵后强制串酸各有优缺点。

36. 与平衡管串酸相比，泵后强制串酸有哪些优点？

平衡管串酸由于安装点位于两塔循环槽中上部，循环酸中的尘泥受自身重力的影响，沉积在循环槽底部，所以平衡管串酸的循环酸中含尘量较低，不利于循环槽底部酸泥移出净化工序。

泵后强制串酸位于泵出口后端，而循环泵所输送的循环酸位于循环槽底部，含尘量较高，强制串酸所串的循环酸主要以含尘量较高的酸水为主，因此，强制串酸的循环酸中含尘量较高，有利于含固量较高的酸泥沉积在沉降槽内，便于移出净化工序。

37. 为什么要控制电除雾器出口烟气温度？

净化工序主要的作用是实现烟气的除尘、降温、除雾，二段电除雾器出口烟气温度是关键的工艺控制指标，根据各系统处理的烟气条件不同有所区别，但大部分系统均要求控制在 37～40℃以内。根据湿法净化的特点，烟气所带热量除转移到循环酸中外，一部分热量以汽化潜热的形式将循环酸中水分蒸发，循环酸中的水分以饱和水的形式存在于电除雾器出口烟气中。烟气温度越高，烟气中水分的蒸汽分压越大，烟气中饱和水含量越多。

电除雾器出口烟气温度过高会造成以下不良影响：

① 过量的饱和水进入干燥塔内，造成干燥酸浓度下降过快，吸收循环槽与干燥循环槽之间串酸量过大，干燥与吸收循环酸浓度波动大，干吸工序的水平衡难以维持。

② 过量的饱和水进入干燥塔内，干燥酸与水混合后释放出大量的稀释热，串酸时与干燥酸混合后放出较多的混合热，致使干燥酸温度上升，干燥循环酸浓酸冷却器负荷加重，严重时导致干燥酸温超标，影响干燥效率。

③ 导致烟气中饱和水含量高，对设备、管道等造成不利影响。a. 水分与烟气中残存的三氧化硫结合形成酸雾，造成 SO_2 鼓风机叶轮腐蚀；b. 过多的水分进入转化器，与转化器内三氧化硫结合形成酸雾，影响催化剂活性；c. 酸雾在后续设备和管道内冷凝，造成设备和管道腐蚀。

综上所述，必须控制电除雾器出口烟气温度，以降低烟气中水分含量。

38. 湿法净化制酸工艺除去热量的方式有哪几种？

烟气湿法净化制酸工艺除去热量的方式有两种。

① 只降温不移去热量，即烟气温度虽下降，但热量仍存在于烟气和循环酸体系中，称为绝热降温或绝热蒸发（如未安装冷却设备的湍冲洗涤塔）。烟气与循环酸接触，进行传质传热过程，烟气温度降低，烟气释放的部分热量被循环酸吸收；部分热量使循环酸中的水分汽化进入烟气中，该部分热量由烟气的显热转变为水蒸气的气化潜热。当烟气中的水蒸气达到饱和、烟气与循环酸的温度接近时，热量传递达到平衡状态，烟气温度不再下降。

② 既降温又移热，烟气温度下降的同时部分热量被移出烟气和循环酸体系（如"塔—电"酸洗流程中的冷却塔），该除热方式需配置换热设备（间冷器、冷凝器、冷却器等）。烟气与循环酸接触过程中，热量由烟气向循环酸传递，烟气温度降低，循环酸温度升高，循环酸通过换热设备与冷却介质换热，

最终通过冷却介质将热量移出,完成由烟气—循环酸—冷却介质的热量转移过程,达到除热降温的目的。

39．什么是安全水封?

安全水封是为了防止净化烟道和设备因负压过大而抽坏的安全保护装置,利用水封内的水形成液封,防止水封处漏烟。当负压过大时,水封内的水被抽走,此时水封与周边环境相通,达到降低负压的目的。因此,安全水封正常运行时必须保证水封槽内有适量水,同时水封要与大气环境有通道口,详见图 2-15。

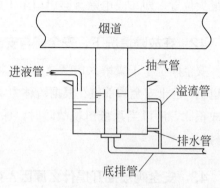

图 2-15 安全水封结构图

40．净化为什么要设安全水封? 安全水封被抽干,如何处理?

净化工序为负压操作,所有塔、槽设备及管道均采用耐稀酸腐蚀的玻璃钢(FRP)材质,但耐压能力不强。在一定的生产负荷下,各设备、管道、阀门等处的压力应是一定的,但实际生产中各处压力经常发生变化。引起压力变化的主要原因是冶炼炉窑吹送和系统设备阻力发生变化。若冶炼炉窑突然停排或烟道、设备出现堵塞,均可导致净化负压增大,对净化塔和管道的安全构成威胁。因此在干燥塔前的气体管道上设置安全水封,安全水封一端与干燥塔进口烟气管道相连,另一端与外界大气相通,当系统负压超过安全水封水位高度时产生的压力,安全水封内的水即被抽入烟气管道内,空气从安全水封进入烟气管道,使系统负压降低,防止前面的塔及玻璃钢烟道因负压过高而损坏。

安全水封被抽干,SO_2 鼓风机应缩量,同时给水封加水;打开安全水封前的安全阀,补入空气,迅速降低净化负压。

41．净化工序为什么要设安全阀? 安全阀一般应安装在何处?

(1)安全阀主要起保护净化设备和管道的作用。安全阀的开关与电除雾器出口烟道上的压力进行连锁,当负压大于设定值时,安全阀自动打开,补入空气,使系统负压降低,防止前面的设备由于承受不住过高的负压而损坏。安全阀与安全水封相辅相成,形成双重保护,确保净化设备与管道的安全。

（2）安全阀还可为系统补入新鲜空气，增加烟气中的含氧量。当制酸系统烟气浓度高于设计值时，调整安全阀开度，可调节烟气中 SO_2 浓度及氧硫比，使其保持在设计能力范围之内运行。

安全阀的安装位置：从安全角度考虑，安全阀应安装在净化工序最后端负压最大位置，即二段电除雾器出口至干燥塔入口的烟气管道上。

42．在故障情况下，安全阀与安全水封的保护先后顺序是什么？

安全阀位于干燥塔入口烟道上，安全水封位于电除雾器出口与干燥塔入口烟道上，位于安全阀前端。根据流体力学理论，压力的大小与距离负压点的长度成正比，所以当系统出现故障时，保护顺序为首先是安全阀，其次是安全水封。

43．安全阀被抽开是什么原因？如何处理？

安全阀被抽开主要是因为前端负压过大所导致的，其原因及处理措施见表 2-1。

表 2-1　安全阀被抽开的原因及处理措施

序号	原　　因	处　理　措　施
1	前端设备内堵塞，阻力增大	检查各塔压损是否增大，必要时停产检修，并对塔内喷头、填料进行清理
2	净化前端烟道内酸泥沉积，致使通道变小，烟气输送不畅	停产检修时对烟道内酸泥清理
3	冶炼炉窑突然停排，造成净化前端负压过高	与冶炼协调，并稳定冶炼炉窑吹送情况
4	冶炼烟气进入制酸系统的总阀关闭	与冶炼协调，检查制酸系统总阀开关状态，若关闭应及时打开
5	SO_2 鼓风机风量过大、负荷过高，导致前端负压增加	SO_2 鼓风机缩量，调整压力到正常范围内
6	电动阀门出现故障	联系电工检查阀门，并及时更换

44．硫酸生产过程中酸雾生成的机理是什么？

硫酸生产过程中，在一定温度条件下，硫酸蒸气的过饱和度达到并超过了临界值就易产生酸雾。如果气体中存在有悬浮粒子（例如烟气中的矿尘），即会成为雾的凝聚核心，从而使成雾的临界过饱和度大大降低，以致在气体温度稍高于露点时就会生成雾。

最初形成的酸雾颗粒很小，粒径一般 0.05μm 以下，但在以下三种情况下会迅速发展变大。

1）烟气中残存的三氧化硫继续与水蒸气结合成硫酸蒸气并进一步在酸雾表面凝结（几乎全部转变成酸雾）；

2）烟气中的水蒸气大量存在，在过饱和条件下水蒸气会很快在酸雾颗粒上凝结并将酸雾稀释，最终使酸雾浓度稀释到与气相中的水蒸气分压相平衡的浓度（即酸雾的饱和水蒸气分压与烟气中水蒸气分压达到相等）；

3）酸雾粒间互相碰撞，发生凝聚现象，使小颗粒变成较大颗粒，再不断地碰撞凝聚，细小颗粒就逐渐变成了大颗粒。

45. 制酸过程中酸雾产生的原因及相关处理措施有哪些？

在制酸系统中，酸雾会在净化、转化、干吸等工序产生。其产生的原因及处理措施见表 2-2。

表 2-2　制酸系统形成酸雾的原因及处理措施

工序	原　　因	处 理 措 施
净化工序	烟气中的 SO_3 含量一般在 0.03%～0.3% 之间。随着烟气温度的降低，三氧化硫会与水蒸气结合生成硫酸蒸气，继而冷凝生成酸雾	降低烟气温度和增湿，使烟气中的水蒸气和残存的三氧化硫以矿尘为核心凝结成酸雾，粒径增大后通过电除雾器去除
干吸工序	① 吸收酸浓度过高或过低引起 SO_3 吸收率下降，未吸收的 SO_3 与烟气中残余的水分形成酸雾 ② 吸收酸温度升高到某一数值，水自其中蒸发的速度足以使水蒸气与气相中的 SO_3 结合而形成酸雾 ③ 进吸收塔的烟气温度低于 SO_3 的露点温度，SO_3 冷凝形成酸雾	① 吸收酸浓度控制在 98.3% 左右，确保吸收率最大 ② 吸收酸温度控制在适宜范围内，进气温度高于 SO_3 的露点温度，且吸收酸温与进气温度温差不宜过大，防止烟气被冷激成酸雾
转化工序	过多的水分进入转化器，若转化器内温度低于 SO_3 的露点温度，在转化器内水分与 SO_3 形成酸雾	进转化工序之前，气体必须用 93% 浓硫酸干燥，烟气含水达到工艺指标要求；控制转化器温度在适宜范围内

46. 烟气中的氟化氢有何危害？

烟气中的氟化氢（HF）是一种腐蚀性很强的酸，会强烈地腐蚀含硅质的材料，并生成四氟化硅：

$$SiO_2 + 4HF \longrightarrow SiF_4 + 2H_2O \tag{2-18}$$

烟气中的 HF 对制酸系统设备设施的危害主要有以下四点。

（1）对净化玻璃钢设备和管道的腐蚀

玻璃钢是以玻璃纤维及其制品作为增强材料，以合成树脂作基体材料的一种复合材料。其中玻璃纤维主要成分为 SiO_2，易与 HF 发生反应。因此，当玻璃钢设备和管道内部防腐层出现破裂，HF 会迅速腐蚀玻璃纤维，进而导致玻璃钢设备和管道渗漏，严重时会造成设备或管道坍塌。

（2）对干燥塔瓷环、瓷砖的腐蚀

干燥塔内的瓷环填料及内衬的瓷砖的主要成分均为 SiO_2，当烟气中的 HF 进入干燥塔，长期运行会腐蚀干燥塔瓷环和瓷砖（见图 2-16），严重时会使干燥塔瓷环粉化，导致干燥塔压损上升，甚至造成填料坍塌的恶性事故。

图 2-16　被氟腐蚀的干燥塔瓷环

（3）对转化催化剂的危害

转化器内钒催化剂以硅藻土为载体，硅藻土的化学成分以 SiO_2 为主，因此烟气中的氟化合物和 SiO_2 发生如式（2-18）所示的化学反应。

SiO_2 由固态转化为气态的 SiF_4，SiF_4 对钒催化剂的毒害主要是发生逆反应，即 SiF_4 的水解反应。水蒸气分压越高，温度越高，越有利于平衡向左移动。分解出的水和二氧化硅，可使钒催化剂外观变成浅灰色或结硬壳，甚至会使催化剂颗粒互相粘结成块，活性严重下降。轻则使催化剂粉化、减重，严重时会变成黑色，并呈多孔结构，同时还可能发生 HF 和 V_2O_5 的反应，生成某种挥发性的钒酰氟化合物而引起催化剂失钒。

（4）对高硅不锈钢的腐蚀

净化稀酸泵泵轴以及干吸浓酸泵泵壳和泵体均为高硅不锈钢材质，也易受到 HF 的腐蚀。当净化稀酸泵密封不严时，净化循环稀酸就会接触到泵轴，烟气中的 HF 溶解到循环稀酸中，进而腐蚀泵轴；当烟气中的 HF 进入干燥塔溶解到干燥酸中，就会腐蚀浓酸泵泵壳和泵体，对输送设备危害极大。

47. 如何去除烟气中的氟化氢？

烟气中的氟化物主要以气态氟化氢（HF）形式存在，且烟气中缺少主要的固氟离子（Mg^{2+}、Ca^{2+} 等），氟化氢不能在烟气的传输过程中被固化，因此不能通过后续除尘系统除去氟化氢，只能在烟气净化工序将氟化氢去除。

传统的除氟方法主要有吸附法、电凝聚法、反渗透法、离子交换法、化学沉淀法和混凝沉降法等。由于处理成本和工艺稳定性等因素，目前国内大部分企业固氟均采用石灰乳一次性中和处理方法（钙基固氟剂），此方法有大量的沉渣产生，处置成本很高，对环境易造成二次污染。

与钙基固氟剂相比，用硅基材料作固氟剂，可以大幅度减少沉渣。水玻璃、石英石及玻璃纤维等由于含有硅组分，可以和氟离子结合生成氟硅酸钠沉淀，达到去除氟的目的；而且硅基材料不与铜砷等金属组分反应，沉渣数量较少，也不会生成二次污染物。

在烟气净化工段使氟固定的过程，即是将氢氟酸转化为氟硅酸或氟硅酸盐的过程。在各种固氟方法中，最方便的还是采用水玻璃、石英石及玻璃纤维等含 SiO_2 物质作为氟固定剂。目前烟气固氟效果较好的为水玻璃（偏硅酸钠）固氟工艺，其除氟的有效成分是 SiO_2，水玻璃$[Na_2 \cdot xOSiO_2 \cdot yH_2O]$系含水化形态的 SiO_2，具有较高的活性。其工作原理如下：

$$4HF + SiO_2 \Longrightarrow SiF_4 + 2H_2O \tag{2-19}$$

$$SiF_4 + 2HF \Longrightarrow H_2SiF_6 \tag{2-20}$$

$$SiO_3^{2-} + 6HF \Longrightarrow SiF_6^{2-} + 3H_2O \tag{2-21}$$

$$SiF_6^{2-} + 2Na^+ \Longrightarrow Na_2SiF_6 \tag{2-22}$$

反应式（2-22）的平衡常数为：$K=[SiF_4][HF]^2/[H_2SiF_6]=4\times10^{-5}$

从平衡常数看，H_2SiF_6 是一个很稳定的多元络合酸，因此只要加入足够量的水玻璃，就可以使酸性废水中的氟浓度降低，对烟气中氟化氢的吸收率提高。

48. "三段四层"固氟的工艺原理是什么？

根据高氟烟气特征，要提高净化系统除氟率，需从以下几方面考虑：①设备多级串联，各设备内循环酸含氟形成较大的浓度梯度；②前一两个设备要具有较高的吸氟效率；③尽量降低氟的蒸气压。一般来说，用硅基材料作固氟剂，水玻璃作为一种由碱金属氧化物和二氧化硅结合而成的可溶性碱金属硅酸盐材料，适合应用于固氟剂需要流动的系统中，而石英石及玻璃纤维等材料适合应用于固氟剂固定系统。因此，提出了"三段四层"固氟工艺，所谓"三段四层"也就是在湍冲塔、洗涤塔、冷却塔各形成一段除氟，其中湍冲塔、洗涤塔由含水玻璃的稀酸液形成的两个流动固氟层，在冷却塔里由玻璃纤维和石英石形成两个固定固氟层，通过此两流两固共四层固氟装置，使通过净化工序的烟气含氟降到最低，以达到高效固氟的目的。其工艺原理如下：

在湍冲塔—洗涤塔中加水玻璃进行第一、二段固氟，为防止剩余小部分的氟化物进入后续设备，在冷却塔中采用第三段固氟措施。之所以在冷却塔采用石英石和玻璃纤维作为固氟物质，原因为：

① 随着水玻璃加入量的增加，单位质量的水玻璃的固氟效果在逐渐下降，即水玻璃的加入量达到一定值之后，再将加入量提高，整体固氟效果几乎不变。而在更多水玻璃加入的同时，循环酸中过多的水玻璃使管道、喷头堵塞的概率增大，影响正常的生产。

② 由于水玻璃的静止沉积现象，不能加在冷却塔的循环酸里面。当循环酸通过循环泵送入塔内时，循环酸在冷却塔的填料里自上而下缓慢自流，水玻璃会在这期间沉积，堵塞填料，使系统阻力上升，影响生产。

③ 在冷却塔中采用石英石和玻璃纤维作为固氟物质，可以将石英石和玻璃纤维的用量设计的较大，而这样并不会对循环酸或系统设备造成太大影响。由于加入量比较多，SiO_2 的量较大，因此平衡向正反应方向移动，能获得较高的除氟效率。

净化工序的"三段四层"固氟措施完全达到固氟指标，而且与水玻璃单段固氟工艺相比，可以大幅减少水玻璃固氟剂的用量，节省成本，且操作简便。

49. "三段四层"固氟工艺中，为什么将玻璃纤维加装在冷却塔填料上部、石英石放在塔底部？

将玻璃纤维加装在冷却塔内填料上、石英石填放于塔底，是出于以下两方面的考虑：

① 填料上部为气体通道，石英石和玻璃纤维都为固态，进行气固反应时固体反应物的比表面积对反应速率的影响很大。玻璃纤维具有很大的比表面积，在烟气停留时间一定的情况下，在填料上方选用玻璃纤维作为固氟物质可

以获得更高的氟吸收率。

②　在塔底的循环酸中不选用玻璃纤维是因为其比重太小，不易固定，而石英石比重大、易堆放，在这种条件下更具优势。

冷却塔石英石与玻璃纤维的填装示意图如图 2-17 所示。

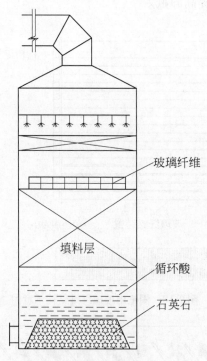

图 2-17　冷却塔石英石与玻璃纤维的填装示意图

50. 玻璃纤维固氟装置的结构及安装方式？

玻璃纤维固氟装置是以玻璃纤维为固氟物质、玻璃钢骨架板作为载体的固氟装置。玻璃纤维缠绕在玻璃钢骨架板上，并在骨架板两侧涂以树脂以固定玻璃纤维，若干个缠绕有玻璃纤维的板片再固定于带有插槽的玻璃钢板上就组成了一个固氟装置的元件。玻璃纤维板片之间有 30mm 的空隙为烟气的通道。图 2-18 是固氟用玻璃纤维的结构示意图。

玻璃纤维装置安装在冷却塔填料层上部。根据冷却塔的直径，将玻璃纤维的摆放区域设计为一个比塔径小的圆，周边留有 1m 的环形走道。如此设计尽管没有将玻璃纤维布满，但对整体的固氟效率影响不大，主要是因为：根据圆管内流体速度分布曲线，塔壁周围通过的烟气量很少，绝大多数烟气从布有玻璃纤维装置的区域通过。

　　安放时将两个玻璃纤维装置按照板片相反的方向叠放，这样烟气从下层玻璃纤维板片间隙进入后再从上层玻璃纤维板片间隙出来，过程中烟气的路径形成 90°的拐弯（如图 2-19 所示），使得烟气中气体分子和玻璃纤维产生碰撞，加之玻璃纤维本身具有很大的比表面积，因此可以在一定的烟气停留时间内获得较高的反应效率，提高固氟效率。

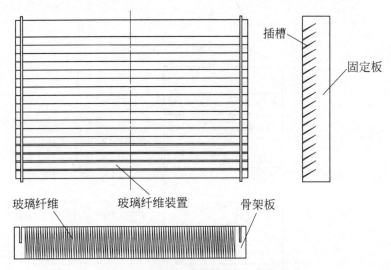

图 2-18　固氟用玻璃纤维结构示意图

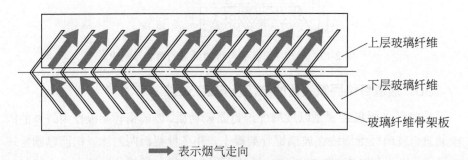

→ 表示烟气走向

图 2-19　烟气通过玻璃纤维时的路线示意图

51. 冷却塔塔底加石英石要注意哪些事项?

　　在加石英石的过程中，有两个问题需要注意：

　　首先，冷却塔为全玻璃钢结构，塔底、塔壁及支撑柱都做有防腐层。防腐层很薄、易破坏，因此在石英石加入之前应平铺一层橡胶皮作为保护。对于支撑柱，在用橡胶皮包裹之后，还须用绳子绑扎。使用的绳子不能为铁丝，应选用耐稀酸的聚四氟乙烯绳。

　　其次，塔内的稀酸在系统运行时湍动很大，细小的石英石在稀酸中很容易被冲走，对塔身造成磨损，过小的石英石和 HF 反应后容易粉化，经泵上塔喷淋时容易堵塞喷头；过大的石英石比表面积较小，同时受塔体的人孔限制。综合考虑，选用的石英石粒度为 80～500mm。冷却塔塔底人孔直径为 800mm，因此所有石英石都能方便加入。摆放石英石的过程中，将圆台的四周及上底面全采用大粒度石英石，小粒度石英石摆放其中（如图 2-20 所示），这样可将小粒度石英石固定，避免了石英石在塔内的移动。

　　除此之外，由于石英石在塔底长期地与 HF 接触，石英石粒度可能会变小，若被塔内的湍流卷入稀酸泵的入口将损坏叶轮，因此在稀酸泵的入口处加装了过滤器。

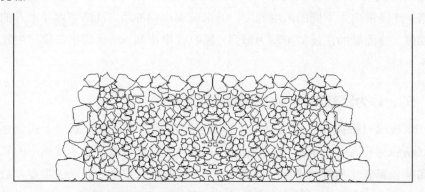

图 2-20　不同粒度的石英石在塔底的堆放位置

52. 水玻璃作为固氟剂，应从哪个塔加入？

　　净化工序中氟的去除首先以循环酸带出氟的能力来衡量，但从本质上要看循环酸是否具有较低的氟蒸气压。而影响氟蒸气压的因素有酸浓度和氟的形态，因此，要更有效地除氟就需要从两个方面考虑，即提高循环酸带出的氟含量和降低循环酸表面氟的蒸气压。要提高净化系统除氟率，需要设备多级串联，各设备内循环酸形成较大的氟浓度梯度。

　　若水玻璃加在冷却塔循环酸内，由于水玻璃的黏性和静止沉积性质，当循环酸通过循环泵送入塔内时，循环酸在冷却塔的填料里自上而下缓慢自流，水玻璃会在这期间沉积，堵塞填料，使系统阻力上升，影响生产。根据"三段四层"固氟工艺原理，水玻璃加在洗涤塔循环酸内较为适宜。主要有以下几方面的原因。

　　① 将水玻璃加入洗涤塔，通过串酸串入湍冲塔，在湍冲塔、洗涤塔内由含水玻璃的稀酸液形成两个流动固氟层，可延长水玻璃与氟化氢的反应时间，

提高水玻璃的利用率。

② 氟化氢气体在低温下的溶解度大于在高温下的溶解度，洗涤塔内循环酸温度比湍冲塔酸温低，经湍冲塔固氟后，烟气中剩余的氟化氢在洗涤塔中溶解效果增强，在洗涤塔内加入水玻璃，有利于烟气中氟化氢气体的脱除。

③ 氟化氢易溶于水，在硫酸水溶液中的溶解度随硫酸浓度的增加而下降。湍冲塔循环酸内硫酸浓度高于洗涤塔，氟化氢在洗涤塔中溶解效果增强，在洗涤塔内加入水玻璃，有利于烟气中氟化氢的脱除。

④ 进入湍冲塔的烟气中氟化氢含量高，固氟的正反应推动力强，大部分烟气中氟化氢在湍冲塔内被吸收，进入洗涤塔的烟气中氟化氢含量下降，致使洗涤塔固氟的正反应推动力减弱；而在洗涤塔内加入水玻璃，虽然氟化氢在湍冲塔、洗涤塔内呈下降的浓度梯度，但水玻璃在湍冲塔、洗涤塔内呈上升的浓度梯度，使固氟的正反应推动力增强，氟吸收率提高，洗涤塔出口烟气中氟蒸气压下降。

53. 作为固氟药剂，水玻璃应如何选择？

水玻璃可根据碱金属的种类分为钠水玻璃和钾水玻璃，其分子式分别为 $Na_2O \cdot nSiO_2$ 和 $K_2O \cdot nSiO_2$，式中的系数 n 称为水玻璃模数，是水玻璃中的氧化硅和碱金属氧化物的分子比（或摩尔比）。水玻璃模数是水玻璃的重要参数，一般在 1.5～3.5 之间。水玻璃模数越大，固体水玻璃越难溶于水，$n=1$ 时常温水即能溶解，n 加大时需热水才能溶解，$n>3$ 时需 4 个大气压以上的蒸汽才能溶解。水玻璃模数越大，氧化硅含量越多，水玻璃黏度增大，易于分解硬化，黏结力增大。

为节省水玻璃的用量，以采用高模数的水玻璃为宜，但水玻璃模数越大，固体水玻璃越难溶于水，因此选择水玻璃模数应根据具体情况选择。

54. 钠水玻璃加入量过大，对制酸系统有何影响？

根据反应动力学，水玻璃的加入量越大，越有利于提高氟的吸收率。但在实际生产中，水玻璃加入量并非越大越好，加入水玻璃数量的过量系数，应根据具体情况，主要考虑以下几方面因素而定。

（1）水玻璃溶液具有一定的黏稠性，加入量过多时，过多的 Na_2SiO_3 在循环酸中形成胶体体系，与循环酸中的固体颗粒物团聚，易堵塞塔内喷头，塔除尘效率下降，严重时导致净化二段电除雾器出口温度超标且含 Na_2SiO_3 的酸泥堵塞喷头，检修时喷头难以疏通，只能更换，造成检修劳动量和成本增加。

（2）水玻璃加入量过大，与 HF 反应的推动力增强，SiF_4 生成量增加，SiF_4 是一种挥发性气体，进入冷却塔和电除雾器后发生水解反应生成 SiO_2：

$$SiF_4+2H_2O\longrightarrow 4HF+SiO_2 \tag{2-23}$$

① SiO_2 进入冷却塔循环酸，在填料里由上而下缓慢自流，SiO_2 在填料内沉积，致使填料堵塞；含 SiO_2 的循环酸进入板式热交换器，在板式热交换器内结垢，堵塞酸道，换热效率下降。

② SiO_2 进入电除雾器，与酸雾及矿尘颗粒凝聚，附着在阳极管和阴极线上，形成质地坚硬的酸泥，正常冲洗时无法洗去，除雾效率下降。

55. 制酸系统"三废"有哪些？有哪些相应的处理措施？

制酸系统产生的三废主要为尾吸工序排放的废气、净化工序排放的废水以及经固液分离系统分离出的废渣。其中，废气主要采用活性焦吸附法、离子液法、氨法、柠檬酸钠吸收解析法以及碱吸收法，实现外排烟气的达标排放；净化工序产生的酸性废水一般实行减排加达标治理的措施，通过固液分离系统将清液返回系统回用，实现节能减排，并且通过硫化法与中和法相配合的方式，实现酸性废水的达标治理；经固液分离后的浊液采用压滤机压滤后，按危废管理规章统筹管理。

处理措施：

① 在废气治理方面，根据各地方自身特点及优势所采用的方法不尽相同，多数采用活性焦法、离子液法、胺法和碱吸收法。其中活性焦法对烟气量的适应范围大、二次危废产生量少，但设备庞大；离子液法相对而言较为安全可靠，但解析过程消耗蒸汽，需具备充足的蒸汽条件；碱吸收法具有烟气达标率高、易于维护的特点，但运行过程需对循环液进行置换。

② 废水处理采用硫化法 + 石灰中和法，利用石灰石的碱性调节酸性废水的 pH 值，并且硫离子和重金属离子生成沉淀物，实现酸性废水的达标排放。

③ 废渣处理利用压滤机压滤，滤渣含有大量重金属，属于危废物，必须严格遵照危废物处置及管理规定分区管理。

56. 酸水中的成分非常复杂，为什么主要关注酸度、氟、氯、尘、铅？

冶炼烟气湿法洗涤过程中，循环酸不断与烟气中的成分接触，造成其中含有大量的酸雾、氟、氯、尘以及重金属。

① 传统湿法洗涤工艺中，净化工序塔体普遍采用玻璃钢材质，泵体使用工程塑料，对酸度的耐腐蚀性有一定的极限，当酸度过高时，会造成玻璃钢设备及泵头腐蚀加剧，影响设备安全、稳定运行。

② 对于氟元素，当富集到一定程度后，对净化工序玻璃钢塔、烟道、管道均具有一定的腐蚀性；同时，干吸工序采用钢衬瓷砖结构，且瓷制填料中同样含有 SiO_2，很容易与 F^- 发生反应形成氟硅酸钠，当填料与塔体衬砖受到腐蚀影响时，一方面影响塔体稳定性，另一方面影响产品酸质量。

③ 对于氯元素，在湍冲洗涤塔烟气入口处采用耐高温、耐稀酸性能好的哈氏合金，该合金耐腐蚀性能强，但却不具有良好的耐氯性能，若氯元素含量过高，势必腐蚀逆喷管，影响净化效果，严重时造成整个制酸系统停产。而且氯元素对板式热交换器 SMo254 材质同样具有腐蚀性，对净化金属设备的安全影响极大。

④ 对于尘，若无法及时将循环酸中的酸泥带出净化工序，会造成净化工序大部分管道因酸泥大量沉积而堵死，间接影响降温、洗涤效果和生产效率。

⑤ 对于铅，由于其具有较高的黏性，会与循环酸中的酸泥形成高黏度的沉积物，很容易堵塞喷头、管道及喷淋装置；尤其是沉积在电除雾器阴极线、阳极管上不易清除，导致除雾效率下降，严重时阴极线负重过大引起坠落。

处理措施：

① 当循环酸酸度过高时，需及时对部分酸水开路，补充新水或中水，降低酸度。

② 对于氟元素，采取加入水玻璃或铝盐，以及冷却塔填料层顶部加装瓷环等措施，实现净化工序循环酸中氟的去除。

③ 对于氯元素，净化补水由循环水改用新水；尾气吸收液直排而不进入净化工序。

④ 对于循环酸中的尘，可采用"泥浆泵＋脱气塔＋悬浮过滤器固液分离"技术，以降低循环酸中的酸泥量。

⑤ 控制湍冲洗涤塔和洗涤塔出口烟气温度。

57. 在酸水治理技术上，常用的重金属离子沉淀去除法有哪几种？其原理是什么？

常用的含重金属酸性废水的处理方法主要有三类：①将废水中的重金属离子通过化学反应而除去的方法，包括化学沉淀法、氧化还原法、高分子重金属捕集法等；②在不改变重金属化学形态的情况下，利用吸附、离子交换、膜分离等方法对重金属进行吸附、浓缩和分离等，将其从水体中去除；③利用藻类、真菌及细菌等通过生物絮凝、生物吸附、植物吸收等方法去除废水中的重金属。

其中，化学沉淀法是目前最有效且应用最广的一种去除重金属的方法，化学沉淀法又以氢氧化物沉淀法和硫化物沉淀法为代表，氢氧化物沉淀法和硫化物沉淀法的原理均是利用重金属离子与其中含有的 OH^- 和 S^{2-} 反应生成 $M(OH)_x$ 和 MS 沉淀物（注：M 表示重金属），达到去除重金属的目的。

（1）氢氧化物沉淀法

氢氧化物沉淀法利用重金属离子与其中的 OH^- 反应生成 $A(OH)_x$ 沉淀物，达到去除重金属的目的。

$$M^{x+}+xOH^- \longrightarrow M(OH)_x\downarrow \tag{2-24}$$

常用的沉淀剂有石灰、碳酸钠、氢氧化钠、石灰石及白云石等。难溶金属氢氧化物沉淀能否从废水中沉淀析出，其关键取决于废水中金属离子与 OH^- 的浓度，即 pH 值是沉淀金属氢氧化物的重要条件。形成的金属氢氧化物的溶度积一般都非常小，常见的金属离子形成氢氧化物的溶度积常数如表 2-3 所示。

表 2-3　金属氢氧化物溶度积常数

金属离子	K_{sp}/（mol/L）	金属离子	K_{sp}/（mol/L）	金属离子	K_{sp}/（mol/L）
Ni^{2+}	1.4×10^{-27}	Hg^{2+}	3.6×10^{-26}	Cr^{3+}	6.3×10^{-31}
Cu^{2+}	6×10^{-20}	Zn^{2+}	1.8×10^{-14}	Fe^{2+}	1.64×10^{-14}
Pb^{2+}	1.0×10^{-16}	Co^{2+}	1.6×10^{-15}	Fe^{3+}	1.1×10^{-36}
Cd^{2+}	7.2×10^{-15}	Cr^{2+}	2×10^{-16}		

（2）硫化物沉淀法

硫化物沉淀法是利用重金属离子与其中的 S^{2-} 反应生成 M_2S_x 沉淀物，达到去除重金属的目的。

$$M^{x+}+S^{2-} \longrightarrow M_2S_x\downarrow \tag{2-25}$$

常用的形成硫化物沉淀的方法有通入 H_2S 气体或加入硫化钠药剂。对于硫化物沉淀法而言，金属硫化物是比氢氧化物溶度积更小的难溶沉淀物，各种金属硫化物溶度积如表 2-4 所示。

表 2-4　金属硫化物溶度积常数

金属离子	K_{sp}/（mol/L）	金属离子	K_{sp}/（mol/L）	金属离子	K_{sp}/（mol/L）
Ni^{2+}	1.4×10^{-24}	Pb^{2+}	3.4×10^{-28}	Co^{2+}	3×10^{-26}
Cu^{2+}	8.5×10^{-45}	Hg^{2+}	4×10^{-53}	Cd^{2+}	3.6×10^{-29}
Cu^+	2×10^{-47}	Zn^{2+}	1.3×10^{-23}	Fe^{2+}	3.7×10^{-19}

由于 H_2S 气体对人体损伤非常大，属于强烈的神经毒素，并对黏膜具有强烈的刺激作用，同时很容易与空气形成爆炸性混合物，且易燃。所以，硫化沉淀法一般用在酸水治理技术上，必须保证最终处理的酸水呈碱性，防止 H_2S 气体溢出。

58. 如何保证净化工序的除尘、降温效果？

（1）除尘

净化的首要作用是除尘。冶炼烟气制酸采用湿法净化，通过烟气与水或稀酸的直接接触洗涤，使矿尘由气相转移到液相中，矿尘以酸泥的形式存在于净化循环酸中，通过湍冲洗涤塔底部的沉降槽初步沉降分离后，含固量高的酸泥经泥浆泵输送至处理酸性废水的固液分离装置（悬浮过滤器）再次沉降分离，最终移出制酸系统。为确保除尘效果，采取的措施有以下两点：

① 泥浆泵流量控制在适宜范围内。若泥浆泵流量低于规定值，则进入悬浮过滤器沉降分离的酸泥量降低，不能将更多酸泥移出制酸系统，导致净化工序循环酸酸泥富集，易导致塔内喷头堵塞，降低除尘降温效果；若泥浆泵流量高于规定值，则进入悬浮过滤器沉降分离的酸水量增加，导致酸泥在悬浮过滤器内的沉降时间缩短，影响其固液分离效果，上清液含泥量增大，上清液作为补充水再次回用至净化，净化循环酸含泥量增加，导致塔内喷头堵塞，降低除尘降温效果。因此，泥浆泵的流量应在悬浮过滤器处理能力范围内调至最大值。

② 确保悬浮过滤器的过滤效果。经常检查悬浮过滤器内填料是否足够、滤帽有无脱落、顶层滤板是否破损，若出现异常则及时补充新填料或安装新滤帽、修复滤板；定期对悬浮过滤器内填料进行反冲洗，确保足够的反冲洗时间。

（2）降温

净化的另一个作用是为冶炼烟气降温。根据湿法净化的特点，烟气温度越高烟气中饱和水含量越高，水分过高将会给系统后续的工序带来很多危害，如干燥酸浓度偏低、干吸串酸量增大、干燥酸阳极保护热交换器负荷加重、催化剂内形成酸雾导致转化率下降、酸雾冷凝引起设备腐蚀等，因此降低净化工序烟气温度实则是降低烟气带水量。为确保降温效果，采取的措施有以下三点：

① 保证塔的喷淋降温效果，避免塔内喷头、填料堵塞。关注各塔烟气进出口的压损和温差，定期检查塔内喷头有无堵塞，若出现塔的压损大幅增加或降温效果明显下降，则可能塔内出现堵塞，需停产检修进行处理。

② 生产过程中密切关注悬浮过滤器运行效果，以确保净化循环酸中含泥量不超标，避免出现塔内喷头、填料堵塞故障，从而影响塔的喷淋降温效果。

③ 保证换热设备（板式热交换器）的换热效果。一方面，要确保其换热能力充足：首先冷却水量要足够，冶炼烟气中所带热量最终通过循环冷却水移出；其次循环冷却水温度要能够满足工艺要求，必要时可调节冷却水塔的风扇运行负荷，降低循环水基础水温。另一方面，要保证板式热交换器正常运行：为避免板式热交换器被循环酸中酸泥堵塞，酸道和水道入口均安装过滤器，需定期对板式热交换器酸道和水道进行反冲洗，确保通道畅通，流量满足工艺要求。

59. 净化开车前的准备工作有哪些？净化的开车程序有哪些？

（1）净化开车前的准备工作

① 检查净化各塔的人孔是否已封；

② 控制净化各塔液位是否在指标控制范围内；

③ 检查各个管线阀门，保证上酸管道通畅；

④ 板式热交换器酸道进出口阀门全开，净化串酸阀门全关；

⑤ 检查净化系统相关的电气设备；

⑥ 检查泵油位是否正常，盘车数圈至轻松无杂音，重新装好稀酸泵对轮罩；

⑦ 系统通气前 8 小时电除雾器绝缘加热箱升温至 110～130℃之间。

（2）开车程序

① 按中央控制室下达的指令调整系统工艺设备设施；

② 变频电动机启动前将频率调至最低；

③ 相应启动净化系统各循环酸泵，开泵时先打开泵入口阀，出口阀打开20%左右，启动净化泵且正常之后开大泵出口阀；

④ 密切监视系统现场设备设施的运行状态，及时调整各塔液位。

60. 净化工序运行设备全部失电跳车时的处理措施有哪些？

电力作为目前生产系统设备设施的主要动力来源，其稳定性是一个生产系统能否正常运转的首要保障。而当制酸系统净化工序运行设备全部失电时，可直接导致整个制酸系统的停车，严重时会造成塔体及管道的损坏。当净化工序设备全部失电时，主要影响有各塔循环酸泵、电除雾器出入口阀门、系统自动阀、仪表的液位计和压力点等。

处理措施：

① 制酸系统 SO_2 鼓风机缩量；

② 中央控制室打开高位水槽至溢流堰的自动阀，给溢流堰和应急喷头及

时补充新水，对烟气降温，但时间有限，一般只能满足 10～20min 左右；

③ 立即联系冶炼排空，并关闭制酸阀，同时打开净化二段电除雾器出口补气阀；

④ 现场关闭电除雾器入、出口阀，打开转化排空阀，关闭主气路阀，系统孤立；

⑤ 中央控制室通知电工尽快检查电路。

若电路能够及时恢复，首先启动湍冲泵，同时启动洗涤塔、冷却塔循环泵，并以此检查净化电路设备、阀门是否正常，若电路无法第一时间恢复，制酸系统需长期孤立保温或处于停产状态，等待复产。

（二）塔

61. 湍冲洗涤塔溢流堰的作用是什么？如何操作及维护？

冶炼烟气制酸湿法净化工艺中除尘、降温的主要设备是湍冲洗涤塔，其首要核心部分为逆喷管，而溢流堰则是 SO_2 烟气进入逆喷管的第一道冷却设施。

（1）结构及作用

溢流堰位于逆喷管的正上方，直径与逆喷管相同，内部设有凹槽，溢流堰上部有以切线方向碰头的上酸管道，使进入溢流堰的循环酸以逆时针方向流动，底部设有与上酸管道管径相同的排污管道。正常生产时，排污管道阀门处于关闭状态，循环稀酸在溢流堰凹槽内短暂停留后顺着逆喷管管壁流下，在逆喷管管壁上形成一层薄膜，避免高温烟气直接与逆喷管接触而损坏设备，同时避免冶炼烟气中的杂质附着在逆喷管内表面。由于冶炼烟气的含尘量大，需定期开启排污阀，对溢流堰凹槽内的淤泥进行排放。如果出现溢流堰供水中断的现象，要及时开启应急水阀门，保证溢流堰内水的持续供应。

（2）操作维护

① 停产抢修时，定期打开人孔检查溢流堰溢流状况；

② 每班手动打开去溢流堰应急水阀门一次，若湍冲洗涤塔液位上涨，证明应急水正常；

③ 每 12h 进行溢流堰排污操作，防止形成沉淀，影响溢流效果，造成逆喷管损坏。

62. 净化工序溢流堰供水方式主要有哪几种？其优缺点有哪些？

（1）湍冲洗涤塔溢流堰的供水方式

供水方式有以下三种：

① 利用湍冲循环泵为溢流堰供水，溢流堰与逆喷管、喷淋支管共用湍冲洗涤塔循环槽内的循环稀酸；

② 单独设一台泵为溢流堰供稀酸，所供稀酸来源于洗涤塔；

③ 通过高位槽或应急水管道泵为溢流堰供应新水。

（2）三种供水方式优缺点对比

1）供水水质与水量不同

① 利用湍冲循环泵供水，其水质含泥量最高。因净化采用由后向前逐级串酸工艺，由后向前三塔内循环酸含尘的浓度梯度逐级上升。湍冲洗涤塔循环酸内含尘量最高，此部分循环酸水进入溢流堰，容易造成溢流堰环管积泥堵塞；另外，溢流堰与逆喷管、喷淋支管共用湍冲洗涤塔循环泵供水，其水量分配是靠供水阀调节，若阀门调试不当，极易造成溢流堰、逆喷管和喷淋支管水量分配不合理，影响湍冲洗涤塔除尘降温效果。

② 单独设一台泵为溢流堰供水，所供水来源于洗涤塔，其水质得到改善。洗涤塔较湍冲洗涤塔循环酸含泥量低，用于溢流堰可减少溢流堰内沉淀积泥；其次，单独设泵为溢流堰供水，其供水量不受逆喷管、喷淋支管水量的影响，与利用湍冲循环泵为溢流堰供水方式相比，供水量更加充足；另外，所供水送入溢流堰后最终又流至湍冲洗涤塔内，符合逐级串酸的工艺要求。

③ 通过高位槽或应急水管道泵为溢流堰供应新水，其水质最佳，避免了溢流堰堵塞，但高位槽为间断性加水，且存储水量有限，不能长时间稳定地供水；另外，应急水管道泵也可为溢流堰供应新水，但若管道泵长期运行，易导致其发生故障，不能长期稳定地为溢流堰供水，此种供水方式适用于供水泵故障情况下应急。

2）故障情况下应急能力不同

① 利用湍冲循环泵为溢流堰供水，若出现湍冲泵跳车故障，则溢流堰和逆喷管内断流，严重时导致玻璃钢材质的逆喷管因高温烟气而损坏。操作人员现场倒换备用泵，时间较长，此种工艺应急处理能力较差。

② 单独设立一台泵给溢流堰供水，当出现湍冲泵跳车的异常状况后，溢流堰供水不受影响，在逆喷管内壁形成水膜，短时间内保护逆喷管不被高温烟气损坏，起到应急作用。

③ 通过高位槽或应急水管道泵为溢流堰供应新水，加水阀与湍冲洗涤塔出口烟气温度连锁，一旦湍冲泵跳车，加水阀立即打开，将应急水补入逆喷管应急喷头和溢流堰，保护逆喷管安全运行。

综合上述，一般选用单独设一台泵为溢流堰供水和通过高位槽或应急水管道泵供水两种方式配合，既保证能为溢流堰长期稳定供水，又确保了故障情况下逆喷管的安全运行。

63. 如何判断湍冲洗涤塔逆喷管喷头喷淋效果？

逆喷管是湍冲洗涤塔的核心部件，循环酸通过梅花瓣结构的三个喷头自下而上逆向喷入气流中，气液两相高速逆向对撞，当气液两相的动量达到平衡时，形成一个高度湍动的泡沫区，气液两相高速湍流接触，接触体积大，泡沫区气液分子接触面积大，而且这些接触表面不断地得到迅速更新，在泡沫区内进行传质传热过程，烟气中的大部分矿尘进入循环酸洗涤液中，烟气温度也骤降到60℃左右。

若要形成高度湍动的泡沫区，气液两相高速逆向对撞，逆喷管内三个喷头喷出的循环酸必须有较大的压力和适宜的喷淋高度。由于逆喷管中烟气温度高、含尘量大，无法通过视镜观察逆喷管中循环稀酸的喷淋高度，所以在逆喷管上加装了压力测点。试车时，打开过渡段上部的观察孔，通过调节三个喷头入口管道上的阀门开度，使三个喷头所喷出的循环酸高度到达逆喷管顶部的溢流堰处，且调节三个喷头喷液高度一致，防止因喷液量不均造成烟气走"捷径"。

生产时，因有烟气带入，三个喷头喷出的循环酸高度略有降低，三个喷头循环酸的压力也较空试时有所下降，喷淋高度基本在溢流堰之下 150～200mm 处，既确保了逆喷管内的传质传热效果，又避免了循环酸喷淋高度过高而进入净化入口烟道，造成碳钢烟道的腐蚀。日常操作中可通过观察逆喷管三个压力参数判断喷头喷淋高度是否适宜及喷头有无堵塞。

若逆喷管压力表接口处渗漏，其处理措施为：适当降低系统负荷，减小湍冲洗涤塔泵上的酸压力，穿戴好劳保用品（防酸衣、防毒面具等），关闭泄漏喷头阀门，拆开压力变送器更换胶皮垫。

64. 若湍冲洗涤塔逆喷管喷头压力下降，可能是什么原因导致？如何处理？

表 2-5　逆喷管喷头压力下降的原因及处理措施

序号	原　因	处 理 措 施
1	泵运行状态异常，导致泵的上酸量不足	倒泵，处理好后留做备用
2	循环酸液位过低，导致泵的上酸量不足	打开补水阀门，补充液位，提高泵的上酸量
3	喷头断裂或穿孔	停车，更换喷头

序号	原　　因	处　理　措　施
4	喷头堵塞	停车，疏通喷头或更换
5	泵出入口阀门关闭	现场检查并打开泵的出入口阀；若阀门故障，倒泵后更换
6	管道泄漏	处理漏点，必要时紧急停车
7	由于泵的振动，旁路阀自动打开，大量循环酸进入旁路	现场检查关闭旁路阀，若旁路阀故障，更换阀门
8	压力表堵塞或失灵	处理压力表

65. 净化设计高位槽的作用是什么？若高位槽液位下降过快，应如何处理？

高位槽的作用：高位槽是湍冲循环泵故障时的应急装置，主要为逆喷管应急喷头和溢流堰供水，避免湍冲泵故障或跳车，高温烟气损坏逆喷管玻璃钢管道。

若高位槽液位下降过快，按如下步骤排查：

① 高位槽出口应急水控制阀与湍冲洗涤塔出口温度连锁，液位下降首先要检查温度是否在控制指标范围，出口应急水阀是否被打开，水被加入湍冲洗涤塔逆喷管，导致液位下降；

② 检查高位槽加水阀是否异常，远程给指令后，阀门是否打开或开度与指令是否相符；

③ 检查高位槽生产用水水压是否正常；

④ 检查高位槽加水管道、出水管道、设备外观是否有泄漏现象（包括由于工艺需要与其他设备管道连接的阀门状态），液位计显示是否有误差。

处理措施：

① 若由于上酸泵原因导致出口温度、上酸压力超标，高位槽应急水阀打开引起液位下降，系统应迅速降低负荷，同时启动备用设备。若备用设备无法开启，联系冶炼炉窑停料，系统孤立，设备检修正常开启后，系统再投入运行。

② 若现场检查确认由于自动阀故障导致液位下降，处理自动阀。

③ 若由于生产用水水压低导致高位槽新水无法加入，可减小系统其他用水设备水量，提高水压。

④ 若现场检查确认由于管道、设备（包括由于工艺需要与其他设备管道连接的阀门状态）泄漏导致液位下降，检查处理；若由于液位计故障显示有误，处理液位计。

66. 常用的湍冲洗涤塔液位计有几种？液位计失灵如何处理？

湍冲洗涤塔常用的液位计有 3 种：差压式液位计、雷达液位计及超声波液位计。

湍冲洗涤塔液位计常用雷达液位计，其失灵有两种情况：

① 液位计在液位过低或过高时均易反馈假值，造成历史监控趋势成一条连续直线；

② 湍冲洗涤塔内泥浆等异物造成液位计连通管堵塞，液位计失灵。

处理措施：发现液位计假值，立即加大补水或降低液位，达到指标要求；检查液位计，擦拭探头，疏通连通管，恢复液位计监测能力。

67. 湍冲洗涤塔出口烟气温度突然增高的原因有哪些？有何处理措施？

表 2-6　湍冲洗涤塔出口烟气温度升高的原因及处理措施

序号	原　因	处　理　措　施
1	湍冲泵故障或跳车	立即打开高位槽应急加水阀为湍冲塔加水，同时开启备用泵；若备用泵无法开启，联系冶炼停料，系统孤立
2	循环酸管道断裂	联系冶炼停料，系统孤立，待处理妥当后再开车
3	湍冲洗涤塔循环酸泵进、出口阀门未完全打开	检查全开湍冲洗涤塔循环酸泵进、出口阀门
4	温度测点故障	处理温度测点

若上述检查结果均正常，但湍冲洗涤塔入口烟气温度上升，则湍冲洗涤塔出口烟气温度的上升可能是冶炼余热锅炉泄漏引起的，应通知锅炉岗位检查进水量、发汽量、锅炉出口气温及排灰等情况。

68. 湍冲洗涤塔液位过高的原因有哪些？有何处理措施？

表 2-7　湍冲洗涤塔液位过高的原因及处理措施

序号	原　因	处　理　措　施
1	泥浆泵排放量过小	调整泥浆泵的流量
2	洗涤塔串湍冲洗涤塔循环酸量过大	检查自动串酸阀、旁路手动阀是否开启
3	应急水阀门打开	检查关闭应急加水阀
4	湍冲洗涤塔底排阀被杂质堵塞	处理堵塞的底排阀
5	湍冲洗涤塔循环泵跳车	开启备用泵
6	泥浆泵未开或跳车	开启泥浆泵
7	液位计故障	检查处理液位计

69. 净化洗涤塔和冷却塔底面保留一定坡度的优点有哪些？

制酸系统中的净化工序主要是对冶炼烟气进行冷却、除尘。净化过程中，循环稀酸对烟气进行充分洗涤，将烟气中携带的大量杂质洗入酸水，导致酸水浑浊。仅依靠串酸不能充分将浑浊酸水带入除泥系统，经过长时间的沉降作用而形成酸泥。若塔底为平面，则酸泥分布广泛，塔内酸泥不易清理。

将洗涤塔和冷却塔塔底面做成斜坡，可将浑浊的酸水集中沉降，再通过净化工序的串酸，将大量酸水逐一串入湍冲洗涤塔沉降槽，最终由泥浆泵送入除泥系统，沉积的酸泥可在检修时进行集中处理。

此种方法，便于将酸泥带入除泥系统，并且经过自然沉淀，将未串走的酸泥沉积在塔底底排管的最低点，检修时方便处理，减轻劳动量。

70. 洗涤塔出口烟气温度升高的原因有哪些？如何处理？

表 2-8　洗涤塔出口烟气温度升高的原因及处理措施

序号	原　因	处　理　措　施
1	洗涤塔循环泵故障或跳车	开启洗涤塔备用泵
2	洗涤塔循环泵出口管道断裂	联系冶炼停料，系统孤立，待处理妥当后再开车
3	洗涤塔循环泵进、出口阀门未完全打开	检查、确认洗涤塔循环酸泵进、出口阀门全开
4	塔内喷淋管、喷头堵塞	系统停车，疏通喷淋管、喷头
5	污酸排放量过小，导致热量蓄积	调整污酸排放量
6	温度测点损坏	处理损坏的温度测点

71. 冷却塔内填料的选用应具备什么通性？

① 通气量大，压降小，在一定的喷淋密度下，泛点气速高；

② 效率高，传质性能好，传质系数大；

③ 操作弹性大，性能稳定，能适应操作条件的变化；

④ 抗污、抗堵性能好；

⑤ 最低润湿率要小，有较大的比表面积和空隙率，能得到有效利用；

⑥ 强度高，破损小，来源容易。

72. 冷却塔填料层上部增加一层瓷环的作用是什么？

烟气中含有的 HF 易与 SiO_2 发生反应，虽然经过"三段四层"固氟，但因冶炼烟气成分的波动，有时净化出口烟气含氟依然超标。冷却塔填料层上部再加一层瓷环，目的是使瓷环中的 SiO_2 与 HF 反应，进一步去除烟气中的氟，在冶炼烟气的波动情况下确保净化出口烟气含氟在指标控制范围内，为后序设备的稳定运行提供保障。

73. 冷却塔上部收水器的作用是什么？为什么要经常对收水器冲洗？

冷却塔为填料塔，气液两相传质过程符合"双膜理论"，根据双膜理论，气体流速的大小会直接影响整个传质过程。气体流速大，使得气、液膜变薄，有利于传质，同时在单位时间内提高了塔的效率；但气体流速过大时，也会造成液泛，产生烟气夹带雾沫。因此在冷却塔顶部设置收水器，将气体中夹带的雾沫去除，避免被烟气带入后端设备。

由于进入冷却塔的烟气中仍含有少量矿尘，夹带的雾沫以矿尘为雾滴核心形成胶粒，其粒径增大到一定程度时在收水器中凝集，导致收水器内气体通道变小，严重时造成收水器堵塞。另外，作为固氟药剂的钠水玻璃在洗涤塔加入，氟化氢与二氧化硅反应生成气态四氟化硅，气态四氟化硅进入冷却塔，在塔内发生水解反应生成二氧化硅，二氧化硅具有黏性，与烟气中含有的少量矿尘黏结，附着在收水器内，造成收水器积泥，冷却塔压损增加，严重时导致收水器堵塞。因此，需要打开收水器上部的喷淋系统，对收水器进行定期清洗。

74. 冷却塔循环酸温居高不下的原因有哪些？有何处理措施？

表 2-9　冷却塔循环酸温度升高的原因及处理措施

序号	原　因	处　理　措　施
1	板式热交换器水道或酸道堵塞	孤立板式热交换器，酸道、水道反冲洗
2	板式热交换器水道出入口阀门未全开	全开板式热交换器水道进出口阀
3	进入冷却塔的烟气温度太高	加大湍冲洗涤塔、洗涤塔喷淋酸量
4	循环冷却水基础水温高	开启循环水冷却塔风扇，调节变频
5	冷却塔循环酸泵故障	开启备用泵，检修故障泵
6	冷却塔填料堵塞或不足	停车冲洗或补充、更换填料
7	喷头、分酸管堵塞或断裂	疏通或更换喷头、分酸管
8	温度计故障	检查处理温度计

75. 冷却塔上酸量下降的原因有哪些？有何处理措施？

表 2-10 冷却塔上酸量下降的原因及处理措施

序号	原　因	处　理　措　施
1	循环泵出入口阀门开度小	全开循环泵出入口阀
2	板式热交换器酸道出入口阀门未全开	全开板式热交换器酸道出入口阀
3	泵叶轮脱落或损坏	换开备用泵，处理故障泵
4	变频故障，频率下降，电动机缺相，带负荷能力下降	换开备用泵，处理电气故障
5	板式热交换器反冲洗阀未关闭	关闭板式热交换器的反冲洗阀
6	板式热交换器酸道堵塞	孤立板式换热器并反冲洗

76. 冷却塔液位增高的原因有哪些？有何处理措施？

为保证泵正常运行使烟气持续冷却降温，冷却塔液位一般控制在 1800～2100mm 之间。冷却塔液位增高的原因和处理措施见表 2-11。

表 2-11 冷却塔液位增高的原因及处理措施

序号	原　因	处　理　措　施
1	冷却塔至洗涤塔串酸阀故障	检查处理串酸阀
2	加水阀开度过大或加水阀失灵	关小加水阀，若失灵则处理故障阀
3	新水、酸水、尾吸循环液同时加量过大	调小新水、酸水、尾吸液进冷却塔水量
4	冷却塔循环泵跳车	开启备用循环泵
5	液位计失灵	检查处理液位计

77. 冷却塔出口烟气温度高的原因有哪些？如何处理？

表 2-12 冷却塔出口烟气温度高的原因及处理措施

序号	原　因	处　理　措　施
1	循环酸温过高	检查确认板式热交换器水道阀门全开
2	板式热交换器堵塞	板式热交换器反冲洗，堵塞严重需进行化学清洗或拆解处理

序号	原　因	处 理 措 施
3	循环水基础水温高	开冷却塔风扇，降低循环水温
4	湍冲洗涤塔和洗涤塔降温效果不好	调整酸水置换量，补充新水以降低循环酸温度
5	稀酸泵故障	开启备用泵，处理故障泵
6	温度测点故障	检查处理

78. 冷却塔压损增大的原因有哪些？有何处理措施？

冷却塔为填料塔，压损应控制在 1.5kPa 以下，通过压损可以判断填料塔内的运行情况。冷却塔压损增大的原因及处理措施见表 2-13。

表 2-13　冷却塔压损增大的原因及处理措施

序号	原　因	处 理 措 施
1	冷却塔收水器堵塞	及时冲洗收水器
2	填料层被酸泥堵塞	检修时清理酸泥
3	填料老化碎裂，气体通道变小	更换老化填料
4	电除雾器出口阀门异常，自动关闭	检查电除雾器出口阀门是否异常关闭并及时打开

79. 钠水玻璃进入净化塔的流量计显示为零是什么原因？如何处理？

表 2-14　钠水玻璃流量计显示为零的原因及处理措施

序号	原　因	处 理 措 施
1	钠水玻璃输送管道堵塞	停泵疏通管道
2	钠水玻璃流量调节阀失灵	更换回流阀门
3	钠水玻璃输送泵故障	换开备用泵
4	钠水玻璃输送泵出口回流阀全开，全部回流	调整回流阀开度
5	流量计故障	检查处理流量计

80. 净化入口负压持续降低，出口负压持续上涨的原因有哪些？如何处理？

表 2-15 净化入口负压降低、出口负压上涨的原因及处理措施

序号	原 因	处 理 措 施
1	净化烟道抽瘪或断裂	检查烟道并及时处理
2	回酸管道堵塞造成塔内窝酸	检查疏通管道并排酸
3	冷却塔填料被酸泥堵塞	冲洗填料，清理酸泥
4	冷却塔填料塌陷	检查冷却塔内大梁是否断裂并恢复
5	冷却塔收水器被酸泥堵塞	清理并冲洗收水器酸泥
6	电除雾器出入口阀关闭	检查电除雾器出入口阀并打开
7	回流阀自动打开	检查回流阀，若出现故障自动关闭则手动打开
8	仪表测点不准或失灵	检查处理仪表

81. 冬季净化系统备用泵为什么要防冻？如何防冻？

北方地区冬季气温较冷，净化系统的备用泵由于长时间不运行，泵内残留的酸水不流动易结冰，易将泵体冻裂，或将泵的叶轮与泵体冻死无法转动，使备用泵起不到备用的作用，因此在冬季净化备用泵要进行防冻。

备用泵的防冻根据泵的具体情况进行选择和决定。目前，由不同厂家生产的泵包虽然大同小异，但有的厂家在泵体底部设有一个排酸口，而有的厂家的泵体却没有，以此作为区分，我们针对不同的泵体，采用不同的防冻方法。

（1）若泵体底部有排口，则备用泵的防冻只需将泵体内残留的液体全部排出，泵体内不会因存在液体而结冰。需要注意的是，虽然泵底部排口能够将液体排出，但还应该确认泵出入口阀门能够关严，不会有液体再次进入泵体，并每两小时盘车一次。

（2）若泵体底部没有排口，则使用以下两种方法进行密封。

① 在备用泵泵体处缠绕伴热带，并确保伴热带运行正常；每两小时盘车一次，确保泵转动轻松。

② 将泵出口阀门打开少许，确保泵体有温度，但严禁泵倒转；每两小时对备用泵盘车一次，确保泵转动轻松。

82. 除泥系统的作用是什么？其工艺流程是什么？

因为冶炼烟气的含尘量很高，净化工序通过逆喷管及净化三塔喷淋的循环稀酸将这些烟尘带入到净化三塔的循环槽内，形成酸泥，而这些酸泥若不除去就会造成塔内喷头、收水器、冷却塔填料、板式热交换器堵塞，影响正常生产并且增加检修难度。所以，在净化工序增加了除泥系统以去除酸泥，利用固液分离技术将酸水与泥渣分离，并使塔内的循环酸流动起来，将酸水中的重金属杂质也带入除泥系统去除。

工艺流程：通过净化工序的串酸将酸泥串入湍冲洗涤塔的沉降槽内，由泥浆泵送至脱气塔，进入酸水 1 号罐，由泵送入悬浮过滤器进行固液分离，清液通过溢流进入酸水 2 号罐，再由 2 号罐将一部分送入除害系统，另一部分进入净化再循环。悬浮过滤器定期排渣，将含有大量酸泥的酸水排进渣罐，在渣罐中沉淀后清液通过清液过滤器二次过滤后，进入酸水 2 号罐。工艺流程见图 2-21。

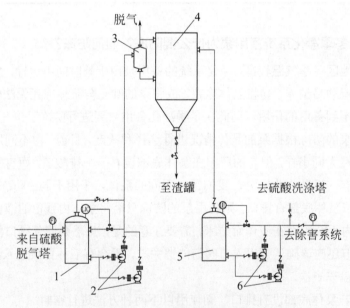

图 2-21 除泥系统工艺流程

1—酸水1号罐；2—酸水泵；3—气液分离器；4—悬浮过滤器；

5—酸水2号罐；6—酸水输送泵

83. 除泥系统去除害系统的酸水流量波动大，如何调整？

表 2-16　去除害系统酸水流量波动大的原因及处理措施

序号	原　因	处　理　措　施
1	去除害系统的阀门未开	开大酸水去除害系统的阀门，关小去净化工序的阀门，将流量调整至合适为止
2	酸水泵出现气蚀，导致流量过小	重新开泵、排气
3	泵入口管道堵塞或有异物	打开泵入口短节，清理疏通
4	酸水2号罐液位计失灵，自动回流阀开关不正常	检查处理酸水罐液位计和自动回流阀
5	去除害系统流量计失灵	检查处理流量计

84. 除泥系统泥浆泵流量过小，应如何处理？

表 2-17　泥浆泵流量过小的原因及处理措施

序号	原　因	处　理　措　施
1	沉降槽出口管道积泥堵塞	检查清理沉降槽管道积泥
2	流量计出入口管道堵塞	检查疏通流量计管道
3	泥浆泵入口过滤器堵塞	检查清理过滤器
4	泥浆泵出入口阀门未打开	打开泥浆泵出入口阀
5	泥浆泵气蚀	排气或重新启泵
6	备用泵出入口阀未关闭，形成回流	关闭备用泵出入口阀
7	泥浆泵叶轮腐蚀或脱落	检查泥浆泵并修复
8	流量计失灵	检查处理仪表

85. 经悬浮过滤器分离出的酸泥为什么要进行回收利用？

冶炼烟气中含有大量的金属或非金属杂质，如铜、镍、硒、铅等，通过净化工序的除尘除杂，这些杂质沉积在酸泥当中，由悬浮过滤器排入渣罐内。若这些酸泥直接排放，不仅会对环境造成污染，并且会造成资源浪费。所以要对酸泥进行回收利用，将其中的有用物质分类提炼，创造经济效益，减少环境污染。

86. 二段电除雾器出口烟气温度过高的原因有哪些？如何处理？

（1）二段电除雾器出口温度升高的原因。

① 净化入口烟气温度过高，系统自身酸温升高；

② 湍冲洗涤塔逆喷管喷头堵塞，喷头压力下降；

③ 湍冲洗涤塔喷淋装置堵塞；

④ 湍冲洗涤塔循环泵、洗涤塔循环泵或冷却塔循环泵跳车；

⑤ 洗涤塔喷淋装置发生断裂或堵塞；

⑥ 冷却塔分酸管断裂或堵塞，冷却塔填料层酸泥堵塞或塌陷；

⑦ 板式热交换器内部堵塞，换热效率降低。

（2）处理措施

① 给冷却塔补加大量的新水，降低循环酸温度；

② 对板式热交换器酸道反冲洗，冲出酸道入口过滤网堵塞杂质，严重时需解体检修板式换热器；

③ 调节循环水冷却水塔风扇频率或给循环水池补水置换，降低循环水基础水温；

④ 全开板式热交换器水道阀门，增大循环冷却水流量；

⑤ 板式热交换器解体清洗板片或化学清洗，清除板片内堵塞杂质，提升换热效率；

⑥ 检查各塔循环泵有无跳车，若跳车及时倒开备用泵；

⑦ 观察各塔喷淋装置流量、压力有无变化，循环泵电流有无波动，若压力升高则表明喷淋装置堵塞，检修时检查疏通；

⑧ 观察冷却塔前后压损，若突然下降可能存在填料层塌陷情况，需停产检修。

87. 第二段电除雾器出口负压降低是什么原因？如何处理？

由于 SO_2 鼓风机配置于电除雾器后端，所以净化工序的设备均为负压，即设备内压力小于室外压力。一般负压过大会造成设备变形；负压过低，烟气流速过慢，造成单位体积内气体膨胀，电除雾器除雾能力下降。

（1）第二段电除雾器出口负压降低的主要原因

① SO_2 鼓风机负荷降低；

② 净化工序设备或烟气管道断裂；

③ 二段电除雾器出口安全阀失灵或氮气供应中断，安全阀自动打开；

④ 安全水封内水被抽干；

⑤ 冶炼炉窑突然送炉，制酸系统未及时进行相应调整；

⑥ 压力测点损坏或失灵。

（2）处理措施

① 观察 SO_2 鼓风机风量、电流是否下降。若非特殊要求或 SO_2 鼓风机故

障，可适当提高 SO₂ 鼓风机风量，保证净化工序内部负压，确保烟气输送；

② 观察安全阀开度是否调大，可适当关小安全阀；

③ 检查系统压力变化，判断是否因冶炼炉窑吹送变化或系统工艺调节引起的负压降低，根据情况做相应调节；

④ 巡检人员现场检查安全水封中有无存水，及时补充新水；

⑤ 检查压力测点是否漏气或仪表损坏，联系仪表专业现场校准仪表。

（三）电除雾器

88. 电除雾器的结构及电气原理是什么？

电除雾器按材质可分为：塑料（PVC）电除雾器和玻璃钢电除雾器，常见的为立式结构，主要由阴极线、阳极管、电加热包、供电系统组成，结构如图 2-22 所示。

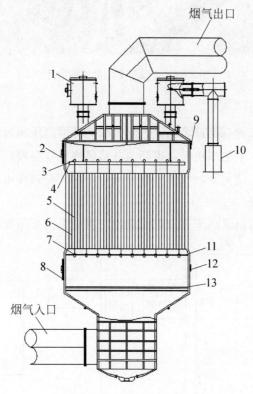

图 2-22　电除雾器内部结构图

1—电加热包；2—上人孔；3—小梁；4—大梁；5—阴极线；6—阳极管；7—铅锤；

8—下人孔；9—上视镜；10—直流高压发生器；11—花板；12—下视镜；13—布气板

（1）阴极线和阳极管

阴极线和阳极管构成电场回路，阴极系统由大梁、小梁、阴极线、花板及铅锤等组成。阴极线按材质可分为合金极线和铅极线；按外形可分为鱼刺形、鱼骨形、六棱形和圆柱形。阴极线悬吊在阳极管的中心，线与管的同心度偏差不得超过 2mm，上端固定在小梁上，小梁固定在大梁上，每根阴极线下坠铅锤。电源通过电缆从电加热包引入，经大梁、小梁和阴极线相连接。阳极管有圆形和六角形两种，六角形管呈蜂窝状排列，结构紧凑。阳极管材质主要有塑料和导电玻璃钢。吊梁、阴极线、阳极管、铅锤具体形状见图 2-23。

图 2-23　电除雾器内部结构照片

（2）电加热包

电加热包内部的石英管可保证电除雾器壳体同高压直流电系统保持绝缘。每台电除雾器有 4 个电加热包，提高电加热包内气体温度，可达到绝缘目的；且由于电加热包内是负压，气体温度升高后，起到密封作用。

（3）供电系统

电除雾器采用恒流高压直流电源供电，供电系统框图如图 2-24 所示。

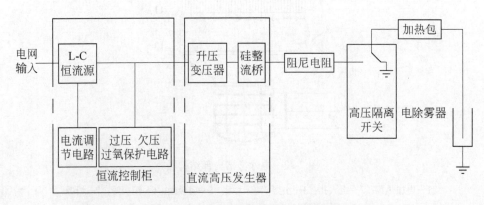

图 2-24　恒流高压直流电源系统框图

通过静电控制装置和直流高压发生装置,将交流电变成直流电送至除雾装置中,在阴极线和阳极管之间形成强大的电场,使空气分子被电离,瞬间产生大量的电子和正、负离子,这些电子及离子在电场力的作用下做定向运动,构成了捕集酸雾的媒介。同时使酸雾微粒荷电,这些荷电的酸雾粒子在电场力的作用下做定向运动,抵达捕集酸雾的阳极管上。之后,荷电粒子在极线上释放电子,于是酸雾被集聚,在重力作用下流到电除雾器的下壳体,达到除雾的目的。

电压、电流、电阻和功率是电除雾器设计及使用的理论依据,其相互关系如下:

$$U=RI$$

$$P=UI$$

$$P=I^2R$$

电除雾器的控制方式有两种:恒流源和稳压源。恒流源指通过追踪阻尼电阻反馈的电流信号,达到控制电场的二次电流稳定运行在给定值;稳压源指通过追踪阻尼电阻反馈的电压信号,达到控制电场的二次电压稳定运行在给定值。

89. 电除雾器的电压和电流发生波动的原因是什么?

制酸生产中,电除雾器二次电压是由恒流高压直流电源提供的,恒流高压直流电源包括恒流控制柜(L-C 恒流源、保护电路和电流反馈调节)和高压发生器(升压变压器和硅整流桥),电流是由气体被高压电场电离的正负离子附着在烟雾颗粒上定向移动产生,生产过程中除配电、控制引起的电压电流波动外,因设备原因等都会引起电压电流的波动,如阴极线松动、阴极线与阳极管之间电阻增大或减小、绝缘瓷瓶脏或裂、绝缘箱潮湿和积液、极线偏离、气速变化、石英管受潮、石英管裂、阴极线挂泥、阴极线断裂、隔离开关刀接触不好等。

90. 通过一段电除雾器出口视镜观察到内部有白雾,是什么原因导致的? 如何处理?

经过一段电除雾器除雾后的烟气,大部分酸雾已经被除去,电除雾器正常运行时,通过上视镜肉眼无法观察到白雾,同二段电除雾器上视镜观察的效果一样(见图 2-25)。

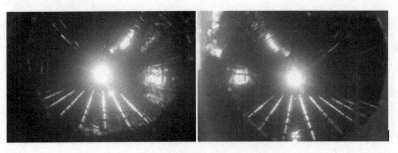

图 2-25 电除雾器二段上视镜照片

若通过一段电除雾器上视镜能看到白雾（见图 2-26），表明烟气经过一段电除雾器后，烟气中仍然含有大量酸雾，电除雾器除雾效率下降。造成电除雾器除雾效率下降的原因及处理措施见表 2-18。

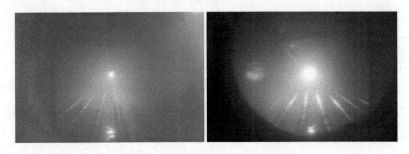

图 2-26 电除雾器一段上视镜照片

表 2-18 一段电除雾器上视镜可观测到白雾的原因及处理措施

序号	原 因	处 理 措 施
1	布气板故障，导致布气不均匀	孤立通道，恢复布气板
2	阴极线偏心度过大	孤立通道，调整阴极线
3	阳极管、阴极线积泥	孤立通道，冲洗电除雾器；积泥严重时，用高压水冲洗或人工机械清除
4	气体流量或压力瞬时波动过大，使阴极线摆动	调整电除雾器的通气量，维持烟气流量与压力在适宜范围内
5	阴极线缺失	孤立通道，加装阴极线

91. 电除雾器放电的原因有哪些？如何处理？

阳极管与阴极线物理空间距离变小，形成"短路"，俗称放电。其主要有两方面危害，一是影响电除雾器的除雾效率；二是击穿阳极管。

表 2-19 电除雾器放电的原因及处理措施

序号	原　　因	处 理 措 施
1	电场中有水	检查处理电除雾器冲洗水阀门
2	电加热包瓷瓶受潮	孤立通道，检查处理加热包
3	阳极管破损	孤立通道，修补或更换阳极管
4	由于风量过大阴极线摆动或偏离	缩小风量，孤立通道，调整阴极线
5	阴极线、阳极管挂泥	孤立通道，冲洗电除雾器； 积泥严重时，用高压水冲洗或人工机械清除
6	二次电压偏高	故障通道撤挡，二次投挡，调整投挡顺序
7	高压隔离开关未合到位	检查处理高压隔离开关

92. 生产过程中电除雾器一次电流高，没有二次电压的原因有哪些？

生产过程中，出现电除雾器没有二次电压的现象，可能是电气线路故障或者接地短路故障，一次电流高而没有二次电压，可以确定负荷侧发生接地短路故障，其原因有：

① 阴极线和阳极管短路；

② 加热包受潮；

③ 绝缘瓷瓶或石英管漏电；

④ 绝缘箱潮湿和积液；

⑤ 高压瓷瓶击穿；

⑥ 电场内有异物。

93. 电除雾器电场送不上电的原因有哪些？如何处理？

制酸生产中，当电除雾器发生接地短路故障时，电除雾器电场没有电压；当设备发生断路故障时，电除雾器电场没有电流；恒流高压直流电源发生故障时，电除雾器电场既没有电压也没有电流。上述这些情况都会引起电除雾器电场送不上电。造成以上故障的原因和处理措施见表 2-20。

表 2-20 电除雾器电场送不上电的原因及处理措施

序号	原　　因	处 理 措 施
1	石英管受潮	检查加热管
2	高压隔离开关柜限位开关未闭合	检查处理高压隔离开关柜限位开关

续表

序号	原　因	处　理　措　施
3	高压绝缘瓷瓶碎裂	检查高压瓷瓶是否完好，如有碎裂及时更换
4	机组柜电气故障	检查机组柜并排除故障
5	电场内有异物	检查异物，及时清理
6	大梁吊杆断	检查恢复大梁吊杆

94. 为什么要控制电除雾器机组电加热包的温度？温度过高是什么原因导致的？如何处理？

为了防止电除雾器的电加热包内部绝缘子结露、降低绝缘性能，一般应控制温度为恒温状态（110～130℃），温度过高会导致内部衬铅部位融化，过低造成表面结露。系统开车前，必须提前加热，待温度达到控制指标后方可投送高压，否则很容易击穿绝缘子，影响设备的正常运行。

温度过高的主要原因：温控仪失灵、损坏或仪表测点故障导致电加热管无法及时断电而持续升温。

处理措施：检查处理仪表及电气故障。

95. 电加热器温度升不起来的原因有哪些？如何处理？

表 2-21　电加热器温度升不起来的原因及处理措施

序号	原　因	处　理　措　施
1	自动控制未设定温度范围	检查加热包温度控制范围
2	电加热包内部加热管损坏或断裂	检查加热包内部电加热管
3	电气线路故障	检查电气线路
4	测温仪失灵或损坏	检查测温仪

96. 电除雾器阳极管挂泥的原因有哪些？如何处理？

（1）电除雾器工作原理

电除雾器是通过高压静电作用来除尘的。冶炼来的 SO_2 烟气通过湍冲、洗涤、冷却三塔降温除尘后，烟气中含有的少量矿尘成为酸雾凝结的雾滴核心，酸雾颗粒增大，然后进入电除雾器。电除雾器内设有阳极管和阴极线，一旦通电，在阳极管和阴极线间就会形成强电场。烟气通过电场时，其中的酸雾颗粒经过碰撞形成带正、负电荷的小颗粒，在强电场中会分别移向阴极线和阳极管，并附着其上。因此，电除雾器阳极管和阴极线少量挂泥属于正常现象，其为多孔疏松性结构，通过定期冲洗即可去除，不会对其运行效率造成影响。但若生产中指标控制不当或操作不当，会导致电除雾器内形成大量较为致密坚固的积泥，通过定期冲洗不能去除，电场强度减弱，除雾效率下降。

（2）电除雾器阳极管积泥的原因

在生产系统中曾出现过电除雾器阳极管和阴极线大量积泥，运行效率下降的情况，对积泥的成分进行分析，结果列于表 2-22。

表 2-22 电除雾器内积泥成分分析

元素	Cu	As	Fe	Ni	Zn	Pb	SiO$_2$
含量/%	0.03	1.11	0.24	未检出	0.027	60.56	3.88

从分析结果看，酸泥中含量最高的分别是铅和二氧化硅。

① 铅的来源：铅主要来源于冶炼烟气中所含矿尘，是矿尘的主要成分，铅在矿尘中可能存在的形式为氧化铅（PbO），少量以二氧化铅（PbO$_2$）和硫酸铅（PbSO$_4$）形式存在。氧化铅是在冶炼过程中产生的。矿石中铅以硫化态存在，冶炼过程中生成氧化铅和二氧化铅，但二氧化铅在 290℃受热分解成氧化铅，因此冶炼过程中主要生成氧化铅，少量形成二氧化铅。

$$2PbS+3O_2 \Longrightarrow 2PbO+2SO_2\uparrow \tag{2-26}$$

氧化铅随烟气进入净化，经湍冲、洗涤、冷却三塔湿法洗涤后大量移入循环酸中，少量氧化铅进入电除雾器内被电场捕集下来，沉积在阳极管和阴极线上。若冶炼炉窑配套电收尘系统故障，导致冶炼烟气含尘量上升，净化循环酸中尘泥浓度增加，除尘效率下降，矿尘后移进入电除雾器中被大量捕集下来。

② 二氧化硅的来源：电除雾器酸泥中二氧化硅含量较高。硅来源于冶炼烟气含尘以及净化塔内除氟加入的钠水玻璃。

其中，烟气中气态氟化氢跟钠水玻璃中的二氧化硅反应生成气态四氟化硅：

$$SiO_2+4HF \Longrightarrow SiF_4\uparrow+2H_2O \tag{2-27}$$

四氟化硅在潮湿的空气中因水解而产生烟雾，由生成二氧化硅和氟化氢：

$$SiF_4+2H_2O \Longrightarrow SiO_2+4HF\uparrow \tag{2-28}$$

净化冷却塔内加入钠水玻璃，其中的二氧化硅与烟气中的氟化氢反应生成气态四氟化硅；四氟化硅随烟气进入电除雾器，由于冶炼烟气经三塔洗涤后呈饱和水状态，四氟化硅在电除雾器内水解生成二氧化硅。二氧化硅水溶液呈胶体性状，在阳极管内和阴极线使捕集下来的氧化铅等矿尘凝聚，形成致密性积泥，不易去除。

（3）处理措施

① 定期对电除雾器冲洗，及时将电除雾器内部积泥去除。冲洗时必须确保冲洗水压，定期对电除雾器内部冲洗水喷淋管检查修复，确保冲洗效果。

② 根据净化入口烟气含氟检测分析数据，及时调整钠水玻璃的加入量，在确保二段电除雾器出口含氟达标的前提下防止钠水玻璃过量。

97. 电除雾器电场接地，应如何处理？

电除雾器接地主要是由于阴极线与阳极管接触或部分杂物将阴阳两极相连导致的。由于阳极管上的电荷不能及时移走并积累，加之整个电除雾器是一个大型电容器，存在严重的安全隐患。

电场接地的处理措施：

① SO_2 鼓风机缩量，降低系统负荷；

② 孤立事故通道，逐级撤挡，停整流机组，停恒流源控制柜，将控制柜转换开关拨向接地位置，挂警示牌；

③ 打开人孔门，同时将出口阀打开20%置换内部烟气，联系做含氧分析；

④ 含氧分析合格后，保证微负压，检修人员进入内部检查处理阴极线、大梁吊杆、阳极管；

⑤ 检查处理完闭，封闭人孔门，恢复生产。

98. 电除雾器下锥体积水的原因是什么？

若电除雾器下锥体排水管发生堵塞或电除雾器锥体布气板脱落并堵塞底部排水通道，冲洗电除雾器时，容易造成电除雾器下锥体积水，严重时会使电除雾器锥体坠落，设备损坏。为避免此种情况发生，在锥体下部距离底排管一定高度位置开设管口向上的排水口。冲洗电除雾器时，操作人员要时刻观察锥体排水口处是否有水流出，若出现流水现象，则可能发生排水管堵塞或布气板脱落情况，应立即停止冲洗，严重时需停车处理。

99. 电除雾器阴极线按材质主要分为哪几种？阴极线断裂的原因是什么？

阴极线主要有钢丝包铅正方形阴极线、钢丝包铅六棱形阴极线、螺旋形锯齿阴极线，铅极线材质为铅包钢，随着技术的发展延伸出合金材质的阴极线。其中六棱形极线在使用过程中容易积攒尘埃，同时锯齿形极线容易钝化。极线各有利弊，合金材质的极线强度高、不易变形，但价格昂贵、耐 Cl^- 腐蚀性差；铅包钢的极线强度低、质软易变形、价格相对低廉，同时铅具有很好的耐稀酸、耐氯腐蚀性。但是铅包钢极线易挂泥和铅等重金属杂质，降低除雾效率。

阴极线断裂的主要原因：铅包钢阴极线容易积泥，导致极线拉长而断；烟气中 Cl^- 含量过高，导致合金极线腐蚀而断。两种阴极线各有利弊，根据不同的生产工况选择合适的阴极线。

100. 生产时如何更换电除雾器断裂的阴极线？

① 孤立事故通道，逐级撤挡，停整流机组，停恒流源控制柜，将控制柜转换开关拨向接地位置，挂警示牌。

② 打开人孔门，同时将出口阀打开 20%置换内部烟气，并且联系做含氧分析。

③ 含氧分析合格后，检修人员进入电除雾器内部，抽出断裂阴极线，安装相应材质的阴极线。安装过程中保证垂直度、同心度，调整合适的长度后紧固。

④ 操作完毕，封闭人孔，调试电场，恢复生产。

101. 确保电除雾器阴极线垂直度的原因是什么？

安装过程中要确保阴极线垂直度，使阴极线和阳极管的中心线在同一条线上。垂直度不够会缩短阴极线与阳极管的物理空间，造成间歇性放电，二次电压、电流波动大，除雾效率下降。按问题 100 中的操作步骤重新调整阴极线的垂直度。

102. 石英管的作用是什么？发生破裂的原因是什么？

制酸生产中，电除雾器壳体与阳极连通后接入大地，阳极由吊杆穿过电除雾器壳体引入电除雾器内部，所以要求吊杆在进入电除雾器壳体处的绝缘衬垫材料要有极高的绝缘性能，避免吊杆（阴极）和大地（阳极）接触短路，而且电除雾器内部所有阴极组件挂接在吊杆上，如图 2-27（a）所示，故生产中一般采用绝缘系数高和质地坚硬的石英管 [见图 2-27（b）] 来充当绝缘衬垫材料。石英是耐高温材料，熔点高达 1800℃左右，将石英管置于 110～130℃的加热包中，避免因酸雾凝结在石英管壁产生放电现象而击穿石英管。石英管破裂的原因除了上述因放电损坏外，一般还有因长期使用或加热包内温度骤升引起的物理损坏。

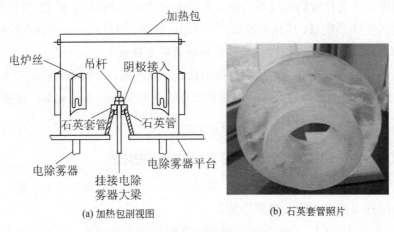

(a) 加热包剖视图 (b) 石英套管照片

图 2-27 加热包剖视图及石英套管

103. 电除雾器二次电压低的原因及处理措施有哪些？

二次电压是电除雾器生产过程中的一个重要监控参数，二次电压控制在 60～80kV，若二次电压降低，会降低电除雾器的除雾效率。若降到 40kV 以下，电除雾器基本起不到除雾的效果。电除雾器二次电压低的原因及处理措施见表 2-23。

表 2-23 电除雾器二次电压低的原因及处理措施

序号	原　　因	处 理 措 施
1	阴极线积泥严重	定期冲洗电除雾器
2	阴极线缺失、间距偏离或不平衡	检查阴极线调整间距，补充缺失极线
3	由于风量过大造成阴极线摆动	降低风量，紧固阴极线
4	阳极管破损	检查处理阳极管
5	电除雾器框架倾斜	紧固拉杆，使框架水平
6	高压隔离开关柜限位开关接触不好	检查处理高压隔离开关柜限位开关

104. 电除雾器不送电对后续工序有何影响？

电除雾器作为制酸系统净化设备的一部分，它的主要作用是除雾、除水。若电除雾器不及时送电投用，会造成酸雾无法有效去除和烟气中带水量增加，过多的酸雾和水分带入干吸、转化工序，带来一系列不良影响。

① 过量的酸雾进入后续设备和管道内，在低于其露点温度的情况下冷凝，造成设备和管道腐蚀。酸雾进入吸收塔，不能被塔内浓硫酸吸收，最终进入尾气烟囱，致使外排尾气酸雾含量超标，尾气冒大烟。

② 烟气中所含过量的饱和水进入干燥塔内，造成干燥酸含水过高，浓度下降过快，吸收循环槽与干燥循环槽之间串酸量过大，干吸工序水平衡难以维持，干燥与吸收循环酸浓度波动大；此外，过量的饱和水进入干燥塔内，93%的干燥酸与水混合后释放出大量的稀释热，串入的 98%吸收酸与 93%的干燥酸混合后放出较多的混合热，致使干燥酸温度上升，干燥循环酸浓酸冷却器负荷加重，严重时导致干燥酸温超标，影响干燥效率。

③ 干燥效率下降后，SO_2 鼓风机入口含水量增加，易造成 SO_2 鼓风机叶轮腐蚀；过多的水分进入转化器，与转化器内 SO_3 结合形成酸雾，影响催化剂活性。

105. 电除雾器为什么要定期冲洗？其冲洗流程是什么样的？

电除雾器在使用过程中，阴极线、阳极管表面沉积酸泥，若未能及时冲洗，酸泥就会沉积在阴极线、阳极管表面而结痂，使电场电阻增大。电除雾器通过恒流源供电，所以电流会维持在一个相对稳定的区间，公式如下：

$$U=RI$$

$$P=UI$$

$$P=I^2R$$

由上述公式可知，当电场电阻增大时，电除雾器二次电压增大，功率增大。所以当阴极线、阳极管上沉积的酸泥未能及时清理，就会导致电场放电，系统过负荷保护跳车，电除雾器无法正常运行。所以要定时定期冲洗，降低电阻，提高除雾效率。

冲洗流程如下：

① 孤立待冲洗电除雾器通道，逐级撤挡，停整流机组，停恒流源控制柜，将控制柜转换开关拨向接地位置，挂警示牌；

② 打开电除雾器冲洗水总阀，打开待冲洗电除雾器冲洗水阀门；

③ 冲完毕后，关闭冲洗水阀门；

④ 拆除接地，送电，系统恢复生产。

106．为防止冲洗电除雾器时尾气冒大烟，冲洗时有何注意事项？

在生产过程中冲洗电除雾器的前提是必须适当降低生产负荷，保证尾气达标排放。冲洗时应注意以下几个方面：

① SO_2 鼓风机适当缩量，通过配气降低系统浓度；

② 冲洗时应只孤立一个电除雾器通道，逐台电除雾器冲洗，切勿多通道同时进行冲洗；

③ 必须关严待冲洗电除雾器入口阀，防止未除雾的烟气进入系统；

④ 必须关严待冲洗电除雾器出口阀，防止 SO_2 鼓风机将冲洗水抽入后续设备内，造成水分超标并形成二次酸雾。

107．电除雾器壳体材料和净化其他塔槽的玻璃钢材质有何区别？

玻璃钢即纤维强化塑料，一般指用玻璃纤维增强不饱和聚酯、环氧树脂与酚醛树脂的集合。玻璃钢具有良好的耐稀酸性、质地轻而硬、不导电、机械强度高。一般具有四层，分别是防腐层、防渗层、结构层和外表层，根据不同的使用介质和条件，各层所用的树脂、增强材料均有所不同。

净化塔及烟道玻璃钢利用其防腐和耐高温性能作为设计的出发点。

与净化设备的玻璃钢材质不相同，电除雾器采用碳纤维，实现导电性能，其框架结构采用方钢框架外包导电玻璃钢后接入大地，防止人身伤害。

（四）板式热交换器

108．板式热交换器为何配置在冷却塔？

在制酸系统中，根据烟气条件、工艺状况的不同，冷却塔采用末端配置，配合板式热交换器实现降温的目的。冷却塔采用填料塔，利用聚丙烯填料增大气液接触面积、延长气液两相的接触时间，同时实现系统的传质与传热。由于净化工序普遍采用由后向前的串酸工艺，并且冷却塔作为净化工序补水口，相对而言其循环酸酸温低、含尘低、板式热交换器板片堵塞概率较小，换热效果明显。所以将板式热交换器与冷却塔相配合是最合理、最有效的配置方式。

109. 板式热交换器出口酸温升高的原因是什么？如何处理？

在制酸系统中，净化工序承担着烟气除尘、降温的重任。冶炼烟气在净化工序湍冲洗涤塔及洗涤塔中为绝热蒸发过程，循环稀酸与烟气直接接触，将烟气中的热量移至循环稀酸中；而在冷却塔中，循环稀酸与循环冷却水在稀酸板式热交换器中间接换热，降低循环稀酸的温度，达到降低烟气温度的目的。作为净化工序唯一的换热降温设备，板式热交换器的换热效率直接影响到净化工序降温效果及干吸工序的水平衡。

稀酸板式热交换器酸温升高的原因：

① 烟气温度高。净化入口烟气温度高，造成净化工序热负荷高，各塔出口温度均会略有上涨。

② 基础水温过高。在稀酸板式热交换器中利用循环稀酸与循环冷却水间接换热，达到降低循环稀酸温度的目的，当循环冷却水基础水温升高时，稀酸板式热交换器的换热效率下降，从而导致板式热交换器稀酸温度升高。

③ 稀酸板式热交换器酸道、水道过滤器堵塞。板式热交换器酸道、水道堵塞，其通道面积下降，酸道与水道内介质流量降低，导致换热效率降低，从而使板式热交换器酸温升高。

处理措施：

① 与冶炼联系，检查确认废热锅炉运行状况，调整净化入口烟气温度。

② 板式热交换器酸道、水道反冲洗，堵塞严重时进行化学清洗或孤立解体清洗，提升换热效率。

③ 开循环水冷却塔风扇降低循环水基础水温。

110. 板式热交换器堵塞的原因是什么？

（1）水道堵塞

① 板式热交换器水道为循环水，若循环水水质不合格，Ca^{2+}、Mg^{2+}富集在水道中造成结垢堵塞；

② 循环水冷却水塔内填料粉化，立式斜流泵将碎填料打入板式热交换器水道内造成堵塞；

③ 循环水冷却水池内有杂质，造成水道堵塞。

（2）酸道堵塞

① 冷却塔内积泥导致循环酸中含泥，造成酸道堵塞；

② 悬浮过滤器滤帽脱落，填料由酸水 2 号罐流入冷却塔内，造成酸道堵塞；

③ 玻璃水黏度过高，沉积在板式热交换器酸道中，造成酸道堵塞；

④ 冷却塔填料粉化，带入酸道。

111. 净化板式热交换器冷却水 pH 值下降的原因是什么？如何处理？

净化板式热交换器和干吸工序阳极保护浓硫酸冷却器内的冷却水来源于同一循环水系统，板式热交换器循环水发生 pH 值下降主要是由干吸工序阳极保护浓硫酸冷却器发生漏酸造成循环水 pH 值骤降、板片腐蚀渗漏、pH 计测点不准或损坏而引起的。

处理措施：

① 对干吸阳极保护浓硫酸冷却器排查，检查循环水 pH 值是否显中性；

② 若发现阳极保护浓硫酸冷却器循环水 pH 值异常，则需加大循环水置换量，并且加入一定量的碱液，同时孤立阳极保护浓硫酸冷却器，打开设备封头，查找漏点、封堵漏点；

③ 更换热交换器板片；

④ 检查 pH 计。

112. 板式热交换器定期反冲洗的目的是什么？

随着循环酸对冶炼烟气的不断洗涤、降温，其中含有的尘不断富集，当含有大量尘的酸水通过板式热交换器的板片时，固体颗粒在重力和流道大小的限制下，沉积在流道内部，造成板式热交换器换热效率下降，循环酸温上升，电除雾器出口烟气温度上升，并且影响干吸工序酸浓、酸温以及转化、尾吸工序正常稳定运行。

反冲洗是利用介质沿相反方向带动冲力，对流道内沉积物进行冲洗，以达到洁净的目的。所以，反冲洗是板式热交换器在生产过程中酸道和水道除泥的方式。反冲洗时，关闭待冲洗的板式热交换器酸道入口阀和出口阀，打开反冲管阀门和排液阀进行反冲洗。

113. 板式热交换器频繁拆装的危害有哪些？

烟气制酸系统中净化工序利用板式热交换器降低稀酸温度，并通过循环稀酸与循环水的间接换热，保证净化出口烟气温度达标。长时间使用，稀酸或循环水中带有大量的泥和杂质等容易堵塞板片酸道或水道，造成设备换热效率下降。堵塞严重时，仅靠酸道和水道反冲洗不能冲掉板片内的结垢物，必须对板片进行拆解处理。原设计中酸道和水道的隔离胶垫采用卡扣方式连接，卡扣连接的前提是胶垫不变形、不拉长（见图 2-28）；但拆解后易出现胶垫变形、断裂、拉长问题，安装过程中只能采用胶粘方式来固定胶垫。频繁对板式热交换器拆装，最终导致胶垫因变形、断裂、拉长等原因无法正常使用。

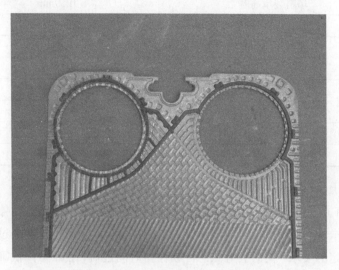

图 2-28　板式热交换器板片及胶垫照片

（五）悬浮过滤器

114. 酸水悬浮过滤器上清液浑浊的原因是什么？如何处理？

要保证悬浮过滤器运行效果良好，生产操作中对该设备技术参数指标的控制极为必要。表 2-24 列出的是某悬浮过滤器的技术参数

表 2-24　某悬浮过滤器的技术参数

序号	名　称	指　标
1	进液物料	0%～10% H_2SO_4
2	进液物料杂质	含有粉尘、氟、硫化铜、硫化砷
3	工作压力	0.15MPa
4	工作温度	≤85℃
5	过滤器规格	ϕ3800mm×8000mm
6	过滤器总容积	68.01m³
7	有效容积	51.01m³
8	过滤器设计物料最短停留时间	30min
9	过滤器内物料实际停留时间	38min

续表

序号	名　称	指　标
10	最大过滤速度	0.12m/min
11	填料装填高度	1059mm
12	单台设备处理量	80m³/h
13	底部排放污泥固含量	≥200g/L
14	进液物料固含量	≤1500mg/L
15	清液出口固含量	≤10mg/L
16	污泥排放周期	6～24h
17	污泥排放时间	10～30s
18	污泥排放量	0.75m³/h

（1）上清液浑浊的原因

① 由上表可知悬浮过滤器对过滤速率和悬浮物在过滤器里的停留时间是有一定要求的。如果操作时泵流量过大，一方面会导致悬浮过滤器过滤速度超过设计规定的要求，同时会导致悬浮物停留时间过短，会严重降低重力沉降的效果和悬浮物在滤料上吸附的能力，致使上清液浑浊。

另外，重力沉降作用的效果不仅与滤料直径及过滤速度有关，还与水流的平稳程度有关。水流不稳定，很容易将吸附在滤料上的悬浮物打散，妨碍滤饼的形成，引起返浑，导致上清液浑浊。

② 悬浮过滤器在正常生产中随着悬浮物在滤料中的积累越积越多，会堵塞滤料间的空隙，严重影响过滤效果，因此需要定时对悬浮过滤器进行反冲洗。而反冲洗时间过短，则不能有效清除滤料中的悬浮物，致使过滤效果降低，上清液浑浊。

③ 悬浮过滤器上清液是经位于顶层滤板上的过滤帽过滤后，流入酸水缓冲罐，造成上清液偏浑浊以及发现其中存在滤料的原因主要是由于位于顶层滤板的过滤帽脱落或破损、顶层滤板破损、或是滤料因误操作大量外排，造成悬浮过滤器内部滤料大幅下降，从而导致过滤效果差。

（2）处理措施

① 要根据悬浮过滤器运行指标及时调整并控制好泵的出口流量，保证水的流速稳定并处于悬浮过滤器最佳运行范围内；

② 要按照操作要求定时反冲洗悬浮过滤器，并保证反冲洗时间；

③ 孤立悬浮过滤器，打开侧部人孔，观察滤料量、滤板、过滤帽是否完好，若滤料偏少应及时补充新滤料，同时更换、安装新过滤帽。

第三章

转化单元

一、概述

转化工序是硫酸生产的核心，转化率高，则硫的利用率高，环境污染小。转化流程可分为"单转单吸"和"双转双吸"两大类，"单转单吸"适用于低浓度的冶炼烟气制酸，而"双转双吸"因多了一段转化和吸收，可有效提高转化率，适用于高浓度冶炼烟气制酸。转化工序设备由热交换器和转化器组成，SO_2烟气在热交换器中升温后进入转化器通过催化剂催化氧化后转化为SO_3。换热后的SO_3烟气通过余热锅炉，温度下降至吸收要求，进入吸收塔。故此，转化工序必须保持热量平衡。本章将对转化单元中转化器、热交换器的结构、特点、工艺原理进行全方面描述，并详细阐述提高转化率的理论依据、实际操作及生产过程中常见问题的处理措施。

二、反应机理及设备特点

115. SO_2转化成SO_3的反应机理及反应特点是什么？

（1）反应机理

通过净化、干燥后的SO_2烟气进入转化工段，在钒催化剂或铯催化剂的催化作用下，SO_2烟气氧化成SO_3烟气，同时释放热量，反应方程式如下：

$$SO_2 + \frac{1}{2}O_2 \rightleftharpoons SO_3 + Q \tag{3-1}$$

SO_2气体转化温度实际控制在$400 \sim 580℃$范围内。在$18℃$时，SO_2转化的反应热为$96.2 \ kJ/mol$。

（2）反应特点

SO_2 转化反应是一个物质的量减少、放热的可逆反应，同时需要在催化剂的催化作用下提高反应速率。

116. SO_2 转化率、平衡转化率的定义是什么？

（1）SO_2 转化率

在 SO_2 转化为 SO_3 反应中的某一瞬间，已反应了的 SO_2 气体量与起始 SO_2 气体总量之百分比叫做 SO_2 转化率。

$$SO_2转化率=\frac{已反应的SO_2气体量}{起始SO_2气体总量}\times100\%$$

（2）SO_2 平衡转化率

在一定条件下，随着反应的进行，反应物 SO_2 浓度逐渐下降，正反应推动力逐渐减弱，正反应速率（$v_正$）逐渐变小，生成物 SO_3 浓度逐渐上升，逆反应推动力逐渐增强，逆反应速率（$v_逆$）逐渐变大，最终达到正、逆反应速率相等，即：$v_正 = v_逆$（如图 3-1 所示），此时体系中正反应消耗多少体积 SO_2，逆反应同时生成相同体积的 SO_2，即 SO_2 浓度不再变化。同理，体系中其他物质浓度也不再随时间变化而改变，这种状态称为化学平衡状态。在此状态下的 SO_2 转化率称为 SO_2 平衡转化率。对于一定条件下的同一可逆反应来说，平衡转化率是该反应所能达到的最大转化率，平衡转化率越高，则实际可能达到的转化率也越高。

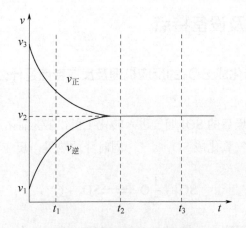

图 3-1　化学平衡曲线示意图

v—反应速率；$v_正$—正反应速率；$v_逆$—逆反应速率；t—反应时间

117. 实际生产中为什么将转化率作为转化工段是否正常运行的关键指标？转化率测定、注意事项及计算方法有哪些？

转化率是反映制酸系统经济运行效率及衡量系统工艺技术水平的关键性指标，通过对 SO_2 鼓风机出口及转化末层出口 SO_2 烟气浓度测定，计算得出转化率实测数据。通过转化率可判断制酸系统运行状况、烟气条件、设备完好程度及操作手法，所以将转化率视为制酸系统非常重要的控制指标。

转化率的测定方法（化验室常用方法）：用一定量的 SO_2 烟气与碘液进行氧化还原反应，用淀粉溶液作为反应终点指示剂，然后根据碘液的用量和消耗的 SO_2 烟气体积计算得到系统转化率。

测定注意事项：

① 检查取样管是否漏气、畅通；

② 开启取样阀门后，先排气 5min，检查管内积酸情况，确认取样管内残余烟气排空后方可取样；

③ 针管（100mL）取样过程中，先将针管内气体进行置换，排气置换 3～4 次后再准确取样；

④ 取样完毕进行反应时应缓慢推动针管，保证烟气与碘溶液的充分接触。

计算方法：

$$x = (a-c)/[a(1-1.5c/100)] \times 100 \tag{3-2}$$

式中　a——转化器入口的 SO_2 烟气浓度，%；

　　　c——转化器出口的 SO_2 烟气浓度，%；

　　　x——SO_2 的转化率，%。

118. 转化工序进气中的烟气浓度与平衡转化率有何关系？

SO_2 转化成 SO_3 的反应如下：

$$SO_2 + \frac{1}{2}O_2 \Longleftrightarrow SO_3 + Q \tag{3-3}$$

当反应条件不变时，反应物均不再减少，生成的 SO_3 也不再增加，此时，反应便达到了化学平衡状态，正、逆反应速率相同，各个组分的浓度称作平衡浓度，这时 SO_2 的转化率称作平衡转化率。然而 SO_2 气体转化反应的平衡是相对的，不平衡是绝对的。不同烟气浓度下，SO_2 的平衡转化率是不同的。在同一温度下，进气中 SO_2 含量越高，平衡转化率越低，如图 3-2 所示。当转化工序进气烟气浓度发生变化时，转化平衡随之打破，进气烟气浓度提升后，在确保反应条件满足的前提下，反应向正反应方向推进，生成的 SO_3 气体体积不断增加，直至正逆反应速率相等，反应达到平衡状态。

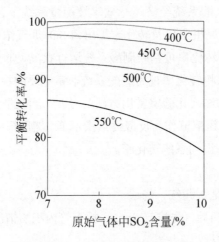

图 3-2　烟气浓度与平衡转化率之间的关系

119. 烟气温度对平衡转化率的影响有哪些？

由于转化工序中发生的正反应为放热反应，温度对转化反应的影响表现在两方面：第一，平衡转化率；第二，反应速率。

根据放热反应的机理，降低温度会促使化学平衡向 SO_3 生成的方向移动，则可以提高 SO_2 的平衡转化率。在 18℃ 时 SO_2 转化为 SO_3 的反应热为 96.2kJ/mol，反应热与温度变化的关系如图 3-3 所示。

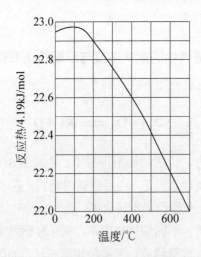

图 3-3　SO_2 转化反应热与温度关系

从图 3-3 中可以看出，温度越低则反应热越低，根据可逆放热反应的特点，平衡转化率越高。

由于 SO_2 转化为 SO_3 是可逆放热反应，在降低温度的同时会降低反应速率，在实际生产中达不到经济运行的目的，所以在选择转化温度指标时，不仅要考虑有较高的转化率，同时还要考虑有较高的反应速率。

在转化过程中，从首段至末段的转化温度不应该控制在同一温度范围内。反应初期，SO_2 浓度较高，SO_3 浓度较低，反应距终点状态较远，高温下使反应向正反应方向移动，宜使气体在较高的温度下转化，使其有较大的反应速率；反应后期，转化器内气体成分浓度关系正好相反，距平衡状态较近，宜使气体在较低温度下转化，以获得较高的转化率。

120. 根据 SO_2 的转化原理，增大压力有利于提高系统转化率，但在实际操作中，为什么要限制通过增大转化系统的压力来提高转化率？

转化系统的压力不仅取决于 SO_2 鼓风机出口压力，同时还取决于 SO_2 鼓风机出口之后所有的设备、管道、阀门的阻力，即转化系统的压力与 SO_2 鼓风机压头及 SO_2 鼓风机出口之后所有设备的压损有关。增大转化压力在提高催化剂层阻力的同时，也会使其他管道、阀门、热交换器甚至后段吸收、尾吸工序的阻力有所提高。

为了通过提升压力而获得较高的平衡转化率，需在确保后段设备压损的前提下，提升 SO_2 鼓风机风量，以达到提高转化催化剂床层压力的目的，实现转化向正反应（体积缩小的反应）方向推动。但增大转化压力使后段其他设备压损增大，严重者会导致后段吸收塔喷酸（吸收塔采用塔槽一体式吸收塔）。在实际生产过程中，由于提升转化压力对系统平衡转化率贡献较小，同时存在诸多风险，故通过提升转化系统压力以达到提高系统转化率的目的，需综合考虑系统的生产能力及安全生产状况。

121. 催化剂对催化反应的影响是什么？

SO_2 与 O_2 分子的直接反应速度很慢，甚至在高温状态下也难以察觉，这是由于这一气相均相反应的活化能很高，即破坏氧分子的化学键与 SO_2 分子结合时需要的能量很多。针对这一特点，需要在工业化生产中加入催化剂，改变反应途径，降低反应活化能，加快 SO_2 氧化反应速度，使得大量的 SO_2 氧化为 SO_3。许多金属氧化物均对 SO_2 氧化过程有催化作用，但目前仅有两种固体催化剂在工业上应用较多。

钒催化剂的主要有效成分为 V_2O_5，该催化剂以价格低廉、耐砷、硒等毒性物质、使用寿命长等优点，逐渐成为硫酸生产中催化剂的主导应用产品。

近年来，部分厂家开发了低温铯催化剂，在传统催化剂基础上添加了少量铯元素，降低了起燃温度（360℃）和最低操作温度（390℃），延宽了转化操作温度范围（390～410℃），但由于金属铯的价格昂贵，导致铯催化剂价格偏高，考虑到系统经济运行成本，铯催化剂的使用受到限制，无法实现全部填装，一般仅应用于转化器一层及末段反应层。

122. 正常生产中 SO_2 浓度与转化器反应温度控制的关系是什么？

制酸系统转化工序工艺设计是以 SO_2 烟气浓度为基础，通过计算反应过程物料平衡及热量平衡来确定设备设施选型。转化工序热量平衡过程中，各台热交换器的换热能力是根据烟气浓度条件来确定的。因此，在正常生产过程中需严格控制 SO_2 烟气浓度，实现转化工序整体热量平衡，避免热量紊乱对转化指标的影响。

（1）SO_2 浓度过高

因 SO_2 首先在一层反应，一层的反应热过高，一层催化剂层出口温度迅速上升，一方面造成一层底层催化剂过烧（达到耐热温度），影响催化剂性能；另一方面造成热热交换器热负荷过高，换热管铁皮氧化脱落；再者进入二层催化剂的烟气温度也相应上升。若在小气量、高浓度的情况下，一层、二层催化剂层内温度上升幅度较大，催化剂底层和出口烟气温度偏高，极易造成转化器和烟道热变形甚至拉裂；若在大气量、高浓度的情况下，进入三层、四层催化剂的 SO_2 气体量增加，三、四层催化剂温度均上升，尤其是在三层催化剂内，因 SO_2、O_2 浓度较低，SO_3 浓度较高，正反应推动力不足，在高温条件下不利于分层转化率提升。此种生产情况下，转化热量富余，一方面为催化剂表层降温，要加大各层冷激阀开度，使催化剂在适宜的温度下更好地起到催化作用；另一方面将转化富余热量通过余热锅炉或 SO_3 冷却器移出，以维持转化的热量平衡。

（2）SO_2 浓度过低

当 SO_2 浓度过低时，即使达到分层转化率要求，但与正常浓度条件下对比，放出的反应热偏低，尤其在大气量、低浓度的情况下易造成转化一层催化剂表层温度下降过快，在热交换器面积恒定、分层转化率变化不大的情况下，转化热量整体不足。尤其三层、四层催化剂层温度较低，甚至低于起燃温度，催化剂活性下降不能起到催化作用，三层、四层烟气入口与出口温度出现"倒挂"

现象。长期在低浓度烟气条件下运行，三层、四层催化剂层还可能出现 SO_3 冷凝结露现象，影响催化剂性能。此种生产情况下，转化热量不足，需投用升温电炉为转化补热，以维持转化热平衡。若 SO_2 浓度过低，投电炉补热仍不能维持热平衡，则应孤立制酸系统。

123. 转化的最佳工艺操作条件有哪些?

转化工艺运行受多方面因素的影响，如入口烟气浓度、温度、适宜的气速、催化剂填装量等，当条件发生变化时，系统工艺生产负荷发生变化，影响系统指标及成本的有效控制。

（1）最佳温度

SO_2 的氧化是放热可逆反应，平衡转化率随温度的升高而降低，所以 SO_2 的氧化过程不宜在过高温度条件下进行。反应速率随温度的升高而升高，氧化过程则应在高温下进行。由于平衡转化率与反应速度对温度的要求是矛盾的，因此，必须确定反应过程中最理想的温度条件。

（2）最佳 SO_2 起始浓度

SO_2 起始浓度的高低，与转化工序设备的生产能力、能量消耗、催化剂的用量等有关系。确保入口 SO_2 起始浓度，可保证转化器各层反应沿最佳操作曲线同步进行，各分层转化率均衡，分层转化出口温度稳定，转化热量均衡。

（3）最适宜的压损

一般转化器各层压损的适宜范围为 $0.8\sim1.2kPa$，压损过大说明催化剂层出现了结块现象，压损过小说明催化剂层存在被吹开的现象，气体短路，以上两种情况均会影响转化器内通气量及各层出口温度，转化率指标无法保证。

（4）最佳的催化剂填充方式

为了达到各层分层转化率指标，实现各层不同浓度烟气条件下的最佳反应，每一层催化剂都会根据入口烟气浓度、出入口反应温度设计催化剂填装量。催化剂分布不合理，不仅会造成转化工序整体热量不均衡，同时也无法实现总转化率的最优值。因此，必须根据入口烟气浓度、温度及分层转化率合理填装催化剂。

（5）最适宜的气速

为保证烟气在转化器内有一定的停留时间，操作时气量不宜过大，如气量超过设计范围，转化器内烟气停留时间缩短。一般将转化器内最适宜气速控制在 $0.7\sim1m/s$。

124. 影响转化率的因素有哪些？为提升转化率，操作时必须注意哪些事项？

影响转化率的因素主要有气量、气速、SO_2浓度、氧硫比、转化器各层温度、压力、催化剂用量等。

在日常生产操作时，为了提升转化率，应注意以下几点：

① 通过调节SO_2鼓风机负荷来控制系统气量在设计范围之内，气量过大，不能保证烟气在转化器中的停留时间；气量过小，使烟气在转化器一、二层滞留反应时间过长，后续各层反应不充分，从而影响总转化率。调节SO_2鼓风机负荷时，不能过于频繁，气量波动过大，易造成总转化率波动。

② 通过配气、调节安全补气阀来控制SO_2浓度在设计范围内。当浓度过高时，氧硫比下降，系统热平衡无法满足超高负荷生产条件，此时应适当调节安全补气阀开度，给烟气中补充空气，从而降低SO_2浓度，提高氧硫比；SO_2浓度过低时，转化器内反应热降低，影响转化率，此时应该调节配气来提高烟气浓度。

③ 通过调节冷激阀来控制转化器各催化剂层温度，将其控制在起燃温度与耐热温度之间，温度不能过高或过低，使用冷激阀调节时，阀门应缓慢调节，提高冷热烟气混气效果，避免因冷热烟气分布不均导致转化率降低。

125. 转化器的设备结构及特点是什么？

化工生产中反应器有多种形式，分别为管式反应器、釜式反应器、有固体颗粒床层的反应器、塔式反应器、喷射反应器及其他多种非典型反应器。根据转化器换热形式不同还可分为内部换热型转化器、卧式内部换热型转化器、径向转化反应器。由于内部换热型转化器具有设备本体大、设备内部结构复杂、不便于检修作业、投资大等弊端。所以，目前硫酸工业中多采用外部换热、固定床层转化器，具有外部保温良好、床层基本处于接近理想绝热状态等优点。

在现有双转双吸制酸工艺中，转化器采用不锈钢或者碳钢作壳体，内设多段水平安装的催化剂床层。内部各段转化器之间用完全气密的箅子板隔开。箅子板下端安装有立柱，在催化剂层上方及每层进口处均设计布气装置，转化器底部安装有滑动支座，滑动支座与钢筋混凝土基础相连接，共同承担起转化器的所有重量。

目前硫酸生产中，转化器的各层布置可根据外部热交换器分布及烟道走向进行设计，但由于转化一层反应热量过大，出口烟气温度过高，将转化器的一层置于底层易造成设备热形变量过大、底部滑动支座及基础变形的问题。将一层转化布置于转化器顶层时可以避免一层转化器底层热量损失，规避一层反应热波动对设备本体及基础的伤害，延长转化器使用寿命。

转化器内部布气结构如图 3-4 所示。

图 3-4 转化器内部布气结构照片

转化器内部支撑结构如图 3-5 所示。

图 3-5 转化器内部支撑结构照片

126. 转化器进出口烟道采用"天圆地方"接口方式的特点是什么?

烟气分布不均易造成转化器周边区域催化剂无法接触反应,催化剂床层温度分布不均衡,长期运行会造成转化设备变形及分层转化率低的问题,从而影响系统总转化率。

转化器入口烟道连接方式采用"天圆地方"连接,并在"天圆地方"接口内部增加布气板,有利于转化器进口烟气均匀分布,达到催化剂床层均衡反应的要求。"天圆地方"烟道接口详见图3-6。

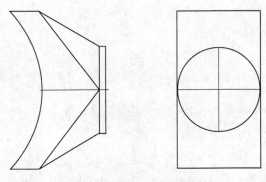

图3-6 "天圆地方"烟道接口图

127. 转化工序热交换器的结构及特点是什么?

制酸系统转化工序热交换器是 SO_3 烟气与 SO_2 烟气逆流间接换热的主要设备。目前,制酸行业内转化系统所用的热交换器均采用列管式结构,列管采用缩放管,列管之间装有折流板与旋流片,列管与上下花板用焊接方式连接,热交换器外壳由钢板卷制而成,外有保温层,壳程和管程各设计安装烟气进出管口。

目前新建制酸系统应用较为广泛的多通道高效热交换器具有以下几方面特点:

① 气体分布均匀,布气效果好,设备换热能力高;
② 提高管网流速,使其在湍流($Re>10000$)范围内;
③ 冷热气与转化器两侧压损较小;
④ 设备占地面积小,可优化转化整体布置。

128. 外部热交换器与内部热交换器的优缺点分别是什么?

转化工序热交换器按照安装位置的不同,分为内置式热交换器和外部热交换器。

内置式热交换器主要用于单转单吸制酸工艺,在20世纪60~80年代较为常见。因单转单吸制酸系统气量小，SO_2 浓度低，转化器外形尺寸和热交换器的换热面积相对较小，将热交换器采用内置式安装在转化器催化剂层之间，可省去转化器与热交换器之间的连接管道，降低投资，占地面积小。但换热管位于两层催化剂之间，催化剂粉化产生的催化剂灰易在换热管内沉积，造成换热管堵塞，气体换热效率降低；若换热管腐蚀串气，检修维护作业时间长，作业难度大。

外部热交换器主要用于双转双吸制酸工艺，双转双吸制酸系统气量大，SO_2 浓度高，转化器外形尺寸和热交换器的换热面积相对较大。热交换器采用内置式安装在转化器催化剂层之间，则转化器的外形尺寸大，不利于气体均匀分布和热量平衡，设备制作及安装难度大。采用外部热交换器维修较为便捷，但占地面积大、连接管线多，更适用于冶炼烟气浓度波动较大的制酸系统。

外部热交换器结构如图 3-7 所示。

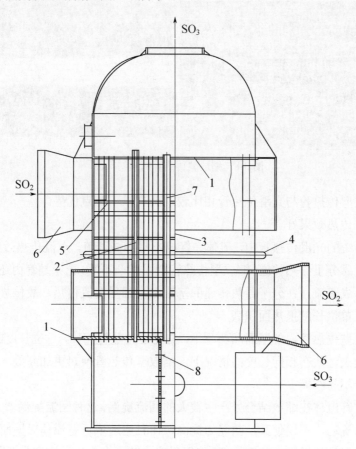

图 3-7　外部热交换器结构图

1—上下管板；2—定距管；3—壳体；4—壳体热膨胀圈；5—气流分布板；
6—上下SO_2扩张口；7—缩放管；8—下管板支座

129．换热管的结构特点是什么？

外部热交换器中使用的换热管为缩放型传热管，缩放型传热管由依次交替的收缩段和扩张段组成，是一种性能较优的强化传热原件，对管程和壳程流体均具有较强的传热强化作用，传热效果好，且加工简单，制造成本低廉。缩放型传热管结构如图 3-8 所示。

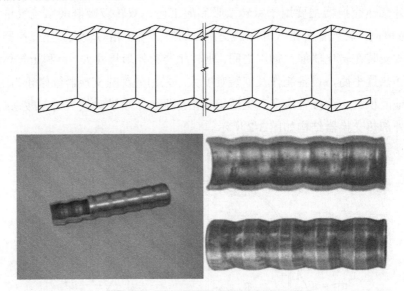

图 3-8　缩放型传热管剖面结构图

缩放型传热管与光滑传热管相比较，具有以下三点优势。

（1）传热效果好

在传统的光滑传热管中，流体在管内不易形成紊流，对流传热效果差，大部分热量靠分子导热传递。缩放型传热管壁面凹凸不平，无论是管内还是管外，都容易形成紊流，在分子导热传递的基础上，强化对流传热，故传热效果好。

（2）单位长度换热面积大

缩放型传热管内外壁面凹凸不平，与光滑传热管相比，单位长度的换热面积相对较大，故在相同长度的情况下，缩放型传热管换热更加高效。

（3）不易结垢

缩放管流体在缩放结合处产生较大的回流旋涡，这种回流旋涡增大了壁面处流体的扰动，不仅使其换热能力提高，而且也造成近壁流体对壁面的冲刷，增大了壁面处结垢物质的剥蚀率，使得附着在壁面上的结垢物容易脱落，另外，壁面收缩处流体加速，扩张处流体减速，这种周期性震荡使得结垢物质很难附着在壁面上形成污垢，故其抗垢能力强于光滑型传热管。

130. 为什么外部热交换器内壳程换热介质为 SO₂ 烟气，管程换热介质为 SO₃ 烟气？

外部热交换器是利用 SO_2 烟气和 SO_3 烟气逆流接触间接换热的设备，SO_2 烟气走壳程，SO_3 烟气走管程。具体原因有以下几个方面：

① 从换热面积上考虑，因为 SO_2 烟气是通过净化降温后的烟气，温度较低，而进入转化器后至少要升至催化剂的起燃温度，温差变化大，因此 SO_2 烟气所需的换热面积大于 SO_3 烟气。而热交换器壳程的换热面积要大于管程，所以 SO_2 冷烟气走壳程，SO_3 热烟气走管程。

② 从热量散失的角度来看，壳程与外界大气采用保温的形式隔离，若壳程换热介质采用 SO_3 烟气，热量损失大，所需保温材料多，SO_3 走管程有利于高热量的储存，热量损失少。另一方面，热交换器壳体若泄漏，空气中的水分就会与 SO_3 结合生成冷凝酸，使漏点逐步腐蚀增大。因此，壳程换热介质选用 SO_2 烟气，可起到减少热量损失，杜绝泄漏的目的。

③ 从列管受热变形角度考虑，同一个热交换器进出口 SO_2 烟气温度变化很大，若管程换热介质为 SO_2 烟气，长时间运行，列管受热变形，因此，管程换热介质采用温差较小的 SO_3 烟气。

④ SO_3 烟气走管程，便于冷凝酸的排出、管程内催化剂粉等杂质的处理及列管维护。

131. 转化器与外部热交换器保温的施工程序与技术要求是什么？

转化器与外部热交换器保温施工过程如下：

① 对进行保温的设备及烟气管道表面机械除锈，牢固焊接托板、角铁、刚性支撑圈等；

② 用中性高温黏结剂根据保温厚度将硅酸铝毡分层粘贴于设备的表面，毡间缝隙小于 3mm；

③ 保温厚度一般要求在 200mm 以上，粘接完成后，保温毡用铁丝网固定；

④ 加固完成后使用铝板固定，铝板必须绞边防止雨水渗入，在膨胀节部位，铝板接口预留膨胀量，接口设置在管道两侧，严禁接在上部或底部；

⑤ 由于设备顶盖为碟型封头，进出口连接管为"天方地圆"接口，防护铝板外形必须圆滑过渡。

保温注意事项：

① 人孔及排酸口等活动部位的保温要便于拆卸，人孔制作防护罩，防止人员灼伤；

② 任何保温缺陷均需要使用同类材料进行填塞；

③ 包裹保温毡时，要求错缝，严禁重缝，每层平压后用镀锌铁丝左右环绕绞固；

④ 凡在扁钢外的铁丝网，使用 12 号铁丝绞合，各圈间距为 600mm，然后用弹性扁钢带加固。

132. 外部热交换器壳程入口烟道设计成"天圆地方"的优点是什么？

转化工序中外部热交换器皆采用立式列管式热交换器，外壳体及烟道均采用钢板卷制而成。如果烟道与外部热交换器直接连接，首先会造成外部热交换器壳程内部气流分布不均，壳程两侧通道气流量少，中间部分气流量过多，换热效果差，长时间运行会对中间部分的换热管形成冲刷腐蚀。其次采用此种连接方式，烟道与外部热交换器焊缝长度较短，因外部热交换器属于高温运行设备，热胀冷缩现象频繁，产生的应力无法消除，长期运行会导致烟道与外部热交换器焊缝处开裂，易造成腐蚀泄漏，影响制酸系统的正常运行。

在外部热交换器与烟道连接处使用"天圆地方"连接管道，具有以下几方面优点：

① SO_2 烟气分布均匀，保证换热效率；

② 可有效加长烟道与外部热交换器焊缝长度，在设备变形时起到伸缩膨胀作用，消除因温度变化产生的形变应力。

133. 确保外部热交换器壳程入口直管段有一定长度的原因是什么？

烟道在正常使用过程中，弯管处易形成涡流，如图 3-9 中烟道 b′ 所示。若弯管距离外部热交换器较近，外部热交换器列管及壳体与夹带有气液腐蚀流态的烟气接触，将会形成流体冲刷磨损，造成设备腐蚀，严重时造成设备损坏。在烟气冲刷过程中，机械磨损是主要原因，腐蚀是后续损坏过程，当腐蚀流体冲蚀设备金属表面时，造成短程微切削和塑性变形，反复冲刷则形成磨损。磨损程度取决于流体的冲击角，在冲击角小于 90°时，磨损率最大。当冲击角接近 90°时，主要造成疲劳磨损，而微切磨损影响较小。在结构设计时，应尽量在设备入口增加直管段长度，减少微切磨损，如图 3-9 中烟道 b 所示，这种设计可避免设备磨损腐蚀，延长设备使用寿命。

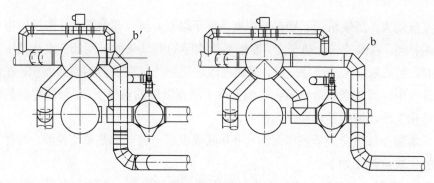

图 3-9　热交换器壳程入口图

134. 转化外部热交换器是如何命名的?

转化器外部热交换器布局根据不同工艺、不同配置有所不同,其命名也不一样,一般采用以下两种方式:

① 对应转化各层 SO_3 烟气出口利用罗马数字命名为 Ⅰ、Ⅱ、Ⅲ、Ⅳ、Ⅴ等,比如说,一层转化后 SO_3 烟气进入的外部热交换器命名为 Ⅰ 号外部热交换器,依此类推。

② 根据转化工序工艺流程的不同,转化反应层数越多,与之对应的外部热交换器越多。一般工艺流程中一层转化器对应一台外部热交换器,例如某制酸系统采用双转双吸,"3+1"四层转化工艺流程,热交换器采用"Ⅳ、Ⅰ-Ⅲ、Ⅱ"布局方式,其中Ⅳ号、Ⅲ号热交换器冷介质采用未经任何辅助换热的 SO_2 烟气,热介质采用转化器出口 SO_3 烟气进行换热,冷热介质换热量大,因此该热交换器按属性可命名为冷热交换器。而 Ⅰ 号、Ⅱ 号热交换器冷介质采用经过一次热交换器换热、温度按梯度提升后的 SO_2 烟气,热介质采用转化器出口 SO_3 烟气进行换热,对冷介质来说属二次换热升温,因此该热交换器按属性可命名为热热交换器。为了对同属性冷热及热热交换器进行区分,在一次转化后热交换器命名过程中冠以"层间"区分,结合换热属性,Ⅲ号热交换器命名为层间冷热交换器,Ⅱ号热交换器命名为层间热热交换器。

随着制酸系统工艺技术的不断进步,新建制酸系统多采用"3+2"或"预转化 + 常规转化"工艺流程,外部热交换器数量相应增加,按热交换器换热属性命名过程中会出现重复的现象,因此在冷热交换器及热热交换器中间的热交换器,通常可命名为中间冷热交换器或中间热热交换器。

135. 比较外部热交换器串联与并联的优缺点?

受冶炼炉窑生产负荷调整和不同吹炼周期的影响,冶炼烟气气量和 SO_2

浓度波动大,制酸系统长期在低浓度条件下运行,转化热量不足,需投用电炉升温补热,以维持转化热平衡。制酸系统实际的烟气条件长期低于设计范围下限时,制酸系统无法维持生产,需通过改造增加冷热交换器的换热面积,在保证进入中间吸收塔和最终吸收塔烟气高于露点温度的前提下,尽可能将热量移回转化工序,增强转化热平衡能力。

增加外部热交换器换热面积,可并联或串联一台外部热量交换器,两种方式的优缺点对比如下。

① 串联:原外部热交换器进气量不变,气速不变,换热效率影响较小,由于两台外部热量交换器进气量相同,不用在两台间调配烟气,串联后转化工序压损增大,设计时应考虑 SO_2 鼓风机压头富余量及两台外部热交换器的换热梯度。

② 并联:原外部热交换器进气量减少,气速降低,对换热效率造成影响。两台热交换器进气量不同,虽然可通过阀门调配烟气,但由于换热面积不同,烟气调配操作难度较大。

136. 转化工序安装有哪些阀门? 安装在什么位置? 作用是什么?

转化工序阀门的设置主要服务于维持转化器内部温度,阀门操作也是根据转化器内部温度来调节,现以列表的方式,对转化器主要阀门的安装位置及作用进行介绍(以"Ⅳ、Ⅰ-Ⅲ、Ⅱ"换热流程为基础进行介绍)。

表 3-1 转化工序阀门简介

名 称	位 置	作 用
制酸阀(1号阀)	SO_2 鼓风机出口至冷热交换器烟道	系统匹配烟气生产及系统孤立
排空阀(2号阀)	SO_2 鼓风机出口至尾吸塔烟道	当转化工序需要孤立保温时,关闭主气路阀,烟气通过排空阀排放至尾气吸收装置
电炉入口阀	SO_2 鼓风机出口至电炉烟道	调配加热的冷空气及烟气,为转化器升温
电炉出口一段升温阀(3号阀)	电炉出口至热热交换器低温烟气入口烟道	升温初期,一段催化剂表层温度较低时,全开3号阀,为一段催化剂升温
电炉出口二段升温阀(4号阀)	电炉出口至层间热热交换器低温烟气入口烟道	一层催化剂表层温度达到370℃、四层催化剂表层温度低于300℃的情况下,打开4号阀,关闭3号阀,给二段催化剂升温
冷激线阀	外部热交换器旁路	调节各催化剂层温度

137. 转化排空阀加装两道阀门是何原因？排空阀后烟气的零泄漏是如何实现的？

制酸系统中气路阀门多数选用电动蝶阀，起到隔断气路与调节气量的作用。由于大型电动蝶阀在设计时均存在一定的泄漏率，安装一道排空阀将会有少量 SO_2 烟气泄漏至尾气吸收装置，导致尾吸装置运行成本高，也容易造成尾气超标，因此需在排空烟道上安装两道排空阀，增加排空烟道的密封性。

在两道排空阀之间加装回流管道（管径约为排空烟道的 10%）至 SO_2 鼓风机入口，利用 SO_2 鼓风机入口的负压，将第一道排空阀泄漏出的 SO_2 烟气进行回收，以实现降低尾气吸收运行成本，保证尾气达标排放的目的。

138. 转化工序设计冷激烟道的目的是什么？

冷激烟道是通过控制烟气在热交换器的换热量，实现控制转化器各层温度的烟道。因为温度对反应速度和转化率的影响是相互矛盾的，反应温度越高反应速度越快，但平衡转化率越低；反应温度越低反应速度越慢，但平衡转化率越高。在生产过程中选择转化温度指标时，不但要考虑转化的反应速度，同时还要考虑较高的转化率。在转化过程中通过分段控制不同的转化温度来实现较快的反应速度和较高的转化率，温度的调节主要靠各段热交换器加入的冷激烟气，将较低温度的 SO_2 烟气通过冷激烟道直接或间接对转化器进行降温。

冷激烟道不仅可以起到为转化器催化剂降温的目的，特殊情况下还可以为转化器催化剂升温，电炉出口的高温烟气不经过热交换器直接进入催化剂层，提升催化剂升温速度，缩短升温时间。同时冷激烟道可以将高浓度烟气输送至转化后段，增加后段的反应热，提高后段的催化剂床层温度。

139. 催化剂的分类、品种及型号是什么？

目前，国内制酸系统多应用国产催化剂，部分企业为追求较高的经济技术指标，应用进口催化剂。根据催化剂中活性物质的不同，可将催化剂分为铂催化剂、铁催化剂、钒催化剂和铯催化剂。根据催化剂外观形状不同，可将催化剂分为环形催化剂、柱状催化剂、球形催化剂和片状催化剂。根据催化剂起燃温度不同，可将催化剂分为高温催化剂、中温催化剂、低温催化剂。

我国生产的钒催化剂主要有三种型号：S_{101}、S_{102}、S_{105-2}，以及新研制出的 S_{107}、S_{108} 等型号，其中 S_{105}、S_{107}、S_{108} 等都是低温催化剂。

进口催化剂主要有美国孟山都化学环保公司的 LP 系列和丹麦托普索公司的 VK 系列。美国孟山都生产的钒催化剂产品主要是 210 型、11 型和 516 型，普通型环状的 LP-120 型、LP-110 型以及 XLP 型和 GEAR™系列型号；托普索公司的 VK 系列主要有 VK38、VK48、VK59 和 VK69，其中 VK38 和 VK48 均为钾盐促进型催化剂，VK59 和 VK69 均为铯盐促进催化剂。

140. 低温催化剂与高温催化剂相比，有何优点？

与传统催化剂相比较，将起燃温度介于 340～360℃之间，操作温度介于 390～410℃的催化剂称作低温催化剂。起燃温度低的催化剂对于实际生产有诸多益处，如起燃温度低、低温活性好、强度高、不易粉化、使用寿命长的优点。

在转化一层、四层使用低温催化剂，由于低温催化剂中添加铯，在较低温度下就可开始反应，气体进入催化剂层前预热温度较低，从而节省了外部热量交换器的换热面积，缩短了开车升温时间，降低了能耗。

在转化三层使用低温催化剂，可以避免由于末端 SO_2 浓度低造成转化工序热量不足从而影响平衡转化率的情况，在转化末端添加低温催化剂后，可以使反应的末尾阶段能在较低温度下进行，有利于提高后段反应的平衡转化率，从而提高总转化率。

141. 根据转化运行条件的不同，催化剂颜色会有不同变化，如何通过钒催化剂颜色判断催化剂活性？影响催化剂颜色变化的原因有哪些？相应的处理方法是什么？

钒催化剂正常的颜色为棕黄色，生产过程中由于操作不当或烟气工艺指标不达标，造成催化剂颜色变化，导致催化剂活性下降。其变色原因及处理措施见表 3-2。

表 3-2　催化剂变色的原因及处理措施

颜色	原　　因	造成影响	处理措施
黄绿色	催化剂受潮或长期在低温状态下运行，有些还会发蓝	转化率低	提高转化温度
绿色	催化剂受潮或转化器降温过程中，用带有 SO_2 气体的空气吹除或者未将原催化剂中的 SO_2 吹除干净	转化率低	通过温度控制可以慢慢地恢复原色和活性（≥400℃，3h 以上）
草黄色	含氟烟气进入转化器，主要出现在一段	催化剂失活催化剂失钒	筛分、更换催化剂
紫黑色	表面生成了钒离子化合物的混合物	催化剂失活	筛分、更换催化剂

续表

颜色	原因	造成影响	处理措施
乌黑色	转化器内壁距中心点 1m 左右内催化剂发黑，是因为冷凝酸的形成造成的，如果出现在后二段或末段，很大可能是停车冷热吹的气体没净化好	转化率低	提高转化温度
黑色	整个催化剂都出现不同程度的黑点或黑色，严重时出现结黑壳现象，基本上是砷中毒，这种情况一般都出现在二、三段	催化剂失活	更换新催化剂
灰白色	烟气中含有 As_2O_3 或高温缺氧造成的	催化剂失活	提升净化洗涤效果，更换催化剂，或用高于400℃的空气热吹

142. "双转双吸"工艺催化剂应用的原则及特点是什么？如何避免转化三层温度倒挂？

双转双吸转化工艺：一、四层表层填装低温催化剂，二层、三层填装高温催化剂。转化系统初次带烟气热量不足，烟气温度低，通过电炉将烟气加热，加热至低温催化剂起燃温度，使 SO_2 在催化剂催化条件下尽快反应，缩短电炉升温时间。在添加低温催化剂时，低温催化剂占各层催化剂量的40%以下，不宜过多；在末端添加低温催化剂时一般不超过30%。

转化三层温度倒挂主要是烟气浓度低，烟气量大，反应主要发生在一层、二层，由于三层填装高温催化剂，带入三层烟气中 SO_2 含量少，三层入口温度低，烟气温度达不到高温催化剂起燃温度，三层基本不发生反应，温度出现倒挂现象。为避免出现温度倒挂，可在三层表层添加部分低温催化剂，降低三层催化剂起燃温度，使 SO_2 在三层反应，从而避免三层温度倒挂的现象。

143. 烟气中哪些杂质会对催化剂活性造成影响？

影响催化剂活性的杂质有多种，在冶炼烟气制酸中重点关注的烟气杂质主要有尘、三氧化二砷（As_2O_3）、氟、水分和氮氧化物（NO_x）。

（1）尘

由于催化剂表层有很多微小空隙，烟气中的尘进入转化器后，大部分尘会直接覆盖在催化剂表面，另一部分会进入催化剂表层的空隙内，使催化剂活性降低，并且增加进入催化剂微孔的阻力；同时与酸雾结合生成硫酸盐，导致催化剂板结成块，会造成转化器内气体分布不均，转化器压损增大。

（2）三氧化二砷（As_2O_3）

As_2O_3 在催化剂表面生成不挥发的 As_2O_5，覆盖在催化剂表面，降低转化率。当温度高于 550℃时，烟气中 As_2O_3 与 V_2O_5 形成可挥发的结合物，挥发物随后在二、三层催化剂凝结，在催化剂表面凝结成一层黑壳，造成催化剂中毒，并使催化剂结块、活性降低，床层阻力升高，转化率降低。

（3）氟

烟气中氟主要以氟化氢（HF）的形式存在，它与水蒸气和二氧化硅（SiO_2）共同存在时会发生化学反应，破坏催化剂的载体，生成四氟化硅（SiF_4）后造成催化剂粉化，转化率降低，床层阻力上升。由于反应为可逆反应，SiF_4 与水蒸气也可逆向生成 SiO_2，SiO_2 重新附着在催化剂表面，将催化剂表层的活性物质包裹起来，使催化剂活性降低，转化率下降。

（4）水分

水分在转化器内与三氧化硫（SO_3）结合转化为硫酸蒸气，硫酸蒸气在催化剂微孔里会产生冷凝酸，将催化剂里的活性组分溶解出来从而导致催化剂活性下降，催化剂粉化、板结，床层阻力上升，同时冷凝酸还会腐蚀设备。

（5）氮氧化物（NO_x）

氮氧化物在进入制酸系统转化工序后，在转化器内五氧化二钒催化剂的作用下会生成 N_2O_3，反应式如下：

$$NO + \frac{1}{2}O_2 \rel\joinrel\rel NO_2 \tag{3-4}$$

$$NO_2 + NO \rel\joinrel\rel N_2O_3 \tag{3-5}$$

在一次转化过程中，大约有 50% 的 NO 转化为 N_2O_3，N_2O_3 与硫酸雾反应生成亚硝基硫酸和水。反应式如下：

$$N_2O_3 + 2H_2SO_4 \rel\joinrel\rel 2NOHSO_4 + H_2O \tag{3-6}$$

亚硝基硫酸在浓酸中很稳定，遇水自发分解出氮氧化物。该理论合理解释了转化工序冷凝酸稀释过程中大量红棕色气体的释出。

144. 催化剂的起燃温度和耐热温度分别指什么？为何转化器温度要控制在催化剂起燃温度与耐热温度之间？

催化剂活性温度范围的下限称作起燃温度，起燃温度是 SO_2 进入转化器后能使反应很快进行的最低进气温度，实际生产中，进气温度比起燃温度略微高一些。

催化剂活性的温度范围上限称作耐热温度，超过这一温度，或长期在这一温度下使用，催化剂将过烧，迅速老化失去活性，催化剂在高温下失活后是不可逆的，所以实际生产中一定要严格控制转化器催化剂床层温度。

起燃温度与耐热温度都是体现催化剂性能优良的标志，催化剂温升的快慢与在一定时间内反应放出的热量多少有关。烟气温度低于起燃温度，反应速度过慢，不利于生产；烟气温度超过催化剂耐热温度后会造成催化剂活性下降。所以在制酸系统转化工段，应将转化器内温度控制在起燃温度与耐热温度之间。

145．利用旧催化剂时，为什么可将低温段使用过的催化剂替换到高温段？

在高温段使用的催化剂，除了会引起催化剂烧结，还会使硅藻土半溶，堵塞载体微孔，活性组分被包埋。另外，在高温下活性成分会生成挥发性物质，升华而流失。所以，在高温段使用过的催化剂，其活性物质已有部分失活，使用在低温段时，不能恢复原有活性，导致转化率和催化剂利用率降低。反之，将使用过的低温段催化剂使用在高温段，催化剂原有活性还存在，可保证系统正常生产。

146．催化剂的主要成分及催化机理是什么？

催化剂具有催化活性的主体成分含量较少，五氧化二钒、氧化钾或氧化钠、二氧化硅三个组分的配合是达到高度催化活性的重要条件。没有钾或钠的化合物存在时，在五氧化二钒中添加二氧化硅不仅不能提高活性，反而会使其降低。在催化剂中加入钾或钠的化合物，只有在二氧化硅存在时，才会体现出强烈的活化作用。例如，钒催化剂只含有 7%～12%五氧化二钒，在催化剂中添加一定量的碱金属氧化物（氧化钠或氧化钾）作为助催化剂，催化活性就能成百倍增长，同时用硅藻土（成分中绝大部分是二氧化硅）作为载体，以增加催化剂的活性成分跟气体接触的表面积。

催化机理：五氧化二钒、氧化钾或氧化钠附着在多孔性硅藻土载体上，在反应条件下，钒催化剂有效成分熔融分布在载体微孔内表面上，形成一定厚度的液态薄膜，SO_2 与 O_2 进入载体微孔内与液态薄膜接触加快氧化反应。在反应的过程中还产生一系列的中间化合物，反应如下。

$$V_2O_5 + SO_2 \Longrightarrow V_2O_4 + SO_3 \tag{3-7}$$

$$V_2O_4+O_2+2SO_2 \Longrightarrow 2VOSO_4 \qquad (3-8)$$

$$2VOSO_4 \Longrightarrow V_2O_5+SO_3+SO_2 \qquad (3-9)$$

147. 催化剂筛换的原则和方法是什么？有哪些注意事项？

在硫酸生产过程中，由于高温、酸雾、水分、含尘等因素的影响，转化器催化剂会出现粉化、板结、失活的现象，影响系统总转化率。因此，在系统年检大修时要对转化器催化剂进行筛换。

（1）具体筛选方法

① 在系统停车前分析转化器各层的分层转化率及催化剂层压损，根据压损上升，转化率下降，确定各层催化剂失活情况；

② 进入转化器内，将催化剂层扒开至催化剂底层丝网，检查催化剂分层、形状、颜色及填装高度，判断催化剂是否需要筛换；

③ 用旧催化剂替换必须注意一个重要原则，即只允许把曾在低温段使用过的催化剂替换至高温段继续使用，绝不可相反替换。

（2）填装注意事项

① 填装催化剂时先装一层瓷球，要求瓷球分布均匀，表面铺平，再用催化剂丝网盖在瓷球上，之后填装催化剂。催化剂装好后用丝网压紧，相连的两片丝网用铁丝缠绕，再用龙骨压在丝网上，防止风量过大将催化剂吹开，形成短路。

② 催化剂平整装在催化剂丝网上，先装填（80%～90%），然后根据测量的高度，用小勺填平补齐，力求装填均匀，使催化剂各处松紧一致。施工人员不能在催化剂表面上行走，防止催化剂破损粉化。

（3）筛换注意事项

① 在取出催化剂之前应先拆除热电偶，以免损坏。热电偶一定要在催化剂重新装填之前安装完毕。底层热电偶应放置在瓷球与催化剂的界面处，表层热电偶应放置在催化剂表层与上部丝网界面处。

② 新催化剂与旧催化剂需要填装到同一层时，要用丝网隔离，新催化剂填装在旧催化剂的上方。同一催化剂层若是填装两种不同型号的催化剂也应该用丝网将其隔离。

③ 避免在阴雨天和潮湿的地方进行催化剂的筛分工作，因为催化剂会吸收水分，降低其机械强度和活性。若在筛分过程中遇到下雨天气，则应停止筛分，对已筛分催化剂进行隔离防潮保护。

三、工艺流程

148. 简述"单转单吸"制酸工艺流程的内容是什么?

所谓"单转单吸"是指中、低浓度 SO_2 烟气（3%～6%）经净化、干燥等工序处理后，进入多层转化器转化为 SO_3 烟气，然后通过一个或两个串联吸收塔吸收，再经尾气吸收装置处理后达标排放的制酸工艺流程。由于受催化剂用量及平衡转化率的限制，该工艺转化率相对较低（一般不超过97%），尾气中 SO_2 的含量远远超过国家排放标准，需增加尾气处理装置，硫资源利用率较低。在20世纪60年代以前，硫酸工厂大多采用这种工艺流程，但由于该工艺只适用中、低浓度烟气，同时受能耗高、原料利用率低、产能低、运行成本高、尾气严重超标等诸多限制条件，60年代以后，随着制酸工艺技术的不断进步，"单转单吸"流程逐步被原料利用更充分、转化率等指标更为先进的"双转双吸"制酸工艺所取代。

149. "双转双吸"制酸工艺流程的内容是什么?

20世纪60年代，硫酸工业最大的变革就是采用了"双转双吸"制酸工艺，新技术使用后，硫资源利用率得到提升，尾排 SO_2 含量得到有效控制。

"双转双吸"顾名思义为两次转化、两次吸收的制酸生产流程，生产工艺中进入转化器的 SO_2 浓度控制在6%～14%，经过一次催化转化后，转化率控制在95%左右，转化气送入第一吸收塔吸收 SO_3 烟气，吸收后的气体再进入转化器，经二次催化转化后，总转化率提升至99.5%以上，二次转化气送第二吸收塔吸收。

150. "双转双吸"与"单转单吸"有何区别? 低浓度工艺与高浓度工艺有何不同?

所谓"单转单吸"是指 SO_2 经多段转化后只经过一个吸收塔吸收烟气中的 SO_3 后排入尾气吸收装置的工艺流程，该流程比较简单，SO_2 转化率相对较低，一般不超过97%。

"双转双吸"是指 SO_2 经一段催化转化后，转化气送去第一吸收塔吸收 SO_3，吸收后的气体再进入转化器，经二段转化后的烟气进入第二吸收塔吸收 SO_3。该流程具有以下几方面特点。

（1）最终转化率高

由于一段转化后气体中的 SO_3 被吸收掉，气体中剩余的 O_2 和 SO_2 之比值很大，二段转化本身的 SO_2 平衡转化率明显提高，从而提高了最终转化率。由于两次转化的第一次转化率达 95%，最终转化率可达 99.7% 以上。而仅用一次转化，由于平衡的限制，在目前催化剂活性温度范围内，根本不可能达到这样高的转化率。

（2）能够处理较高浓度的 SO_2 气体

盲目提高初始 SO_2 浓度，烟气中的 O_2 浓度则随之下降，从而会使平衡转化率下降。一次转化后的 SO_3 烟气进入吸收塔被吸收，即使初始 SO_2 浓度较高，二次转化时远离平衡，最终仍可达到较高的转化率。

（3）尾气处理成本低

"双转双吸"流程尾气中 SO_2 浓度一般可低至 $800mg/m^3$（标况），若用一次转化，尾气中 SO_2 含量在 $3000mg/m^3$（标况），因此"单转单吸"流程尾吸系统的运行成本远高于"双转双吸"流程。

（4）设备设施多，系统动力消耗大，占地面积大

"双转双吸"流程因其处理风量大，工艺较"单转单吸"系统复杂，换热设备较多，故现场布置占地面积较大。同时，受工艺条件及生产负荷的影响，系统能源动力消耗大，但系统经济运行指标远优于"单转单吸"系统。

151. 两次四段转化工艺有哪几种常见的换热流程?

按照换热流程来说，两次转化常见的有以下四种流程："Ⅲ、Ⅰ-Ⅳ、Ⅱ"流程、"Ⅲ、Ⅱ-Ⅳ、Ⅰ"流程、"Ⅳ、Ⅰ-Ⅲ、Ⅱ"流程及"Ⅳ、Ⅲ、Ⅰ-Ⅱ"流程，分别见图 3-10～图 3-13。

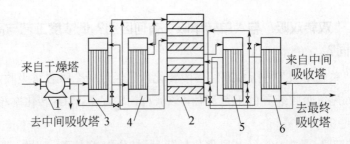

图 3-10　双转双吸制酸工艺"Ⅲ、Ⅰ-Ⅳ、Ⅱ"换热流程图

1—SO_2 鼓风机；2—转化器；3—Ⅲ号冷热交换器；4—Ⅰ号热热交换器；

5—Ⅱ号层间热热交换器；6—Ⅳ号层间冷热交换器

来自干燥塔
来自中间
吸收塔
去最终
吸收塔
去中间吸收塔
1
3
4
2
5
6

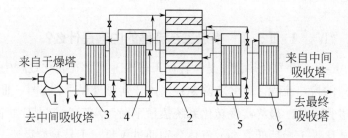

图 3-11　双转双吸制酸工艺“Ⅲ、Ⅱ-Ⅳ、Ⅰ”换热流程图

1—SO_2鼓风机；2—转化器；3—Ⅱ号冷热交换器；4—Ⅲ号热热交换器

5—Ⅰ号层间热热交换器；6—Ⅳ号层间冷热交换器

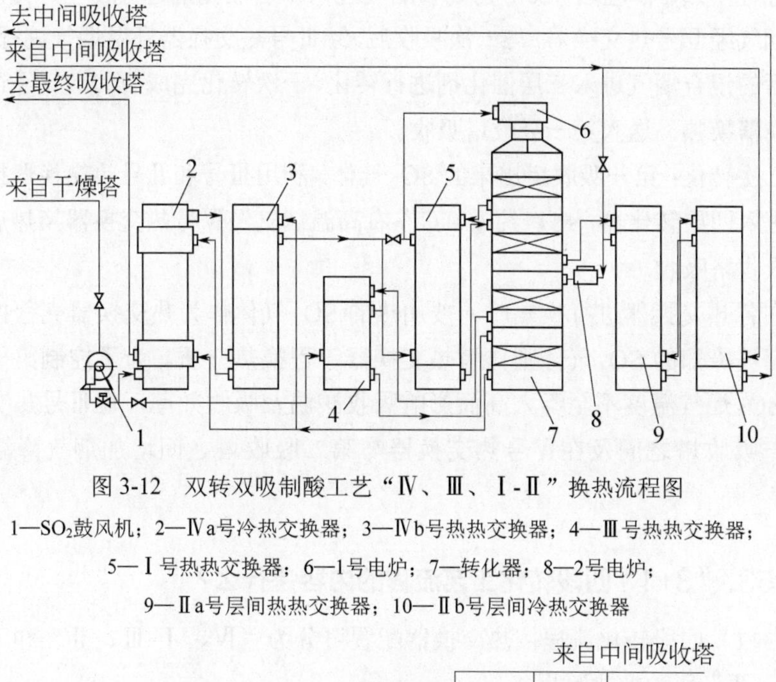

去中间吸收塔
来自中间吸收塔
去最终吸收塔
来自干燥塔
2
3
5
6
1
4
7
8
9
10

图 3-12　双转双吸制酸工艺“Ⅳ、Ⅲ、Ⅰ-Ⅱ”换热流程图

1—SO_2鼓风机；2—Ⅳa号冷热交换器；3—Ⅳb号热热交换器；4—Ⅲ号热热交换器；

5—Ⅰ号热热交换器；6—1号电炉；7—转化器；8—2号电炉；

9—Ⅱa号层间热热交换器；10—Ⅱb号层间冷热交换器

来自中间吸收塔
去最终
吸收塔
来自干燥塔
去中间
吸收塔
3
4
2
5
6
1
转化升温气体

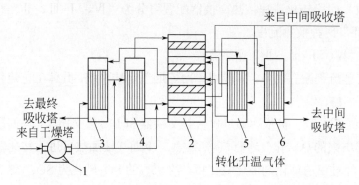

图 3-13　双转双吸制酸工艺“Ⅳ、Ⅰ-Ⅲ、Ⅱ”换热流程图

1—SO_2鼓风机；2—转化器；3—Ⅳ号冷热交换器；4—Ⅰ号热热交换器；

5—Ⅱ号层间热热交换器；6—Ⅲ号层间冷热交换器

152."Ⅳ、Ⅰ-Ⅲ、Ⅱ"换热工艺流程的内容是什么?

"Ⅳ、Ⅰ-Ⅲ、Ⅱ"换热流程是指转化工序 SO_2 气体在转化过程中,依次通过热交换器的换热流程,简单来说 SO_2 气体分别通过Ⅳ号、Ⅰ号、Ⅲ号、Ⅱ号热交换器进行换热,最终实现转化系统热量平衡。实际生产过程如下。

一次转化:干燥后低温 SO_2 气体分别通过Ⅳ号、Ⅰ号热交换器,与四层、一层反应热量进行换热,升温至400℃左右,进入一层催化剂进行转化,转化后的 SO_2、SO_3 混合烟气,温度在600℃左右,再送入Ⅰ号热交换器作为升温气体进行换热,降温后420℃的混合烟气进入二层催化剂进行转化,转化后的混合烟气经Ⅱ号热交换器,与一次吸收后,经Ⅲ号热交换器升温烟气进行换热,降温后的混合烟气进入三层催化剂进行转化,一次转化完成后的烟气经过Ⅲ号热交换器换热,送入第一吸收塔吸收。

二次转化:第一吸收塔出来的 SO_2 气体,利用Ⅲ号和Ⅱ号热交换器换热升温后进入四层转化器,出口约470℃左右高温烟气经Ⅳ号热交换器换热后送往第二吸收塔吸收。

在各热交换器进行换热时,被加热的 SO_2 气体作为热交换器壳程换热介质,而被冷却的 SO_3 气体则作为热交换器管程换热介质。为了控制第一吸收塔的 SO_3 烟气温度不至于太高而影响吸收酸温及吸收效率,在Ⅲ号热交换器与第一吸收塔之间及在Ⅳ号热交换器与第二吸收塔之间增加烟气降温冷却装置。

153."3+1"四段转化工艺流程的内容是什么?

"3+1"四段转化流程按热交换器配置可分为"Ⅳ、Ⅰ-Ⅲ、Ⅱ"和"Ⅲ、Ⅰ-Ⅳ、Ⅱ"两种换热流程。

(1)"Ⅳ、Ⅰ-Ⅲ、Ⅱ"换热流程

该工艺流程配置简单,多应用于冶炼烟气制酸系统,具体工艺流程见问题151中图3-13。

SO_2 经 SO_2 鼓风机依次通过Ⅳ号热交换器和Ⅰ号热交换器,与四段和一段催化剂层出来的热转化气进行气-气换热,冷烟气被加热后进入转化器一层催化剂层。经过三层催化剂催化氧化后,约95%的 SO_2 转化为 SO_3,然后再经各自对应的热交换器换热降温后进入第一吸收塔。在第一吸收塔内烟气与98%硫酸逆流接触,SO_3 被浓硫酸吸收,从塔出来的含有未反应的 SO_2 气体依次通过Ⅲ号热交换器和Ⅱ号热交换器，与三层、二层催化剂出来的热烟气进行换热，然后进入转化器的四层催化剂进行第二次转化，总转化率达到99.6%以上。转化后的 SO_3 气体，经Ⅳ号热交换器换热降温后，送往第二吸收塔吸收 SO_3 制取硫酸。

（2）"Ⅲ、Ⅰ-Ⅳ、Ⅱ"换热流程

具体工艺流程见问题151中图3-10。

SO_2 鼓风机出口的 SO_2 烟气先后进入Ⅳ号、Ⅰ号热交换器并与转化器四层、一层出来的 SO_3 烟气经过间接换热后，使 SO_2 烟气升高到410℃左右，达到 SO_2 烟气转化要求，同时使 SO_3 烟气经Ⅰ号、Ⅱ号、Ⅲ号热交换器间接换热后，经过转化系统 SO_3 冷却器，温度下降至180℃左右，多余热量通过空气带走，符合吸收要求，进入吸收塔吸收，从而使转化工序热量保持相对平衡。

转化工序采用四段"3+1"两次转化、"Ⅲ、Ⅰ-Ⅱ、Ⅳ"换热流程。

经 SO_2 鼓风机输送的 SO_2 气体，依次通过Ⅲ号热交换器和Ⅰ号热交换器，与从三层和一层催化剂层出来的热 SO_3 烟气进行气-气换热，冷烟气被加热到430℃后进入转化器一层催化剂，一层 SO_2 转化率为68%；转化后气体经Ⅰ号热交换器换热，温度由580℃降至430℃进入转化器二层，经二层后 SO_2 转化率累计为89%；二层转化后烟气经Ⅱ号热交换器加热其管外烟气，自身温度由527℃降至445℃进入转化器三层，三层 SO_2 转化率累计为95%；三层转化后的烟气经Ⅲ号热交换器加热其管外烟气，自身温度由460℃降至290℃后，再经 SO_3 冷却器，烟气温度降至180℃后进入第一吸收塔吸收烟气中的 SO_3 气体，第一吸收塔吸收后的烟气温度为55℃，经Ⅳ号热交换器、Ⅱ号热交换器分别与转化器四层出口和二层出口高温烟气交换热量后升温至420℃进入转化器四层进行二次转化，四层累计 SO_2 总转化率为99.6%。二次转化后的烟气温度为450℃，经Ⅳ号热交换器及 SO_3 冷却器降温，温度降至180℃后进入第二吸收塔。

154. "3+2"五段转化工艺流程的内容是什么？

"3+2"五段转化流程多适用于中高浓度冶炼烟气制酸系统，具体工艺流程见图3-14。

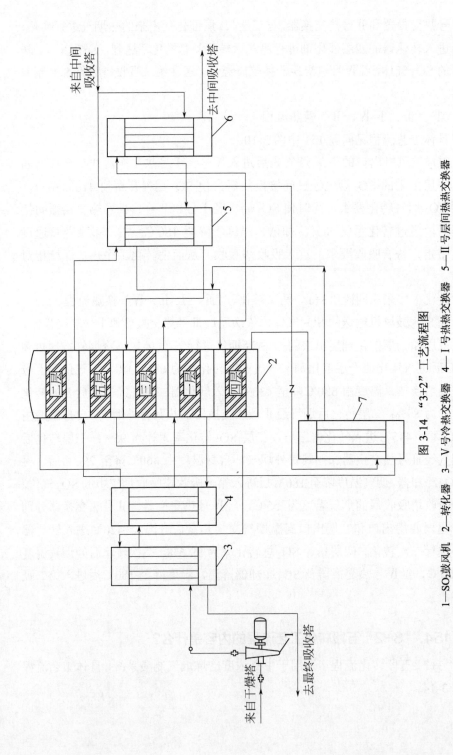

图 3-14 "3+2" 工艺流程图

1—SO₂鼓风机 2—转化器 3—Ⅴ号冷热交换器 4—Ⅰ号热交换器 5—Ⅱ号层间热交换器
6—Ⅲ号层间热热交换器 7—Ⅳ号层间冷热交换器

经 SO$_2$ 鼓风机输送的冷 SO$_2$ 气体，依次通过 V 号冷热交换器和 I 号热热交换器（与从五层和一层催化剂层出来的热转化气进行气-气换热），冷烟气被加热后依次进入转化器第一、二、三催化剂层，SO$_2$ 在催化剂催化作用下转化为 SO$_3$。经过三层催化剂催化氧化后，约 95% 的 SO$_2$ 烟气被转化，然后再经各自对应的热交换器换热及 SO$_3$ 冷却器（余热锅炉）降温至 180℃ 左右，至干吸工序的第一吸收塔。在第一吸收塔内，烟气与 98% 硫酸逆流接触，SO$_3$ 烟气被浓硫酸吸收，吸收后未反应的 SO$_2$ 气体再依次通过 III 号冷热交换器和 IV 号、II 号热热交换器进行换热，（与从三层、二层、四层催化剂出来的热气体进行换热，其中 II 号、IV 号热热交换器 SO$_2$ 烟气侧位并联连接）然后进入转化器的四层、五层催化剂进行第二次转化，总转化率达到 99.8% 以上。转化后的 SO$_3$ 气体，经 V 号冷热交换器及 SO$_3$ 冷却器（余热锅炉）换热降温至 180℃ 左右，送往第二吸收塔，SO$_3$ 气体被 98% 硫酸吸收制取硫酸。

155. 两次五段转化常见流程有哪些?

目前制酸系统"3+2"两次转化常见的流程有"III、I-V、IV、II"和"V、IV、I-III、II"等。

（1）"III、I-V、IV、II"工艺流程

第一次转化前二氧化硫气体依次通过 III 号热交换器、I 号热交换器，冷烟气被加热达到催化剂的起燃温度后进入转化器催化剂床层反应，然后进入该床层对应的热交换器降温，再进入下一催化剂床层继续反应。经过一段催化剂（一层、二层、三层）催化氧化后，约 98% 的 SO$_2$ 转化为 SO$_3$，进入干吸工序中间吸收塔，在吸收塔内 SO$_3$ 被浓硫酸吸收。吸收后未反应的 SO$_2$ 气体通过 V 号热交换器、IV 号热交换器、II 号热交换器，进入四层催化剂床层反应后进入 IV 号热交换器管程换热降温；IV 号热交换器管程出口的烟气进入转化器第五层催化剂床层反应后经 V 号热交换器降温，进入干吸工序最终吸收塔，在吸收塔内 SO$_3$ 被浓硫酸吸收。"III、I-V、IV、II"工艺流程图如图 3-15 所示。

（2）"V、IV、I-III、II"工艺流程

第一次转化前 SO$_2$ 气体依次通过 V 号、IV 号、I 号热交换器，冷烟气被加热达到催化剂的起燃温度后进入转化器催化剂床层反应，然后进入该床层对应的热交换器降温，再进入下一催化剂床层继续反应。经过一段催化剂（一层、二层、三层）催化氧化后，约 98% 的 SO$_2$ 转化为 SO$_3$，进入干吸工序中间吸收塔，在吸收塔内 SO$_3$ 被浓硫酸吸收。

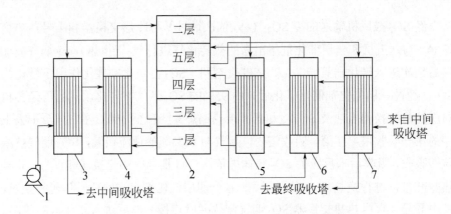

图 3-15 "Ⅲ、Ⅰ-Ⅴ、Ⅳ、Ⅱ"换热工艺流程图

1—SO₂鼓风机；2—转化器；3—Ⅲ号冷热交换器；4—Ⅰ号热热交换器；

5—Ⅱ号层间热热交换器；6—Ⅳ号层间热热交换器；7—Ⅴ号层间冷热交换器

吸收后未反应的 SO₂ 气体通过Ⅲ号热交换器、Ⅱ号热交换器进入四层催化剂床层反应后，进入Ⅳ号热交换器管程换热降温；Ⅳ号热交换器管程出口的烟气进入转化器第五层催化剂床层反应后经Ⅴ号热交换器降温，进入干吸工序最终吸收塔，在吸收塔内 SO₃ 被浓硫酸吸收。"Ⅴ、Ⅳ、Ⅰ-Ⅲ、Ⅱ"工艺流程图，如图 3-16 所示。

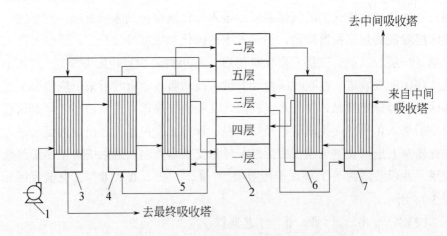

图 3-16 "Ⅴ、Ⅳ、Ⅰ-Ⅲ、Ⅱ"换热工艺流程图

1—SO₂鼓风机；2—转化器；3—Ⅴ号冷热交换器；4—Ⅳ号热热交换器；

5—Ⅰ号热热交换器；6—Ⅱ号层间热热交换器；7—Ⅲ号层间冷热交换器

156."3+2"双转双吸制酸工艺有哪些优点?

"3+2"双转双吸制酸工艺适用于高浓度 SO_2 烟气条件,该工艺可将 SO_2 的总转化率提高到 99.5%～99.9%,不仅最大限度地利用了 SO_2 资源,而且大大降低了硫酸厂尾气的治理成本,提升了系统经济运行效率。

"3+2" 制酸工艺流程所对应的总转化率要大于"3+1"及"2+2"工艺流程,"3+2"制酸工艺流程具有可提高转化器进口 SO_2 浓度(10%以上)、配入的空气量可减少、总转化率高和尾气 SO_2 浓度低等优点。如图 3-17。

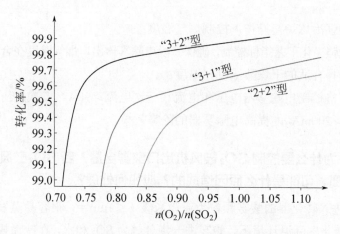

图 3-17　三种流程转化率与 $n(O_2)/n(SO_2)$ 比值的关系

四、操作及控制指标

157. SO_2 鼓风机出口烟气含水超标对制酸系统有哪些危害? SO_2 鼓风机出口烟气含水偏高可能是什么原因造成的? 应如何处理?

(1)水分的危害

① 转化器内硫酸蒸气的温度低于硫酸蒸气冷凝温度时,硫酸蒸气在催化剂表面上冷凝,破坏催化剂的活性。当转化器温度高于 400℃时,水蒸气不会对催化剂造成太大的影响,但当转化器温度低于 400℃时,硫酸蒸气在催化剂的微孔里会在比正常露点高的温度下冷凝,使催化剂里的活性成分 V_2O_5 溶解出来,导致催化剂活性降低。同时,当催化剂层温度上升之后,冷凝下来的酸会蒸发,剩下的硫酸盐则留在催化剂颗粒上面,导致催化剂的活性和强度降低,同时硫酸盐也会降低催化剂硅藻土的强度,催化剂易粉化,影响催化效果及催化剂寿命。

② 水分含量增高，会造成转化后的三氧化硫气体露点温度升高，生成冷凝酸，对设备造成腐蚀。

③ 水分与三氧化硫结合成硫酸蒸气，在换热降温过程中以及在吸收塔的下部有可能生成酸雾，影响尾气外观，污染环境。

（2）原因

① 净化指标异常，二段电除雾器出口烟气温度偏高；

② 干燥效率低。

（3）措施

① 加强冶炼炉窑操作，控制烟气温度；

② 加强净化工艺指标控制，确保二段电除雾器出口烟气温度在合适范围内；

③ 选择合适的干燥酸浓度和温度；

④ 严格控制电除雾器电压和电流（一次电流＞90A，二次电压＞70kV，二次电流＞200mA），提高电除雾器的除雾效果。

158. 为什么要控制 SO_2 鼓风机出口酸雾含量？若 SO_2 鼓风机出口酸雾含量偏高，可能是什么原因造成的？应如何处理？

由于进入转化器的酸雾颗粒为亚微米级（＜1μm＝，很容易蒸发成为硫酸蒸气，在转化器高温环境下，酸雾进一步分解为 SO_3 和水，在冷激操作或热交换器气体骤冷降温时，烟气中的水、SO_2、SO_3 烟气会与 Fe_2O_3 矿尘凝聚形成硫酸盐微粒，这种微粒会附着在催化剂表面，降低催化剂活性，因此转化系统酸雾含量应控制在≤0.005g/m³（标况）。

在生产过程中，SO_2 鼓风机出口酸雾含量超标，最明显的特征是转化系统转化率降低，任何调节方式都难以改善尾气外观。

引起转化酸雾含量超标的主要原因：

① 净化电除雾器出口烟气温度超过控制指标；

② 电除雾器除雾效率下降；

③ 干燥酸浓度、温度控制异常；

④ 干燥塔捕沫器除雾效率低。

处理措施：

① 控制净化电除雾器出口烟气温度在指标范围内；

② 对电除雾器进行检修，确保设备正常运行；

③ 控制干燥酸浓度：93.5%～94.5%，温度≤75℃；

④ 对干吸塔捕沫器进行调整，保证捕沫效率。

159. SO₂ 鼓风机出口正压增大、进口负压减小，是由哪些原因造成的？如何处理？

（1）烟道气路阻塞，阀门故障自动关小

原因：转化主气路阀门、余热锅炉进出口阀故障，出现自动关闭等异常现象，造成 SO_2 鼓风机出口压力急剧上升。

处理措施：①转化主气路阀门关闭，应立即打开电炉出入口阀，SO_2 鼓风机缩量，进行紧急泄压，现场操作人员立即到现场查看阀门状况，并将转换开关切换至现场，此时联系电气专业人员处理阀门故障。②余热锅炉进出口阀门自动关闭，应立即打开旁路阀，并前往现场检查阀门状态。

（2）SO_2 鼓风机后端设备压损增加

原因：转化器催化剂粉化板结、吸收塔捕沫器堵塞、尾吸塔捕沫器堵塞、热交换器进口酸泥堵塞等，都能使转化后端阻力增加，从而引起 SO_2 鼓风机出口正压增大。

处理措施：出现这些问题，应立即根据系统设备压阻排查原因，确定堵塞的设备设施，及时组织处理。

（3）净化工序漏风

原因：净化工序泄漏，如安全阀被抽开、安全水封内水被抽空，净化烟道破裂等，由于空气的补入，使 SO_2 鼓风机进口的阻力下降，气量增加，反映在 SO_2 鼓风机进出口的压力上，进口负压减小、出口压力增大。

处理措施：检查安全阀、安全水封、净化烟道，若安全阀被抽开及时关闭，安全水封水被抽空时，系统缩量及时补水，净化烟道破裂应立即组织停产抢修。

160. 长期停车前为什么要对转化器先热吹后冷吹？判断热吹和冷吹结束的控制指标有哪些？

系统长期停车时，随着温度的降低，SO_3 烟气会与水分结合生成硫酸蒸气，继而冷凝生成酸雾，覆盖在催化剂表面，造成催化剂结块、阻力增大，活性降低。为降低烟气对催化剂的损害，需要对转化器先进行热吹，在停车前期尽可能提高转化各层催化剂温度，把残存在催化剂中的 SO_3、SO_2 烟气吹除。当转化器末层出口 SO_3 含量低于 0.03%，停止热吹，改用干燥后的冷空气进行吹除降温。

转化器的热吹操作就是为了保护催化剂及转化工序设备、管道。由于催化剂表面有很多微小的空隙，停产后空隙内会存有 SO_3，热吹就是要将催化剂微小空隙内的 SO_3 吹出转化器，否则系统检修时，打开转化器人孔后 SO_3 会与空气中的水分结合产生冷凝酸，腐蚀转化器设备，并使催化剂变色失活。

热吹结束控制标准：转化器最末层出口烟气 SO_3 含量低于 0.03%。

冷吹结束控制标准：一段催化剂层温度低于 80℃。

161. 当转化升温炉采用加热电炉时，热吹操作过程及注意事项有哪些？

（1）热吹操作过程

转化器热吹前，投用加热电炉，通过改变转化工序排空阀及电炉入口阀开度来调节电炉出口温度，将电炉出口温度控制在 500℃ 以下。通过调节 SO_2 鼓风机前导向，控制进入转化器风量，以确保转化器各层温度达到恒温状态，恒温吹除 12h 后，当转化器一层温度维持在 410℃ 时，化验室取样分析末层出口气体中 SO_3 的含量，若气体中 SO_3 含量不低于 0.03%，则继续恒温吹除，直至气体中 SO_3 含量低于 0.03% 后，方可停止热吹操作。

（2）热吹注意事项

① 热吹过程中 SO_2 鼓风机气量不宜过大，且吹除时间不少于 16h，同时密切关注转化器各层出入口温度变化，以免转化工序降温过快，导致转化器冷热分布不均产生较大应力，使转化工序设备外壳及内部结构变形。

② 当二段转化器入口温度因热吹操作而降低时，可适度开启电炉出口至二段升温主线，避免温度吹垮。

③ 热吹过程须全程开启安全阀、回流阀，并关闭制酸阀，待转化器末端 SO_3 指标分析合格后，撤除电炉，系统维持孤立保温状态。

162. 转化器冷吹的目的、操作方法及注意事项有哪些？

（1）冷吹的目的

由于转化工序正常生产时温度较高，为了给系统检维修作业提供条件，需要对转化工序进行冷吹降温。

（2）冷吹操作方法

热吹结束后，撤去电炉，打开制酸阀，关闭排空阀，将常温空气送入主气路，进入转化工序，对转化器梯次降温。初期冷吹过程中，降温速度控制在每小时 20℃ 以内。由于冷吹后期转化器温度较低，可略微提高风量，调节转化冷激阀开度来控制温度，保证每小时降低 10～15℃，待转化器温度降至 80℃ 时，冷吹结束。

（3）冷吹注意事项

转化工序设备正常运行时都处在高温状态下，在冷吹操作过程中温度不宜下降过快，因为过快降温会使转化器冷热分布不均，导致热应力过大，造成转化工序设备外壳焊缝开裂及内部结构变形。

163. 为什么要对转化工序孤立保温？

在冶炼烟气制酸生产过程中，有以下两方面情况需要对转化工序孤立保温。

（1）冶炼故障

冶炼烟气输送中断或者烟气条件达不到制酸系统的生产要求。

（2）制酸系统设备故障

制酸系统关键设备如湍冲泵、干吸泵、SO_2鼓风机、立式斜流泵跳车，工艺管线的断裂，系统设备全面跳电，造成制酸系统不具备连续稳定生产的情况下，需要对转化工序孤立保温作业。

164. 转化工序孤立保温的操作步骤及注意事项有哪些？

（1）操作步骤

① 转化器孤立保温前，应先联系冶炼炉窑烟气排空；

② 制酸系统 SO_2 鼓风机前导向回零，使系统生产负荷降至最低；

③ 打开安全阀、回流阀，联系冶炼炉窑关闭制酸阀；

④ 现场关闭电除雾器出入口阀，待电除雾器出入口阀全关后远程断开电除雾器机组，现场切断电除雾器机组电源；

⑤ 打开排空阀，缓慢关闭制酸阀；

⑥ 现场关闭手动产酸阀，关闭干吸手动加水阀及干吸串酸阀；

⑦ 停冷却塔风扇；

⑧ 打开余热锅炉旁通阀，孤立余热锅炉或停 SO_3 冷却风机。

（2）注意事项

① 先开安全阀、回流阀，再关闭炉窑制酸阀，避免 SO_2 鼓风机入口前端工序负压过大；

② 关闭电除雾器入口阀，防止冶炼残余烟气进入尾气吸收装置造成尾气超标；

③ 先开排空阀，再关制酸阀，防止 SO_2 鼓风机憋停，关闭制酸阀时应匀速缓慢关闭；

④ 孤立保温时，关闭干吸工序串酸阀、产酸阀及加水阀，保证干吸工序酸浓度与循环槽液位；

⑤ 停冷却塔风扇，保持干吸循环槽酸温。

165. 如何对转化器进行升温？升温时注意事项有哪些？

（1）转化器升温步骤

① 打开转化工序电炉出、入口阀，关闭转化工序主气路阀，开启转化升温电炉，给转化器催化剂进行升温；

② 转化器升温初期，催化剂层温度≤200℃时，投入电炉的功率不宜过大，防止转化器催化剂升温速度过快，而导致催化剂粉化，并且容易使电炉大梁、篦子板以及转化器本体等设备受温差应力影响，造成变形、开裂、漏烟和串气；

③ 根据转化器各催化剂层的温升及电炉出口温度情况，中央控制室应适当调节 SO_2 鼓风机出口制酸阀、排空阀以及转化升温电炉出口阀，调整转化器的烟气通入量；

④ 转化器催化剂层温度的调节，除与升温电炉投用组数有关系，还应通过 SO_2 鼓风机前导向、转化系统的控制调节阀进行匹配调节；

⑤ 如果转化器内为新催化剂，当转化器一层催化剂表层温度达到420℃，四层催化剂表层温度达到330℃时，新催化剂开始通入 SO_2 烟气进行硫化饱和操作；

⑥ 如果转化器内为旧催化剂，当转化器一层催化剂入口温度达到370℃，四层出口温度达到 330℃时，可利用冶炼高浓度（5%以上）且稳定的 SO_2 烟气进行带烟气升温，直至转化器各层温度正常即撤电炉。

（2）注意事项

① 转化升温电炉开启前，中央控制室必须通知巡检人员，现场确认电炉无人作业且一切正常，并且中央控制室操作人员绝对保证电炉出、入口阀已经全部开启，干燥空气已经通过电炉内部（中央控制室通过转化系统的压力确认），中央控制室做好相应的记录；

② 为了保证转化升温电炉的安全、稳定和高效运行，无论出现任何情况，升温电炉的出口温度必须小于等于 500℃；

③ 转化升温电炉开启后每隔一小时对转化主气路阀门及冷激阀门进行一次盘车。

166. 制酸系统带烟气需具备哪些条件？系统带烟气的操作步骤及注意事项？

（1）具备条件

① 转化器各层温度达到催化剂起燃温度，具体情况视装填催化剂而定；

② 干吸工序酸浓度及循环槽液位达到正常指标；

③ 确保制酸系统净化、干吸、尾气吸收等工序的循环泵已运行正常；

④ 净化工序电除雾器人孔门已封闭；

⑤ 电除雾器机组送电（加热包温度控制在 110～130℃）；

⑥ 确保转化工序所有冷激阀处于关闭状态；

⑦ 尾气吸收工序加碱使循环液 pH≥7（适用于钠碱法尾气治理方法）。

（2）操作步骤

① 投用电炉补热后带入烟气：根据冶炼炉窑吹送计划确定投用电炉时间，打开电炉入口阀、出口阀，投用电炉，根据电炉温度变化调节电炉投用组数、电炉进出口阀及排空阀开度（电炉温度≤500℃）。在烟气吹送之前将转化器一层、二层和四层温度升至催化剂起燃温度，联系冶炼控制室开启烟气制酸阀，炉窑稳定吹送高浓度 SO_2 烟气，电除雾器机组投挡，打开电除雾器出入口阀，关闭安全阀、回流阀及排空阀。根据电炉出入口温度调节制酸阀开度，使少量高浓度烟气进入转化工序主气路。随着转化器温度逐步上升减少电炉投用组数，待转化各层有明显温升，制酸阀全部开启，烟气全部送入主气路，停止投用电炉。当电炉温度降至 300℃左右，关闭电炉出入口阀，系统正常生产。

② 催化剂温度具备条件直接带入烟气：确认冶炼炉窑制酸阀开启，电除雾器机组投挡，打开电除雾器出入口阀，关闭安全阀、回流阀，SO_2 烟气浓度有上升趋势时，打开制酸阀，关闭排空阀；

（3）注意事项

烟气带入系统后联系冶炼炉窑稳定吹送高浓度 SO_2 烟气，使转化器各层快速反应，随着各层转化反应温度逐步提升，系统 SO_2 鼓风机风量相应逐渐提升。冶炼烟气负荷逐步提升，各工序气体浓度、压力及温度也相应上涨，操作内容和调节量也随之改变（干吸工序——加大串酸量，调节冷却循环水温度，98%酸加水稀释等；转化工序——打开旁路冷激阀调节各层温度，开启 SO_3 冷却风机或余热锅炉等），使系统随着转化温度的提升而正常运行。

167. 新催化剂为什么进行硫化饱和，硫化饱和的操作方法是什么？

（1）原因

催化剂在首次引入 SO_2 烟气时，有一个"唤醒"的过程，并不是 SO_2 进入催化剂层就能全部进行催化，在实际使用过程中，通入 SO_2 气体时，新催化剂催化能力并不完全，且催化范围不均，由于 SO_2、O_2 在催化剂表面被吸附时会放出大量吸附热和一部分焦硫酸盐反应热，一旦通入高浓度烟气，将会使新催化剂局部超温失活。

（2）操作方法

新催化剂在开车升温中，要注意 SO_2 浓度低、气量小。根据一般经验，在新催化剂升温过程中转化器通入 SO_2 气体，其浓度控制在 4%左右、气量控制在正常气量的 60%以下为宜（视系统具体负荷及催化剂型号而定），原则是使一层出口温度最高不超过 600℃。若通入 SO_2 气体后，一段催化剂层温度已上升到 550℃并仍有很快上升的趋势，这时可减少气体通入量，待催化剂层一段出口温度不增反降时，证明催化剂硫化饱和完成。

168. 转化器催化剂填装过程中的注意事项有哪些？

（1）转化器催化剂填装前应对催化剂底层、顶层网进行检查，发现催化剂丝网破损或网格堵塞，应及时更换催化剂丝网，避免催化剂填装完成后，转化器压损增大。

（2）催化剂填装过程中应保证单层催化剂装填平整，严禁填装高低起伏。

（3）催化剂顶层丝网平铺时，应压紧边缝，丝网与丝网搭接处，应保证120mm 以上的搭接距离，立柱处丝网，应尽量贴近立柱。所有丝网平铺后，使用大孔隙压板压紧丝网缝隙。

（4）封闭转化器人孔前，应对催化剂夹层进行清扫，开车后启动 SO_2 鼓风机进行吹除作业。

（5）新催化剂开车前要进行硫化饱和，避免催化剂局部超温失活。

（6）严格控制转化催化剂升温时间，避免升温过快，造成设备损坏、催化剂失活。

（7）人工填装过程应避免人为踩踏对催化剂的破坏，可采取由远及近，配合踏板铺设的方式。

169. 如何调节进入转化器的通气量？

进入转化器烟气量的调节和烟气浓度是密不可分的。转化器的热平衡需要适宜的烟气浓度和气量，才能保证有较高的平衡转化率。在正常生产中应遵循浓度低、气量小，浓度高、气量大的调节原则。

由于烟气条件复杂，实际生产中，常遇到烟气浓度和通气量不匹配，需要系统做出相应调整的情况。具体情况如下：

① 烟气浓度高，进入转化器的烟气量小。可采取开启安全阀、回流阀的方式，降低烟气浓度，同时 SO_2 鼓风机配合提量，增加转化器的通气量。

② 烟气浓度低，进入转化器通气量大。可采取关闭安全阀、回流阀的方式，提高烟气浓度，同时 SO_2 鼓风机配合缩量，减少转化器的通气量。

170. 控制转化器烟气中 SO_2 浓度的主要依据是什么？

生产过程中，主要根据以下几点来控制 SO_2 浓度。

① 根据系统的设计指标，各制酸系统设计过程均会根据系统产能、烟气浓度、烟气通入量等因素，对转化工序进行综合热平衡计算，以确定转化催化剂填装量及转化热交换器换热面积。当烟气浓度过低或过高时，易造成转化热平衡破坏，致使转化工序催化剂出现过烧、热交换器积酸等问题。因此，在实际生产过程中严格控制进气 SO_2 浓度。

② 当 SO_2 烟气浓度过高时，干吸工序吸收酸浓度偏高，酸温上涨，严重影响系统吸收效率；当烟气浓度过低时，吸收塔 SO_3 烟气生成的 98%酸不足以平衡干燥塔吸收烟气水分而导致酸浓度降低，干吸工序酸浓度平衡无法维持，因此烟气浓度对干吸工序的稳定生产起到了非常重要的作用。

③ 开、停车和转化温度不正常时，需联系冶炼炉窑调整负荷将 SO_2 烟气浓度临时控制在指标范围内来适应转化温度调节的需要，开停车时浓度需控制得高一些，增加反应热，提高转化器升温速度。

171. 为何在正常生产中调节气量、浓度时不要操作过急，而是分阶段操作？

在冶炼烟气制酸系统转化工段，SO_2 转化为 SO_3 的反应过程为可逆放热反应，正常生产时由于冶炼烟气的气量及浓度波动较大，需调整系统内相关阀门控制气量、浓度在系统设计范围内，以确保系统正常生产。

操作过程中通气量调节幅度过大会造成如下影响：气量变化过大会造成转化器内局部压力过大或过小，容易将转化器温度吹垮，或催化剂层吹出空洞，影响正常生产。

调节浓度时操作幅度过大会造成如下影响：浓度波动过大时会造成转化器内局部浓度过高，局部反应不完全，整体转化率降低，导致尾气吸收装置的运行成本增高。

172. 转化器一层温度低，但三、四层温度偏高，是什么原因造成的？如何处理？

转化器一层温度低，但三、四层温度偏高，是转化反应热量整体后移的结果。原因及处理措施如下。

（1）冷激阀开度过大

生产过程中，当 SO_2 烟气浓度较高，使转化器一层反应热增加，一层底层温度持续上涨，这时需开启相应的冷激阀对一层进行降温操作。此降温过程是一个热量转移的过程，是将一层的热量间接转移至后续各层。若冷激阀开度过大或长时间未关闭，冷烟气将一层表层温度降至催化剂起燃温度以下，一层催化剂不反应，而三、四层因烟气浓度后移，反应加剧，温度持续上涨，系统转化率受到影响。

处理措施：转化器热量后移，首先进行 SO_2 鼓风机缩量操作，关闭转化器一层冷激阀门。将 SO_2 烟气小气量带入一层反应升温，一层温度恢复正常时提风量正常生产。若一层温度低于催化剂起燃温度时，应投用电炉，通过电炉将 SO_2 烟气升温后吹送至一层反应，直至一层催化剂达到起燃温度，停用电炉。

（2）转化器长时间在低浓度、大风量的情况下生产

系统长时间在低浓度、大风量的情况下生产，SO_2 烟气与一层催化剂接触反应时间短，烟气吹送至后段，导致后段反应剧烈，升温显著，而转化器一层催化剂处于降温状态，造成转化器热量后移。

处理措施：SO_2 鼓风机缩量，联系冶炼炉窑提高生产负荷，提高 SO_2 烟气浓度，将高浓度烟气带入一层反应，一层温度达到起燃温度时，可进行提量作业；一层温度低于起燃温度时，投用电炉，将烟气通过电炉升温后吹送至一层反应，待一层温度正常后，停用电炉，系统正常生产。

（3）转化器一层催化剂出现问题

若转化器一层温度长时间达不到催化剂起燃温度，投用电炉后仍然没有上升趋势，可判断一层催化剂失活或催化剂层短路。

处理措施：观察一层压损是否有明显变化，初步判断催化剂出现的问题，压损增加可能是催化剂大量板结或粉化。压损减小可能是篦子板塌陷或催化剂层短路，需系统停产检查更换。

173. 转化器各层催化剂表层温度过高是什么原因？应如何处理？

转化器催化剂整体温度偏高，一般有两种情况，一种是短时间情况，另一种是长时间情况。两种情况均是由于热量富余引起的。

原因：

① 进入转化的烟气 SO_2 浓度过高，各层反应热量过剩，系统超负荷运行，导致各层催化剂温度整体偏高；

② SO_2 鼓风机气量偏小，不足以平衡反应热；

③ 冷激阀调节不当或不及时，转化器温度整体偏高为暂时现象，最终表现为转化整体热量失衡；

④ 因烟气条件偏离系统烟气设计范围，热交换器换热面积已无法匹配系统生产。

处理措施：

① 联系冶炼降低烟气浓度或者适当开启制酸系统安全阀，在 SO_2 鼓风机运行允许的条件下降低系统烟气浓度；

② 保障后段工序压力的条件下提高 SO_2 鼓风机运行负荷，确保反应热量及时移出转化工序；

③ 通过调整冷激线阀门，逐步降低各层反应温度；

④ 针对实际烟气条件，对热交换器换热面积进行核算，对换热面积核算小的热交换器，可采取并、串联的方式增加热交换器，提升系统换热能力。

174. 转化器后段温度低、不反应是由哪些原因造成的？如何处理？

转化器后段温度低、不反应，表现在以下三个方面。

（1）短时间内造成转化器后端温度较低

① SO_2 浓度低：在转化器一二层反应产生的热量不足，致使转化工序整体换热不均衡，导致后段催化剂不反应。

处理措施：通过调节安全阀或联系冶炼炉窑增加生产负荷来提高 SO_2 浓度。

② SO_2 鼓风机气量过小或冷激阀调节不当：SO_2 浓度正常时，SO_2 鼓风机气量较小，烟气在转化器一二层停留时间过长，导致热量富集在前段，造成转化器一层催化剂底层温度超标，而转化器后段反应热较少，整体温度偏低。

处理措施：缓慢提升气量，使其与 SO_2 浓度相匹配，同时适量的调节冷激阀，将转化一层富裕热量通过部分 SO_2 烟气移至转化器后段。

（2）新系统开车后，转化器后段温度较低

① 设备保温状况不好，保温层厚度不够或开裂脱落等。

处理措施：检查设备保温是否良好，若出现问题立即修复。

② 催化剂填装时出现受潮、不均匀等问题导致催化剂活性下降。

处理措施：确认催化剂层填装效果，如出现问题重新进行填装。

③ 热交换器换热面积不足，转化器后段达不到起燃温度。

处理措施：重新核算热交换器的换热面积是否符合设计要求，若换热面积不足，则需通过串联、并联的方式间接增加热交换器的换热面积。

（3）系统长时间开车后，后段温度较低

① 催化剂板结、粉化、中毒、活性下降或失活，造成反应热减少，后段温度较低。

处理措施：利用年检大修对催化剂进行筛分或更换失活催化剂。

② SO_2 进气口列管被酸泥堵塞，气体分布不均匀。

处理措施：打开热交换器，清理酸泥。

③ 换热管管间被铁锈堵塞。

处理措施：将热交换器顶盖打开，取出被堵塞的列管，清理管间的铁锈，重新安装列管。

④ 管内被催化剂灰、氧化铁等物堵塞。

处理措施：先用压缩空气检查换热管堵塞情况，疏通堵塞换热管，若堵塞面积超过20%时，需更换换热管。

⑤ 催化剂层出现空洞或短路，烟气不经过该催化剂层反应。

处理措施：检修时重新填装催化剂。

175. 转化器温度某段忽高，另一段忽低，反应不稳定是由哪些原因造成的？如何处理？

冶炼烟气制酸大多采用"双转双吸"工艺，转化器由两段转化组成，反应过程中一段转化要求较快的反应速度，二段转化要求较高的转化率。

（1）一段温度升高、二段温度降低

原因：

① 二段催化剂层出现失活或短路的情况，造成二段转化不反应，转化器温度逐步降低；

② 一段转化末层出口烟气与一次吸收后烟气换热的热交换器出现较为严重的泄漏时，一次转化后烟气未经吸收工序，直接进入二段转化，达到平衡转化反应终点，二段催化剂层不反应；

③ 第一吸收塔吸收上酸量不足时，吸收不充分，造成二段转化不反应；

④ 一次吸收后烟气未经热交换器进行升温，而直接通过冷激线进入二段转化，造成二段转化催化剂不反应，温度持续降低。

处理措施：

① 对二段催化剂进行检查，及时补充更换新催化剂；

② 对热交换器进行串气分析检查，及时进行修复；

③ 对第一吸收塔上酸量进行检查，同时根据第一吸收塔出口烟气颜色判断 SO_3 烟气吸收效果，如吸收效率较低，及时更换一吸泵或检查分酸效果；

④ 检查二段烟气气路冷激线阀门，如阀门故障无法关闭，及时组织相关专业人员进行维修。

（2）一段温度降低，二段温度升高

原因：

① 一段催化剂未达到起燃温度或催化剂失活，一段反应不充分，烟气在二段充分反应；

② 烟气浓度突然降低，而系统风量、冷激阀未及时做相应调整，导致转化工序热量整体后移；

③ 一段催化剂层压损突然降低，催化剂层形成短路，导致一段转化温度整体下降，而二次转化反应剧烈，温度上升。

处理措施：

① 对一段催化剂进行检查，判断催化剂活性，必要时进行整体更换或筛分；

② 及时调整风量和浓度，对冷激阀开度进行检查，如一段转化温度无法达到催化剂起燃温度，可投用电炉，降低风量后促使一层反应；

③ 对催化剂层篦子板进行检查，修复催化剂空洞。

176. 转化器各段催化剂温度都降低，生产情况恶化造成降温事故是由哪些原因造成的？如何处理？

（1）造成转化器各层温度均下降的原因

① 转化器入口的烟气中 SO_2 浓度低，并且浓度长时间不符合系统生产要求，转化器各层温度均呈现降低趋势，导致各层温度达不到催化剂起燃温度；

② 转化器入口 SO_2 浓度较低且烟气量过大，使气体与催化剂接触时间缩短，造成一层表层温度下降，最终导致后续各层温度下降，系统无法正常运行；

③ 冷激阀操作不当或抱死，导致热交换器无法正常换热，催化剂层温度达不到起燃温度，转化工序换热形成恶性循环；

④ 一层催化剂失活，当催化剂活性下降时，影响一层转化率，反应热减

少，转化工序热量平衡破坏，系统无法正常生产。

（2）处理措施

① 关闭安全阀并适当缩小气量，提升烟气中 SO_2 浓度，视温度情况再行提升气量与旁路阀开度；

② 要迅速地缩小气量使一层表层温度能尽快地回升至起燃温度，并对旁路阀作相应调节；

③ 对冷激阀开度进行现场检查，如发现阀门控制系统失灵或抱死的情况，及时安排维检人员处理；

④ 若判断一层催化剂失活，则需在检修时将一层催化剂筛选交废，根据催化剂特性及一层相关设计条件，重新填装优质催化剂。

177. 转化器一层出口温度超过 600℃，对系统有什么危害？

正常生产时转化器一层出口温度必须严格控制在 600℃ 以内，超过这个温度，将对系统产生多方面危害。

（1）转化器一层温度过高，导致设备过烧，致使膨胀节、热交换器因温度过高而造成变形、甚至拉裂。这就会造成热交换器换热量下降，壳体泄漏，SO_2、SO_3 气体在热交换器内部产生串气等问题，严重影响系统正常生产及工艺指标。

（2）转化器一层温度超过 600℃，导致进入转化器二层的烟气温度也相应地升高，烟气在转化器二层继续反应放出热量，使转化器二层温度继续升高，导致转化器三层及后续各层温度升高，因为 SO_2 转化为 SO_3 是放热反应，温度升高会使逆反应加剧、分层转化率降低，最终导致总转化率降低。

（3）转化器一层出口温度在 600℃ 以上运行时对催化剂影响很大，表现在下列两方面：

① 催化剂中的 V_2O_5 和 SiO_2 结合，随着活性物质中钾含量的减少，V_2O_5 以熔融状态析出，造成催化剂催化活性下降；

② V_2O_5 和载体 SiO_2 之间会慢慢发生固相反应，使部分 V_2O_5 变成没有活性的氧钒基——钒酸盐。

因此，生产过程中，需将转化器一层出口温度控制在 600℃ 以内，这样既可保证转化设备设施稳定运行，保持催化剂活性，延长催化剂使用寿命，确保系统获得较高的总转化率。

178. 转化器催化剂层压损增大，是什么原因导致的？应如何处理？

转化器催化剂层压损增大主要有以下四方面原因：

① SO_2 鼓风机出口酸雾、水分及二段电除雾器出口烟气含氟长期超标，催化剂在水分、酸雾及氟的综合作用下粉化板结，催化剂层压差增大；

② 第一吸收塔捕沫器捕沫效果不理想或出现短路，导致末端转化催化剂层催化剂受潮粉化板结，使催化剂层压损增大；

③ 检修时催化剂受潮，导致催化剂机械强度下降，催化剂粉化，催化剂层压损增大；

④ 烟气含尘量长时间较高，烟尘覆盖于催化剂表层，堵塞催化剂孔隙，造成催化剂层压损增大。

处理措施：转化器出现压损增大的情况后要及时进行停产检查，对催化剂进行筛分，将粉化、板结的旧催化剂筛分后重新填装，如催化剂层装填量与原设计相差较多，需补充添加。若因催化剂机械强度低导致催化剂粉化，则需整体对催化剂进行更换。

179. 转化率临时降低有哪些原因？

制酸系统转化工段运行是否正常，转化率是否稳定是主要因素，当转化率临时降低时，可能出现的原因有以下三方面。

（1）转化温度控制不当

转化器各催化剂层温度未能控制在催化剂的起燃温度与耐热温度之间。在正常生产时可以通过调节转化工序各段冷激阀，并配合调节烟气量，匹配各层催化剂进、出口烟气温度。

（2）烟气浓度波动大或偏高

通气量及烟气浓度偏离系统设计范围时，需及时调整前导向、液力耦合器勺管开度及安全阀开度，将通气量、烟气浓度控制在设计范围内，操作时应缓慢调节，避免造成转化率较低的现象。

（3）烟气浓度分析不准确，温度显示误差

由于分析转化率时，将初始 SO_2 浓度及转化末段出口浓度作为分析指标，经计算得出转化率。导致分析不准确的原因主要有两点：

① 取样容器存在泄漏误差，分析所用的碘液易挥发，导致 SO_2 分析结果失真；

② 冶炼烟气进入转化器反应时存在时间差，而转化率受人工分析的影响，无法规避此时间差，这也是导致转化率分析不准确的原因之一。

180. 转化率长期过低有哪些原因?

（1）催化剂活性下降

由于 SO_2 鼓风机出口酸雾、水分及烟气中杂质过多等因素的影响，或催化剂使用周期过长，导致催化剂活性下降，同时催化剂填充量不足，也会使转化率长期不达标。

（2）冷热交换器漏气

在冷热交换器中由于换热管泄漏，SO_2（壳程）烟气进入 SO_3（管程）一侧，而未进入转化器进行转化，也是导致转化率长期下降的主要原因之一。

（3）转化器催化剂底层催化剂网破损漏洞或催化剂被吹开

转化器催化剂底层催化剂网破损并出现漏洞或催化剂被吹开，催化剂层出现空洞、烟气短路，SO_2 未经转化，造成转化率长期降低。

综上所述，转化率出现长期下降时，应优先从设备设施是否完好，是否有泄漏与串气等因素分析原因，对转化系统各项指标进行全面分析判断及跟踪，做出正确的整改方案。

181. 转化工序热交换器内为什么会产生酸泥? 热交换器积酸为什么要定期排放?

制酸系统生产时，粉化的催化剂灰随烟气被带入热交换器，造成热交换器内部积灰增多，尤其在"Ⅳ、Ⅰ-Ⅲ、Ⅱ"换热流程的Ⅲ号热交换器内，冷流体来自中间吸收塔出口的 SO_2 气体，生产中易因吸收塔顶部的捕沫器短路或塔内操作气速过高产生雾沫夹带，带有酸雾和酸沫的 SO_2 气体进入Ⅲ号热交换器内，与其内部的催化剂灰混合就会形成酸泥沉积在换热管底部。

酸泥沉积处形成高浓度腐蚀区，加剧对换热管的腐蚀，造成换热管腐蚀泄漏。因此需要对层间冷热交换器壳程进行排酸作业，通过定期排放，避免冷凝酸或酸泥沉积在热交换器壳程。

182. 为什么系统停车后或升温时转化制酸阀要定期盘车?

转化工序阀门一般采用高温电动烟气蝶阀，蝶阀关闭时阀板与烟道处于垂直状态。在蝶阀阀体通道内，圆盘形阀板绕着轴线旋转，旋转角度为 0°～90° 之间，旋转到 90° 时，阀门则处于全开状态，这种阀门一般适用工作温度≤350℃，工作压力≤0.25MPa，阀门电动执行器可实现现场操作及远程控制。

系统停产后阀门处于关闭状态，阀板前后温差过大，烟道变形，造成阀板卡阻或阀门轴端卡阻，因此转化器在长时间孤立或投用电炉升温中要定期对阀门进行开关操作，避免因阀板前后温差过大而造成阀门卡阻故障，影响系统复产。

183. 制酸系统孤立后，转化工序阀门卡阻的原因及处理方法是什么？

正常生产过程中，制酸阀调节频繁，不容易造成卡阻。但是，系统短时间停产，转化器孤立保温，造成转化器内部大量的热量向前扩散。此时，如果阀门处于关闭状态，造成阀门前后温差过大，使阀门、阀板、阀门轴套发生热变形，导致阀门卡阻抱死。

处理方法：

① 系统孤立时，阀门应留一定的开度，并且应增加盘车频次，做到每小时对阀门开关一次，以防卡阻抱死；

② 阀门卡阻抱死时，对阀门及前后烟道进行热烘烤，提高温度，减小阀门内外温差，直至阀门可进行开关操作。

184. 硫酸系统检修结束，为什么在转化器升温前需将夹层催化剂灰吹出？应如何进行吹灰操作？

（1）原因

制酸系统检修时，虽然对催化剂进行了筛分，同时将转化器催化剂夹层的积灰进行清理，但在催化剂回填时，因为人工操作，催化剂可能因人员踩踏造成粉化。制酸系统生产时，粉化的催化剂灰随烟气被带入热交换器和中间吸收塔内，造成热量交换器内部积灰和吸收循环酸内杂质增多，影响成品酸品质。尤其在"Ⅳ、Ⅰ-Ⅲ、Ⅱ"换热流程的Ⅲ号热交换器内，冷流体来自中间吸收塔出口的 SO_2 气体，带有酸雾和酸沫的 SO_2 气体进入Ⅲ号热交换器内，与其内部的催化剂灰混合形成酸泥沉积在换热管底部，酸泥沉积处形成高浓度腐蚀区，加剧对换热管的腐蚀，造成换热管腐蚀泄漏。因此，检修结束后，在转化器升温前需将转化器内催化剂灰吹出。

（2）操作

① 现场在转化区域拉警戒带隔离。

② 按照系统开车程序，开启循环水泵、干吸泵、SO_2 鼓风机。

③ 现场将转化器催化剂夹层各人孔螺栓卸松，只在人孔门对角悬挂 4 条螺栓。

④ 开一层催化剂夹层人孔，缓慢打开转化工序主气路阀，为转化器一层催化剂吹灰。

⑤ 操作时，先将 SO_2 鼓风机气量调到最小，观察催化剂夹层人孔灰尘吹出情况。

⑥ 逐步调小排空阀开度，SO_2 鼓风机缓慢提量，使进入催化剂层的风量增大，增强吹出效果。通过排空阀开度、制酸阀开度和 SO_2 鼓风机前导向的调整使 SO_2 鼓风机出口压力在工艺指标范围内。

⑦ 一层催化剂层人孔内吹出灰量先大后小，至目测基本无灰吹出时，SO_2 鼓风机缩量，打开排空阀，关闭制酸阀，封一层催化剂夹层人孔。

⑧ 开二层催化剂夹层人孔，打开制酸阀，逐步调小排空阀开度，SO_2 鼓风机缓慢提量，给二层催化剂吹灰。具体操作与一层催化剂夹层吹灰相同。

⑨ 依次为后续几层催化剂吹灰。

⑩ 最后一层催化剂夹层人孔内基本无灰吹出时，SO_2 鼓风机缩量，打开排空阀，关闭制酸阀，封闭人孔，催化剂夹层吹灰作业结束。

五、应急

185. SO_2 鼓风机前导向突然归零的原因是什么？如何处理？

生产过程中，遇到 SO_2 鼓风机前导向突然归零，先要找出归零的原因，再采取相应的处理方法。

（1）原因

① 系统程序下装时，导致 DCS 系统复位，前导向归零；

② 前导向拉杆断裂，SO_2 鼓风机前导向开度会随导叶状态开至最大或归零；

③ 操作人员在操作时，由于操作失误导致前导归零。

（2）处理措施

① 系统停止下装，SO_2 鼓风机前导向调整至正常状态；

② 借用外力将导叶固定，更换拉杆，SO_2 鼓风机前导向调整至正常状态；

③ 将 SO_2 鼓风机前导向调整到正常状态，操作时严禁直接通过键盘输入前导向开度值，前导向开度每次调整的最大幅度为 2%。

186. SO_2 鼓风机出口压力急剧上升，可能是什么原因造成的？存在何种隐患？应如何处理？

SO_2 鼓风机出口压力急剧上升的原因及处理措施见表 3-3。

表 3-3 SO$_2$ 鼓风机出口压力急剧上升的原因和处理措施

序号	原　因	存在隐患	处理措施
1	制酸阀失灵、关闭，气路不畅	SO$_2$ 鼓风机跳车	打开电炉出入口阀，恢复气路畅通，联系电工，处理制酸阀故障
2	尾吸塔捕沫丝网及填料结晶	第一吸收塔循环槽或第二吸收塔循环槽喷酸	使用应急水冲洗
3	余热锅炉进出口阀门及旁通阀全部关闭	SO$_2$ 鼓风机跳车或一吸循环槽喷酸	开启余热锅炉进出口阀门或旁通阀
4	尾吸塔液位过高，形成液封	第一吸收塔循环槽或第二吸收塔循环槽喷酸	打开尾吸塔底排阀，降低液位
5	出口压力测点损坏	误导操作	联系仪表检查、修复

187. 转化工序管道和设备烟气泄漏是由哪些原因造成的？如何处理？

转化工序设备管道一般使用 304 不锈钢或普通碳钢材质。系统运行过程中，由于烟气冲刷及稀酸腐蚀容易造成设备损坏、烟气泄漏。

（1）原因

① 结构设计缺陷引起设备烟气泄漏。烟道在正常使用过程中，若结构设计导致涡流现象，设备表面与夹带有气液腐蚀流态的涡流烟气接触，将会形成流体冲刷磨损，烟气冲刷设备时，主要造成机械磨损，腐蚀的影响相对较小；

② 温度变化引起设备设施泄漏。转化温度大幅度上升或下降，如热交换器过热、转化器因热胀冷缩加剧、烟道随设备温度变形而偏移等因素，导致设备焊缝拉裂而泄漏；

③ 热交换器内冷热烟气接触，容易形成冷凝酸，从而造成设备腐蚀泄漏。

（2）处理措施

① 结构设计上，应尽可能避免流体急剧转向或圆筒涡流旋转设计，该结构造成的设备磨损破坏要高于冷凝酸对设备的腐蚀破坏。

② 转化系统温度变化，急冷急热会造成设备焊缝拉裂、烟气泄漏。在操作过程中，要严格控制转化各催化剂层温度。转化升温操作时，升温不宜过快，避免损坏设备。

③ 热交换器的换热列管被冷凝酸腐蚀，应立即对设备换热管进行封堵，常用方法：列管堵头封堵、换热管底层注胶封堵、制作换热管内套管封堵等。

④ 设备保温层脱落、转化设备较长时间处于停用状态都容易出现腐蚀泄漏，一旦设备出现蚀孔，其周围表面，要用尖头锤敲击判断钢板薄厚和面积的

大小，再使用磨光机对金属表面腐蚀硫化层进行打磨，再进行补漏。

一般采用以下四种方法进行补漏：

a. 直接焊补法。若钢板较厚，焊缝开裂或点蚀穿孔，一般用电焊条直接焊堵；小裂口或小孔不必停车就可焊堵。

b. 贴补法。若漏气地方钢板较薄，需做弧板进行贴补。弧板覆盖于泄漏点进行焊接，并使用胶泥粉对弧板、焊缝进行包覆，以延长弧板使用时间。

c. 挖补法。漏气口周围钢板减薄面积较大和形状特殊的，需把漏气处的旧钢板烧掉再补上新钢板。这种修理方法是较彻底的，不会留下旧钢板脱落的隐患，但这种修理方法一定要在停车后进行。

d. 填堵法。在无电焊工条件下和无法进行焊补的地方，一般采用耐酸胶泥填堵。填堵的方法是先把漏气口及附近钢板清理干净，用水玻璃擦洗一下，然后把白石棉绳塞进漏气口或用软金属如铝、铅等砸进漏气口，最后把调好的既耐酸又耐高温的胶泥填堵上并加以固定，待固化后即可。

第四章

干吸单元

一、概述

冶炼烟气的干燥和 SO_3 的吸收尽管是硫酸生产中两个不相连贯的步骤,由于这两个步骤都是使用浓硫酸作为吸收剂,采用的设备和操作方法也基本相同,而且由于系统水平衡需要,需由干燥酸和吸收酸之间互相串酸,故而在生产管理上干燥和吸收过程归属于一个工序。干吸工序由干燥和吸收设备组成。净化后的 SO_2 烟气进入干燥塔,干燥酸由浓酸泵经冷却后送入塔内,气液逆流接触 SO_2 烟气被干燥除去水分。转化后的 SO_3 烟气进入吸收塔内,吸收酸由浓酸泵经冷却后与烟气逆流接触吸收 SO_3 生成 H_2SO_4。干燥塔与吸收塔之间通过互相串酸来完成酸浓度和液位的平衡。干燥率和吸收率为干吸工序的两项重要指标。本章对干吸单元中各设备设施的结构、作用、工作原理以及日常操作进行全面叙述,详细讲解提高干燥率和吸收率的理论依据和实际操作以及生产过程中常见问题的产生原因和处理方法。

二、设备原理

188. 冶炼烟气制酸系统干吸工序主要设备及作用是什么?

① 干燥塔:冶炼烟气经过净化工序净化后进入干燥塔,利用93%浓硫酸吸收烟气中的水分,杜绝水分随烟气进入 SO_2 鼓风机、转化工序对设备设施造成腐蚀。

② 吸收塔:吸收塔的作用主要是吸收 SO_3 生产浓硫酸,"双转双吸"工艺有两级吸收塔,分别命名为第一吸收塔和第二吸收塔,利用98%浓硫酸在第一吸收塔吸收一段转化后的 SO_3,第二吸收塔吸收二段转化后的 SO_3。

③ 捕沫器:又叫除雾器,设置在干燥塔、第一吸收塔和第二吸收塔的顶

部，用来捕集烟气中的酸雾和酸沫。

④ 分酸器：将浓硫酸液下泵输送的浓硫酸在干吸塔内自上而下均匀分布喷淋，使烟气在填料层内与浓硫酸充分接触，更好地干燥或吸收烟气。

⑤ 脱气塔：利用干燥塔前段烟道负压，将干吸三塔循环槽中的酸气、干燥成品酸中溶解的 SO_2 脱出，改善现场作业环境，实现 SO_2 烟气的再利用。

⑥ 浓酸冷却器：干吸工序的冷却设备，温度较高的浓硫酸与温度较低的循环水逆流换热，实现浓硫酸的冷却降温，常用的有阳极保护浓酸冷却器和浓酸板式热交换器。

⑦ 混酸器：干吸工序的加水设备，混酸器内酸、水以一定比例混合后加入到循环槽内，混酸器设有水封和脱气，可防止加水管腐蚀。

⑧ 成品酸地下槽：干吸工序生产的成品酸进入成品酸地下槽，再由地下槽泵输送至成品酸库储存。

189．干吸设备的选用原则是什么？

干吸设备的选用应综合考虑安全可靠、效率高、能耗低、使用寿命长、维修量小、运行费用低等因素。

① 塔：目前干燥、吸收塔大多使用填料塔。填料塔具有传质性能高、气液接触完全、气液分布均匀的特点。

② 酸泵：干吸工序一般采用浓硫酸液下泵，其主要材质为铸铁、合金等耐腐蚀材料。

③ 酸冷却器：目前常用的浓酸冷却器为阳极保护管壳式冷却器，具有传热系数高、操作环境好、检修频次少、占地面积小的优点。

④ 酸循环槽：干吸工序酸循环槽采用塔槽一体和塔槽分离两种结构，塔槽一体由于结构紧凑、占地面积小而被广泛应用。

190．干吸塔的结构及其工作原理是什么？

干吸塔分为干燥塔和吸收塔（见图4-1）。干吸塔一般采用填料塔，塔体材质为 Q235-B，塔壁内衬 DS 合金、石棉板、耐酸瓷砖，塔内底部多数为平底，亦有用球形底。为减少出塔气体的雾沫夹带，顶部设有捕沫器。塔的上部为槽式或管式分酸装置，其下部为一定高度的填料层，最底部为填料层支撑结构，支撑结构可采用耐酸瓷砖桥拱加瓷条梁支撑，也可采用耐酸瓷砖桥拱加合金条梁结构。

干吸塔的工作原理：烟气从塔底自下而上进入塔内，循环酸由循环槽液下泵输送至管槽式（管式）分酸器自上喷淋而下，烟气与浓硫酸在填料层中逆流接触，进而除去烟气中的水分（SO_3），并经捕沫器除去雾沫。

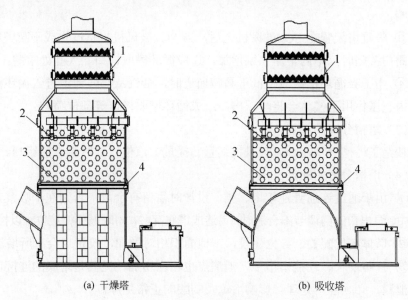

(a) 干燥塔   (b) 吸收塔

图 4-1 干吸塔结构图

1—捕沫器；2—分酸器；3—填料瓷环；4—篦子板

191. 硫酸生产中，干吸塔"塔槽一体"和"塔槽分离"结构的优缺点是什么？

干吸塔塔槽一体即为捕沫器、塔体、循环槽三位于一体的塔体结构，塔体落地建设，与循环槽通过"马鞍"型通道连接，作为下塔浓酸的回酸通道。而塔槽分离结构则是塔体高位配置，底部通过回酸通道与循环槽连通。具体见图 4-2。

（1）塔槽一体的优点

① 管路缩短，避免了塔底窝酸、循环槽液位难以调节的问题；

② 缩短了流程，减少了占地面积，节约了建设投资；

③ 减少了中间管道连接，避免了连接口泄漏，降低维修量以及泄漏时停产带来的影响。

（2）塔槽一体的缺点

① 建设施工时，由于马鞍形通道的特殊结构，需着重注意这一部位的衬砖，尤其是砖缝、接头部位，施工质量影响后期使用寿命；

② 在系统运行过程中，SO_2 鼓风机缩量、提量造成干吸塔内压力变化，干吸塔内和循环槽液位也随之变化。塔内压力增加时，循环槽液位上涨，塔内

压力降低时，循环槽液位下降。因此对系统 SO_2 鼓风机的提量、缩量带来一定的制约，操作时需时刻关注干吸循环槽液位，以防止冒槽或液位过低带来的负面影响；

③ 吸收塔配置在 SO_2 鼓风机之后，当 SO_2 鼓风机提量过快或干吸塔后段烟道阀门关闭时，塔内正压急剧增加，造成循环槽取样口、人孔处喷酸；

④ 当干吸循环槽内液位低于马鞍通道时，烟气从马鞍通道进入循环槽，在塔内正压作用下气体会将酸压出，造成循环槽取样口等部位喷酸。

（3）塔槽分离的优点

杜绝了塔槽一体在 SO_2 鼓风机缩量、提量、液位过低时带来的影响。

（4）塔槽分离的缺点

① 由于通过连通管连接塔、槽，设计时需留有余量，否则在干吸泵开车过程中，泵出口阀门调节不合适时，易造成塔底窝酸，同时循环槽液位难以控制；

② 塔体高位配置，异位建设，占地面积相对增加，投资也会有所增加；

③ 管路增长、连接口增多，泄漏点也相应增加，尤其是塔底的连接口，一旦泄漏，必须停产处理，影响冶炼及制酸的正常生产。

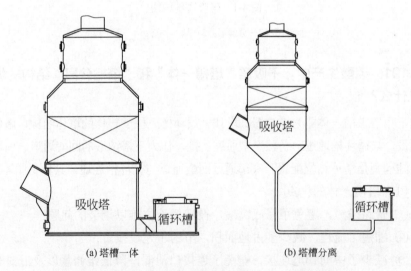

　　　(a) 塔槽一体　　　　　　　　　　　(b) 塔槽分离

图 4-2　"塔槽一体"和"塔槽分离"两种干吸塔结构

192. 干吸塔设计的主要技术参数有哪些？

（1）吨酸喷淋量

干吸塔的一项重要技术参数是气液比。由于在一定的 SO_2 浓度范围内每生产 1t 硫酸的气量变化范围不大，故气液比又可以用吨酸喷淋量（m^3/t 酸）来表达。吨酸喷淋量过小，干燥吸收效率下降；吨酸喷淋量过大，则塔内烟气阻力增加，泵的动力消耗增大。

（2）喷淋密度

喷淋密度是指每平方米塔截面每小时淋洒酸的体积数。设计喷淋密度一般为 18～25m³/(m²·h)，过小容易形成气体短路，气液比不足，干燥吸收效率下降；过大易形成液泛，也不利于节能。增加喷淋密度，可以提高填料的湿润率，增加有效接触面积。

（3）填料高度、空塔气速

在工程设计中采用传质单元法确定填料高度，在其他条件不变时，填料高度和气相总传质单元高度与空塔气速的 0.2 次方成正比。干吸塔的设计气液比是确定的，当生产规模一定时，改变塔径，气速和喷淋密度同时改变。塔径变小，气速提高，在不改变塔效率的前提下，可降低填料高度。为避免液泛，气速也不能过高。

193. 干吸塔捕沫器的结构及作用是什么？

捕沫器（见图4-3）又叫丝网除雾器，主要由丝网、丝网格栅组成。丝网格栅由丝网块和固定丝网块的支撑装置构成，丝网分为金属丝网和非金属丝网。非金属丝网由多股非金属纤维捻制而成，亦可为单股非金属丝，该丝网捕抹器是将一整块丝网分割开来，镶嵌在格栅当中，拼装成圆形，安装于塔内。

作用：用于分离塔中气体夹带的液滴，不但能捕集悬浮于气流中的较大液沫，而且能滤除较小雾沫，减少烟气中的酸雾含量，改善塔后设备的运行条件。

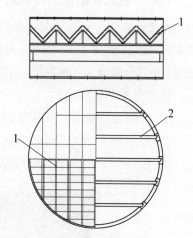

图 4-3　干吸塔捕沫器结构示意图
1—捕沫器；2—捕沫器支撑梁

194. 捕沫器的工作原理是什么？

当带有雾沫的气体随烟气以一定速度上升通过丝网，雾沫与丝网碰撞吸附在丝网表面上，因为细丝的可润湿性、液体的表面张力及细丝的毛细管作用，使得液滴越来越大，直到聚积的液滴大到其自身产生的重力超过气体的上升力与液体表面张力的合力时，液滴就从细丝上分离下落。气体通过捕沫器后，减少了烟气中的酸雾含量，有助于改善操作条件，减少设备腐蚀，延长设备使用寿命，改善尾气外观等。

195．分酸器的分类有哪些？

分酸器是一种位于填料层上部、将酸均匀分布到填料表面的塔内配件，按其结构可分为槽式分酸器、管式分酸器和管槽式分酸器。

① 槽式分酸器：硫酸生产中使用较早，随着硫酸生产装置的大型化，这种分酸器分酸效果差，设备安装维护困难，已被淘汰。

② 管式分酸器：20 世纪 80 年代后在国外研究使用，90 年代初国内开始制作并使用。与槽式分酸器相比，具有单位分酸点多、分酸均匀、加工安装方便等优点；但在使用中，酸孔易受硫酸冲刷腐蚀变大，分酸嘴易腐蚀、脱落，管内易被堵塞。

③ 管槽式分酸器：结合了槽式、管式分酸器的优点而发展起来的一种高效的分酸器，近几年逐步得到推广使用。

196．管式分酸器的特点是什么？

管式分酸器（见图 4-4）是硫酸生产中干燥塔和吸收塔的分酸装置，硫酸在塔中被分酸装置均匀分布喷淋，与自下而上的烟气充分接触，以更好地进行传质过程。管式分酸器由分酸主管、分酸支管、分酸嘴组成，材质一般选用耐酸铸铁。

管式分酸器的特点：

① 分酸点数量多、安装维护方便、投资少、使用效率高；

② 分酸器主体使用耐酸铸铁，造价较低，对浓硫酸有良好的耐蚀性能；

③ 在其他工艺条件不变的情况下，管式分酸器对干吸塔压损影响较小。

图 4-4　管式分酸器

197．什么是管槽式分酸器？

管槽式分酸器（图 4-5）是结合了管式、槽式分酸器的优点而发展起来的一种高效的分酸器，主要由进酸管、分酸管、分酸槽、降液管(分为直管、斜管)组成。浓硫酸通过进酸管流入各分酸管，再由各分酸管分配到各分酸槽。降液管的进液口位于分酸槽持液高度的中上部，酸通过降液管流入填料层，管槽式分酸器分酸点数量多，远远超过其他类型分酸器，由于落酸点数量大，易于实现布酸均匀。分酸点密度的增加与布酸点位置的优化，使其覆盖面积大，减少了塔边缘的沟流产生。这种分酸器采用溢流式排液，避免了气流穿透产生液沫的问题。降液管的口径比管式分酸器分酸管上的小孔大，避免了因增加分酸点导致出酸口面积过小而堵塞的情况。

其使用特点：

① 分酸点多；

② 分酸均匀，酸雾低；

③ 降液管埋在填料层，避免雾沫飞溅；

④ 降液管入口高于酸槽底部，不易堵塞；

⑤ 塔自由通气截面小，阻力小。

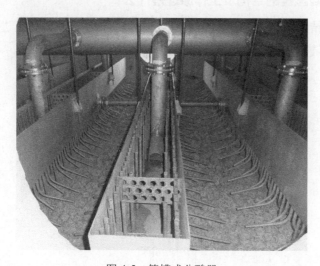

图 4-5 管槽式分酸器

198．管式分酸器和管槽式分酸器各有什么优缺点？

管式分酸器的分酸点一般为 20 个/m² 左右，为达到分酸的均匀性，要求输酸泵具有较大的扬程和流量，一般富余扬程 6～8m。流量、流速和分酸支管上的孔径及数量关联性强，分酸不够均匀，特别是对塔的边缘覆盖不到位，在喷淋密度低时更甚。对一定的分酸量，分酸点多意味着分酸嘴口径小，分酸嘴易被酸液中的瓷渣堵塞，造成分酸不均；导致其他分酸嘴流速高，产生较多的酸沫。管式分酸器在使用中，酸嘴易受硫酸冲刷腐蚀变大，且易腐蚀、脱落。

管槽式分酸器不易堵塞，烟气中酸沫夹带量小。由于分酸均匀，可以降低填料高度，减少阻力，同时塔高也可以相对降低，减少设备投资，是一种比较理想的分酸器。

管槽式分酸器的优点：

① 分酸点密度大，达 43 个/m² 左右；

② 分酸及布酸均匀；

③ 酸沫夹带量小；

④ 降液管口径适当，不易堵塞；

⑤ 性价比高，使用寿命长；

⑥ 检修工作量小，降低劳动强度。

199. 混酸器的结构及工作原理是什么？

混酸器结构如图 4-6 所示，包括加水管、水封罩、喷淋管、进酸弯管、混酸套管和脱气管。

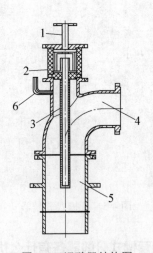

图 4-6　混酸器结构图

1—加水管接口；2—水封罩；3—喷淋管；4—进酸弯头；5—混酸套管；6—脱气管

混酸器的工作原理：来自泵出口的浓硫酸进入混酸器混酸套管，水由加水管进入水封罩，溢流进入喷淋管，在混酸套管内完成混酸。喷淋管下段均布一定数量的小孔，孔数越多，孔径越小，排布越均匀。混酸后进入循环槽二次混酸，通过控制加水量来达到调节硫酸浓度的目的。反应会产生大量的热和酸气，大部分热量在混酸器内逐渐由酸带到循环槽中，酸温能够得到有效的控制。为了防止酸气腐蚀加水管，设计水封罩。为了减少混酸器的振动，设置脱气管将酸气带走。

200. 干吸工序浓硫酸冷却器有几种？各有何优缺点？

浓硫酸冷却器分为排管式冷却器、阳极保护浓酸冷却器和板式浓酸冷却器3种。

① 排管式冷却器：多采用铸铁材质，现已基本淘汰。

优点：结构简单、检修方便、造价低。

缺点：换热效率低、耗水量大、占地面积大、维修量大。

② 阳极保护浓酸冷却器：管壳式结构，壳体采用304不锈钢材质，换热管采用316L。

优点：传热效率高、结构紧凑、配置简单。

缺点：对冷却水水质要求高，投资较大。

③ 板式浓酸冷却器：板片选用SMo254材质，密封胶垫选用EPDM材质。

优点：换热效率高、结构紧凑、占地面积小。生产负荷变动时，可通过增减板片数量予以解决。

缺点：易堵塞、易泄漏、对材质要求高。

201. 阳极保护浓酸冷却器的结构和材质有哪些？

阳极保护浓酸冷却器可分为双管程和单管程两种类型。双管程水道出入口在同一管箱，管箱内以隔板隔开，冷却水低进高出（见图4-7）；单管程分别为两端管箱，出酸口与水道入口在一端，入酸口与水道出口在另一端（见图4-8）。

阳极保护浓酸冷却器由管壳、主阴极和恒电位仪组成。

（1）管壳

管壳是硫酸与循环水热交换的间接换热介质，硫酸通壳程，循环水通管程，高温、低温流体逆向间接接触，达到降低酸温的目的。管壳采用304不

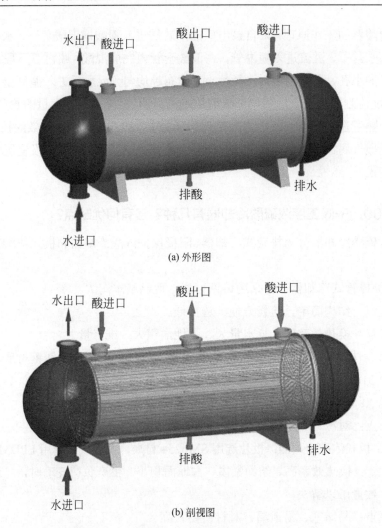

(a) 外形图

(b) 剖视图

图 4-7　单壳程双管程阳极保护结构图

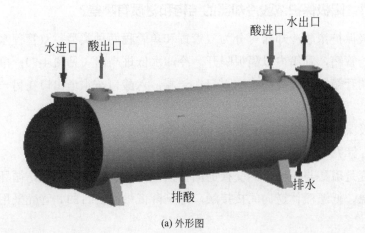

(a) 外形图

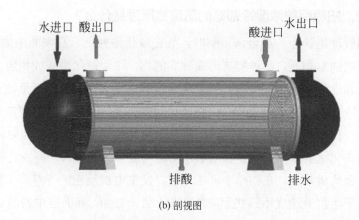

(b) 剖视图

图 4-8　单壳程单管程阳极保护结构图

锈钢材质，管板、列管和折流板用 316L 不锈钢材质，其他管件、法兰、支座采用 316L 不锈钢材质。

（2）主阴极

主阴极设置在冷却器内，轴向贯穿整个冷却器，通过酸水两侧，一般一台冷却器只设置一根，大的冷却器要设置两根或更多。主阴极分为对插式和单边插入式两种，对插式电流分布较为均匀；单边插入式阴极棒顶端电流较小，保护性能不佳。主阴极通过硫酸与阳极本体构成回路，保持阳极电位。主阴极材料有 316L 合金、哈氏合金 B_2 等，外套氟塑料的多孔套作为绝缘之用，要有一定的强度和刚度，活动自由。

（3）恒电位仪

恒电位仪是一个负反馈放大输出系统，与被保护物构成闭环调节，通过参比电极测量通电点电位，作为取样信号与控制信号的比较，实现控制。调节极化电流输出，使通电点电位得以保持在设定的控制电位上。恒电位仪主要由参比电极、控制器、供电箱等组成。参比电极由两支铂电极构成，一支起控制作用，一支起辅助监控作用。由于酸道入口酸温较高，需要的电流较大，因此控参比电极设在酸道入口端壳程中部，以便控制整台酸冷器所需电流的大小，监参比电极设在酸道出口端壳程中部，监视酸道出口处电位大小。参比电极必须浸没于酸中，要求与冷却器本体有良好的绝缘，故外包有 F_{46} 绝缘层。控制器起监测、显示和调节作用，通过调节参比电极的电位，保证恒电位控制，一般安装在操作室内。供电箱向主阴极提供所需的直流电源。

202. 阳极保护浓酸冷却器的防腐蚀原理是什么?

成相膜理论认为,当金属溶解时,处在钝化条件下,在表面生成紧密的、覆盖良好的固态物质,这种物质形成独立的相,称为钝化膜或成相膜,此膜将金属表面和溶液机械地隔离开,使金属的溶解速度大大降低,而呈钝态。阳极保护浓酸冷却器的防腐蚀过程中,将保护的金属(与硫酸接触的全部表面)接通电源正极构成阳极,使金属的自然腐蚀电位发生变化。金属作为阳极其电位向正方向变化达到阳极极化,在电解质溶液(硫酸)中置入一根或几根金属棒并接通负极构成阴极,在回路中产生电流,发生电极反应。一方面,溶解下来的金属离子因扩散速度不够快而有所积累;另一方面,界面层中的氢离子向阴极迁移,溶液中的负离子(包括 OH^-)向阳极迁移,阳极附近 OH^- 和其他负离子富集,生成溶度积较小的金属氢氧化物或某种盐类沉积在金属表面并形成一层不溶性膜,这种膜往往很疏松,它还不足以直接导致金属的钝化,而只能阻碍金属的溶解,但电极表面被它覆盖了,溶液和金属的接触面积大为缩小。为了达到钝化的效果,就要增大电极的电流密度。电流密度、电极电位和金属钝化区关系如图 4-9 所示。

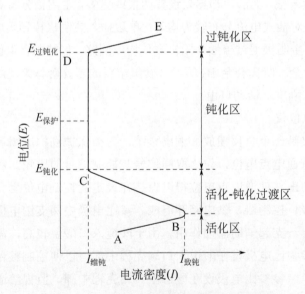

图 4-9 钝化金属阳极保护浓酸冷却器曲线

(1) 活化区 (AB 段)

施加阳极电流时,金属表面发生如下反应:

$$Fe \longrightarrow Fe^{2+} + 2e \tag{4-1}$$

此区处于活性溶解状态，且电位越高，电流密度越大，电流密度的大小反映出腐蚀的快慢，当电流超过峰值后，电流急剧下降，此点峰值称为致钝电流密度，对应的电位称为致钝电位。

（2）活化-钝化过渡区（BC 段）

金属由活化状态向钝化状态突变的过程，电流急剧下降，金属表面可能生成+2 价到+3 价的不稳定氧化物。

（3）钝化区（CD 段）

不锈钢金属元素发生氧化反应，生成高价氧化物（膜），这种氧化物溶解度很小，即腐蚀速率很低，这正是阳极保护浓酸冷却器所需要的电位控制区，对应的电流密度称为维钝电流密度。

（4）过钝化区（DE 段）

电位高于钝化区，电流又出现增大，钝化膜转化成可溶性的氧化物而遭到破坏，金属腐蚀重新加剧。

所以生产中采用恒电位仪来严格监控阳极电位，使阳极电位始终处于钝化区，达到保护阳极不被腐蚀的目的。

203. 干吸浓酸管道设备的材质有哪几种？ 各种材质性能有哪些？

干吸浓酸管道材质一般选用 316 不锈钢、316L 不锈钢或铸铁。316 不锈钢具有良好的焊接性能，可采用所有标准的焊接方法进行焊接。焊接时可根据用途，分别采用 316Cb、316L 或 309Cb 不锈钢填料棒或焊条进行焊接。为获得最佳的耐腐蚀性能，316 不锈钢的焊接断面需要进行焊后退火处理。

与 316 不锈钢对比，316L 是一种不锈钢材料牌号，其标准牌号为00Cr17Ni14Mo2，它又称钛钢、316L 精钢，属于 18-8 型奥氏体不锈钢的衍生物，其中最大碳含量为 0.03％，又添加了钼元素（2％～3％），具有较强的耐腐蚀性、耐高温、抗蠕变性。316L 不锈钢管道不仅适用于 80℃以下，在 80℃到 120℃之间其稳定性能依然较好。由于钼元素的加入使得该钢种拥有优异的抗点腐蚀能力，可以安全地应用于卤素离子及高温浓硫酸环境中。316L 不锈钢不需要进行焊后退火处理。316L 不锈钢的耐碳化物析出的性能比 316 不锈钢更好，可用于上述温度范围。

铸铁为含碳量在 2%以上的铁碳合金。工业用铸铁一般含碳量为 2.5%～3.5%。碳在铸铁中多以石墨形态存在，有时也以渗碳体形态存在。除碳外，铸铁中还含有 1%～3%的硅、锰、磷、硫等元素。合金铸铁还含有镍、铬、钼、铝、铜、硼、钒等元素。碳、硅是影响铸铁显微组织和性能的主要元素。

204．在干吸系统为什么用 316L 不锈钢管道代替铸铁管道？

（1）由于干燥酸和吸收酸都为浓硫酸，在正常温度下，铸铁管道内表面与浓硫酸发生反应形成一层钝化膜，这层钝化膜阻止了铸铁管道被浓硫酸的进一步腐蚀。但干吸工序中的干燥酸和吸收酸都是高温浓硫酸，温度越高，分子获得活化能越多，反应越容易发生，从而导致腐蚀程度加剧，铸铁无法抵抗高温浓硫酸腐蚀，而 316L 不锈钢由于钼元素的加入使得其拥有优异的抗点腐蚀能力，可以安全地应用于高温浓硫酸环境中。

（2）铸铁管道之间的连接方式为法兰连接，连接部件为螺栓及聚四氟乙烯衬垫，铸铁管道由于本身制造加工限制，一般长度为 2m 左右，这就意味着每隔 2m 左右就需要加装法兰及聚四氟乙烯衬垫，增加了硫酸泄漏的概率；另外，铸铁管由于其脆性，极易断裂，特别是在冬季开停车时，易发生铸铁管或连接法兰碎裂的情况，存在极大的安全风险，对巡检人员的安全带来极大的潜在威胁。316L 管道连接方式为焊接式连接，管道长度可以根据生产需要进行定量加工与制作，从而避免了频繁使用法兰连接口而带来的潜在漏酸危险，而且不易发生脆断，使用的安全性较铸铁管高。

基于以上两点，目前在干吸工序中采用 316L 管道代替铸铁管道。

三、工艺指标

205．专业名词解释

喷淋密度：单位截面积上的液体流量，即单位时间、单位截面积上的液体喷淋量。单位：$m^3/(m^2 \cdot s)$ 或 $m^3/(m^2 \cdot h)$。

短路：这里的短路是指流体短路，流体没有按照既定的路径流动，而是走了捷径的现象称为流体短路。制酸系统流体短路的现象有多种：转化器内催化剂层出现空洞或失活；洗涤塔因喷头堵塞等原因形成喷淋盲区；捕沫丝网因为铺设方法不同，在各块丝网连接处、丝网与塔壁结合处易形成气体短路。

酸雾：通常指雾状的酸类物质，粒径为 $0.1 \sim 10 \mu m$，具有较强的腐蚀性。

液泛：在逆流接触的气-液反应器或传质分离设备中，气体从下往上流动，液体自上而下喷淋。当气体的流速增大至某一数值，液体被气体阻拦不能向下流动，越积越多，最后从塔顶溢出的现象称为液泛。产生液泛时的气体速度或连续相速度称为液泛速度，这种操作状态称为液泛点。液泛现象常出现在吸收塔和冷却塔等填料塔中，造成液泛的原因有：吸收塔循环酸酸量过大、入塔气速超过了泛点速度、填料层堵塞或损坏等。液泛现象常常会造成雾沫夹带，液泛现象越严重夹带出的雾沫越多。

雾沫夹带：指上升气流以雾沫的形式带走液体的现象，也包括液滴被气流带出设备的现象。雾沫夹带会造成液相的返混，降低传质效率。

液膜：指以薄层存在的液体。生产中应用较广的是：沿固体壁面流动着的液膜，这种液膜与互相接触的气体或另一种与其不相溶的液体构成膜式两相流动，常出现在化工设备中，如膜式冷凝器和填料塔等设备。

稀释热：指溶液被稀释时所放出或吸收的热量。在制酸系统干吸工序中常常需要加水稀释浓硫酸以维持酸浓度，这个过程中就会放出大量的稀释热。

混合热：指多种不同的物质互相混合形成均相系统时产生的热效应。在制酸系统干吸工序串酸过程中不同浓度的硫酸混合会产生混合热。稀释浓硫酸所放出的热量要远大于不同浓度硫酸混合所放出的热量。

气蚀现象：指流体在高速流动和压力变化的条件下，与流体接触的金属表面上发生洞穴状腐蚀破坏的现象。常发生在离心泵叶片叶端的高速减压区，在此形成空穴，空穴在高压区被压破并产生冲击压力，破坏金属表面上的保护膜，而使腐蚀速度加快。

电化学腐蚀：当某种金属浸入电解质溶液中时，金属表面与溶液之间就会建立起一个电位，电化学中把这个电位称作自然腐蚀电位。不同的金属在同一种电解质溶液中的电位是不一样的。同一种金属由于其不同区域间存在着电化学不均匀性而造成不同区域间产生一定的电位差值，正是这种电位差值导致了金属在电解质溶液中的电化学腐蚀。

点蚀：在金属表面出现纵深发展的腐蚀小孔，其余区域不腐蚀或轻微腐蚀，这种腐蚀形态叫点蚀，又叫孔蚀或小孔腐蚀，是局部腐蚀的一种。金属表面钝化膜局部（如拉伤、磨损、夹杂、不均匀性）有缺陷，再钝化又受到阻止，有缺陷的区域和没缺陷的区域电位不一样，有缺陷部分成为活化的阳极，周围区域为阴极，形成闭塞电池，因阳极面积非常小，电流密度很大，在金属表面形成了点蚀核，随后溶解下来的金属离子水解生成 H^+，pH 下降，加速金属溶解，使点蚀扩大、加深、直至穿孔。

虹吸：液体从液位比较高的一端，经过高出液面的管段自动流向液位较低的另一端，这种现象称为虹吸现象，所用的管道称为虹吸管。在制酸系统中，经常发生虹吸现象，可利用虹吸原理为槽车卸酸。

如图 4-10 所示，充满液体的虹吸管之所以能够引液自流，是由于 2—3 管段中的液体借重力往下流动时，会在 2 截面处形成一定的真空，从而把 1—2 管段中的液体吸上来。在发生虹吸现象时，由于管内往外流的液体比流入管子内的液体多，两边的重力不平衡，所以液体会继续沿一个方向流动。液体流入管子里，越往上压力就越低，在 2 截面处的压强最低不能低到该液体在其温度下的饱和压强，否则液体将要汽化，破坏真空，从而也就破坏了虹吸作用。显然，虹吸管的作用高度就是由气泡的生成而决定的，允许的吸水高度可根据列出上、下游液面的伯努利方程求得。

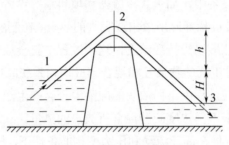

图 4-10　虹吸现象示意图

206. 干燥和吸收酸循环流程应如何选择？

干吸工序酸循环流程常用的有"泵前冷却"和"泵后冷却"两种流程，流程选定应根据装置规模的大小、产品方案、所用的原料气体、选用的设备等综合考虑。其型式及优缺点见表 4-1。

表 4-1　两种酸循环流程优缺点对比

酸循环流程	优　　点	缺　　点
塔→酸冷却器→酸循环槽→循环酸泵→塔（泵前冷却流程）	① 酸冷却器阻力由塔位差克服，位差能充分利用，循环酸泵所需扬程相对较小，故循环酸泵扬量大 ② 循环酸泵输送的是经过冷却后的酸，对酸泵腐蚀较轻	① 如在循环槽中配酸及加水，稀释热及混合热使进塔酸温升高 ② 酸冷却器设计只能采用低流速以降低阻力，传热效率较低，使冷却器面积增加；如采用高流速，则阻力大，塔平台标高要抬高
塔→酸循环槽→循环酸泵→酸冷却器→塔（泵后冷却流程）	① 酸冷却器酸的流速可选用 1m/s 以上，以提高传热效率，从而减小酸冷却器面积；阻力大的问题可由循环酸泵克服 ② 可降低干吸塔基础的高度，节约基建费用	① 酸泵输送高温酸，对阳极保护浓酸冷却器腐蚀较大 ② 不能利用塔的位差，酸冷却器的阻力全部由循环酸泵克服，在保证扬量的同时需要有足够的扬程，故对循环酸泵的要求较高

207. 烟气干燥的目的和原理是什么？

烟气干燥的目的：将净化后烟气中的水分去除，使水分含量达到控制指标。浓硫酸是理想的气体干燥剂，通过喷淋浓硫酸的干燥塔来实现干燥烟气的目的。干燥效果不好时，水蒸气就会随烟气进入后段工序，水蒸气与转化后的 SO_3 结合，在吸收过程中容易形成酸雾，造成干吸及转化工序中管道、设备的腐蚀，致使催化剂结块、活性降低、阻力加大等。同时，酸雾很难被吸收塔吸收，易导致尾气烟囱冒白烟。因此，烟气在进入转化工序前，必须保证干燥的效果。

烟气干燥的原理：经净化后的烟气中，水蒸气分压大于浓度为 92.5% 的硫酸表面水蒸气分压，因此在干燥塔中 SO_2 烟气与浓度为 92.5% 的循环酸逆流接触时，气相的水蒸气向循环酸液相扩散，被循环酸吸收。气体干燥的同时，循环酸浓度被稀释。为保证 92.5% 的最佳干燥酸浓度，必须通过将吸收酸串入干燥塔循环槽的方式来平衡干燥循环酸的浓度，以此达到最佳干燥效果。

208. 硫酸吸收 SO_3 气体的原理及其工艺过程是什么？

（1）基本原理

SO_2 转化为 SO_3 之后，气体进入吸收系统用 98.3% 浓硫酸吸收，制成合格的硫酸产品。

吸收过程为：

$$SO_3(g) + H_2O(l) = H_2SO_4(l) + 134.2kJ \qquad (4-2)$$

SO_3 的吸收实际上是从气相中分离 SO_3 分子，使之尽可能完全转化为硫酸的过程。气体中 SO_3 从气相主体中向界面扩散，穿过界面的 SO_3 在液相中向反应区扩散，与 SO_3 起反应的水分在液相主体中向反应区扩散，SO_3 和水在反应区进行化学反应生成硫酸，生成的硫酸向液相全体扩散。该过程与净化系统所述的 SO_3 反应，在机理上是不同的。采用湿法净化时，烟气中 SO_3 先形成酸雾，然后再从气相中清除酸雾。SO_3 的吸收过程是采用吸收剂——硫酸，直接将分子态 SO_3 吸收。浓硫酸吸收 SO_3 的过程是一个伴有化学反应的气液反应过程。

（2）工艺过程

SO_2 转化为 SO_3 之后进入吸收系统，利用浓硫酸（98.3%）吸收制成不同规格的硫酸产品。浓硫酸吸收 SO_3 的过程就是浓硫酸与 SO_3 气体在塔内逆流接触，硫酸中的水与 SO_3 反应生成硫酸的过程，SO_3 与硫酸中的水分结合，硫酸浓度逐渐升高，通过加水与向干燥的串酸来调节吸收酸浓度。

209. 硫酸生产中，为什么要把干燥塔和吸收塔配置在一起？

冶炼烟气经洗涤、除尘、降温、除雾后进入干燥塔除水，这一过程总体都是净化工序，故将干燥塔归入净化设备之中，但生产中把干燥塔并入干吸工序和吸收塔放一起，主要原因有以下几点：

① 便于生产操作。干燥塔利用浓硫酸吸收烟气中的水分，硫酸浓度不断降低，而吸收塔是用浓硫酸吸收烟气中的 SO_3，硫酸浓度不断升高。为了平衡干吸塔硫酸浓度，生产中需要干燥和吸收之间相互串酸。

② 便于安全管控。虽然烟气的干燥和 SO_3 的吸收是硫酸生产中两个不相连的步骤，但由于这两个步骤都是使用浓硫酸作吸收剂，采用的设备、操作方法、安全防护等方面基本相同，将两塔配置在一起，便于安全管理，降低事故风险。

③ 布局合理，结构紧凑。干吸工序所用的串酸方式是泵后串酸，即经过阳极保护浓酸冷却器降温后再串酸。要保持浓度平衡，需要频繁串酸，将两塔放在一起，可显著缩短串酸管道长度，减少动力损失，节约能源。

210. 干吸工序串酸的原因及串酸方式是什么？

（1）干吸工序串酸的原因

① 干燥塔在干燥烟气的同时，酸浓度降低，而吸收塔在吸收 SO_3 的同时酸浓度升高，为了平衡干燥酸和吸收酸浓度，需要相互串酸。

② 干燥塔在吸收烟气中水分的同时，循环槽液位上涨，吸收塔在吸收 SO_3 的同时，液位也会上涨。二吸循环槽液位通过和一吸循环槽之间的平衡管平衡。为了平衡干燥和吸收循环槽液位，需要相互串酸。系统产 93%或 98%浓度硫酸时，上涨液位应从干燥循环槽或二吸循环槽产出 H_2SO_4 来控制。

（2）干吸工序串酸的方式

① 干燥循环酸串入一吸循环槽：串酸自动阀与一吸循环槽酸浓度连锁，由干燥酸冷却器出口串至第一吸收塔循环槽内。

② 一吸循环酸串入干燥循环槽：自动串酸阀与一吸循环槽液位连锁，当液位高于连锁值时，由一吸收循环酸冷却器出口串至干燥塔循环槽。

③ 一吸与二吸循环槽设置平衡管：一吸循环槽液位低时，二吸循环槽内酸通过平衡管串入第一吸收塔。

211. 干吸岗位的控制指标有哪些？

循环酸浓度：干燥酸 93.5%~94.0%，吸收酸 98.3%~98.8%；

上酸温度：干燥酸≤50℃，一吸酸≤75℃，二吸酸≤70℃；

循环槽槽温：干燥酸≤60℃，一吸酸≤90℃，二吸酸≤85℃；

气体入塔温度：干燥酸≤37℃，一吸酸 160~190℃，二吸酸 160~190℃；

SO_2 鼓风机出口水分：≤0.25g/m³（标况）；

SO$_2$ 鼓风机出口酸雾：≤0.005g/m^3（标况）；

吸收率：≥99.99%。

212. 干吸酸浓度的控制指标是多少？为什么？

干燥酸浓度的控制指标为 93.5%～94.0%，一般根据以下三个因素来确定干燥酸浓度：

① 硫酸液面上的水蒸气分压要小，保证经干燥后的烟气含水量小于 0.25g/m^3；

② 在干燥过程中尽量少产生酸雾或不产生酸雾；

③ 对 SO$_2$ 气体溶解要少，尽量减少烟气中 SO$_2$ 的损失。

表 4-2 硫酸液面上的水蒸气分压与其浓度和温度的关系

酸浓度/%	水蒸气分压/Pa			
	40℃	60℃	80℃	100℃
90	2.933	13.332	51.966	170.65
94	0.213	1.21	5.33	20.0
96	0.040	0.253	1.27	5.33
98.3	0.400	0.027	0.160	0.80
100		0.001	0.011	0.053

从表 4-2 中可以看出：水蒸气分压越小，吸水性越强。因此硫酸浓度越高越好。

表 4-3 硫酸浓度、温度和产生的酸雾量的关系

喷淋硫酸浓度/%	酸雾含量/（g/m^3）			
	40℃	60℃	80℃	100℃
90	0.0006	0.02	0.006	0.023
95	0.003	0.011	0.033	0.115
96	0.006	0.019	0.056	0.204

从表 4-3 中可以看出：温度一定，浓度越高，硫酸蒸气含量越大，产生的酸雾就越多、越细。

在硫酸浓度超过 93%以后，温度一定，浓度越高，溶解的 SO$_2$ 越多，随干燥循环酸带出的 SO$_2$ 损失也越大。如图 4-11 所示。

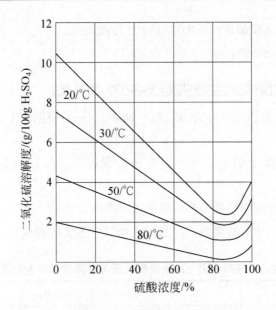

图 4-11　硫酸浓度与二氧化硫溶解度的关系曲线

综合以上三点因素，将干燥酸浓度定为 93.5%～94.0%。

吸收酸浓度控制指标为 98.3%～98.8%，一般根据两个因素来确定吸收 SO_3 烟气的硫酸浓度：①保证最高吸收率；②在吸收过程中尽量少产生酸雾或不产生酸雾。

SO_3 的吸收率与硫酸的浓度、温度的关系，如图 4-12 所示。

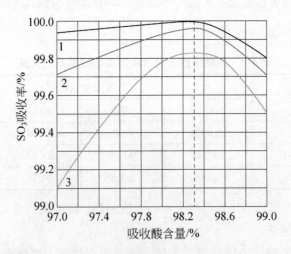

图 4-12　SO_3 的吸收率与硫酸的浓度、温度关系图

1—60℃；2—80℃；3—100℃

当酸温一定时，硫酸浓度超过或低于98.3%时，吸收率都是逐渐下降的，只有酸浓度为98.3%时，吸收率最高。

酸雾的形成主要与吸收酸温、酸浓度有关。若酸温一定时，当吸收酸浓度达到98.3%，硫酸液面上的水蒸气分压、SO_3蒸气分压都降低到很低的水平，形成的酸雾相对较少，因此，吸收酸浓度不能过低。

213. 影响干燥酸浓度的因素有哪些？

净化后的烟气进入干燥塔，经过瓷环填料层与循环酸在填料层上形成的液膜逆流接触，循环酸吸收烟气中的水分，达到烟气干燥的目的。干燥过程中，干燥酸浓度降低，通过吸收酸串酸来平衡浓度。在硫酸生产中，影响干燥酸浓度的因素主要有：

① 二段电除雾器出口烟气温度、烟气含水量。净化二段电除雾器出口烟气温度超标，烟气中饱和水蒸气增加，过多的水分被干燥酸吸收，打破了干燥酸酸浓度的平衡，导致干燥酸浓度降低。

② 干吸串酸量。干燥循环酸吸收烟气中的水分后，酸浓度逐渐降低，通过干燥、吸收酸互串来实现酸浓度的平衡，根据干燥酸实际浓度，对串酸量进行适当调节。若干燥酸浓度偏低，98%硫酸串入量太少，则应适当增加串酸量；反之，干燥酸浓度偏高，应减少98%硫酸串酸量。

③ 干燥加水量。实际操作中证明，通过加水量的增减来调节循环酸浓度是最灵敏的。但是，在干吸酸内加水会放出大量的热，使干吸循环槽温度上升过快，所以，对于指标范围内轻微的波动，宜采用串酸来调节或小幅度地调节加水量。干燥酸浓度长时间过低或过高，应检查加水阀是否失灵、加水管道有无堵塞。

④ SO_2烟气浓度。SO_2烟气浓度的高低直接影响了转化后SO_3的生成量，SO_3在吸收塔被浓硫酸吸收，吸收酸浓度升高，通过与干燥酸互串来平衡浓度。若SO_2烟气浓度过低，会使吸收后生成的H_2SO_4不足以平衡干燥塔内烟气中的水分，造成干燥酸浓度持续偏低；若SO_2烟气浓度过高，吸收酸串酸量也会增加，导致干燥酸浓度居高不下。

214. 影响吸收酸浓度的因素有哪些？

① 加水量。加水量过多，造成吸收酸浓度偏低；加水量过少造成吸收酸浓度偏高。

② 串酸量。干燥串入吸收酸量过大，会降低吸收酸浓度；串酸量过小，

会造成吸收酸浓度偏高。

③ 烟气浓度。SO_2 烟气浓度越高，转化的 SO_3 量就越大，吸收酸浓度越高；反之，吸收酸浓度越低。

215. 干吸工序循环槽温度控制指标的依据是什么？

干吸工序循环槽温控制主要考虑以下几个方面因素：

① 吸收酸温度对吸收率影响较大，温度越高越不利于吸收过程的进行，导致吸收率下降，造成 SO_3 损失；

② 酸温升高会加剧对干吸工序设备设施腐蚀；

③ 酸温过低，与 SO_3 烟气温差过大，易形成酸雾，造成尾气外观不佳。

216. 影响吸收酸温度的因素有哪些？

① 串酸过程中，不同浓度酸混合后会产生混合热，致使吸收酸温度升高；

② 吸收酸加水过程中会放出大量稀释热，如果不能及时将热量带出，会导致吸收酸温度升高；

③ 烟气中 SO_2 浓度过高，导致进入吸收塔烟气中的 SO_3 浓度过高，SO_3 生成 H_2SO_4 的反应热增加，吸收酸温度升高；反之，烟气中 SO_2 浓度偏低，则有可能导致吸收酸温度过低；

④ 浓酸冷却器出现堵塞等问题，导致换热效率降低，热量不能移出，致使吸收酸温度升高；

⑤ 循环水基础水温过高，与循环酸温差过小，浓酸冷却器换热量减少，导致吸收酸温度升高；

⑥ 余热锅炉换热效率下降，入塔烟气温度过高，导致吸收酸酸温升高；

⑦ SO_3 冷却风机故障或没有及时调整风机载荷，导致 SO_3 烟气温度偏高或偏低，进而导致吸收酸温度变化。

217. 为什么要控制进吸收塔的烟气温度？

进吸收塔烟气温度过高使吸收酸温度升高到某一数值，吸收酸中的水分蒸发为水蒸气，与硫酸液面上的 SO_3 结合形成酸雾，酸雾很难被吸收塔吸收，使吸收率下降，严重时会迫使吸收过程终止。因此，SO_3 的吸收是否完全，在很大程度上取决于吸收酸温度。温度越低，则吸收过程进行得越完全，吸收率越高。在生产中，SO_3 在塔内被吸收的过程是绝热进行的，气体带入塔内的热量、吸收过程的反应热等都使得循环酸温升高，从而引起吸收率下降。当烟气温度过高，吸收酸温度过低时，烟气与吸收酸温差大，易形成酸雾，腐蚀后续设备设施。所以，要控制进入吸收塔内的烟气温度不能过高。

降低进入吸收塔的烟气温度，一直是制酸行业努力的目标。从 SO_3 吸收的情况来看，进塔烟气温度控制的低一些对吸收率有利。但对 SO_3 烟气来讲，进塔温度又不能太低，原因有两点：①增加气体冷却设备投资，运行成本高；②当温度低于 SO_3 烟气的露点温度时，会产生酸雾，引起吸收率下降并腐蚀设备。

总的来说，为了达到较高的吸收率，必须控制进入吸收塔的烟气温度。

218. 酸温过高对设备设施有什么影响？

常温下，浓硫酸对设备腐蚀能力不强，因为金属材料在浓硫酸的作用下，其表面形成化学稳定性较强的"钝化膜"，使设备内层金属与浓硫酸隔开。但随着硫酸温度的提高，设备表层钝化膜的形成愈发困难。硫酸温度持续升高，会破坏金属表层钝化膜结构。因此，在同样硫酸浓度条件下，酸温越高，硫酸的腐蚀性越强。当干吸循环酸温超过一定温度时，浓硫酸腐蚀能力增强，设备金属层钝化膜难以形成，造成设备腐蚀破坏。因此，在实际生产中，应尽量控制干吸酸温在指标范围内。

219. 影响吸收率的因素有哪些？

（1）吸收酸浓度

吸收酸浓度主要通过控制转化烟气中的 SO_3 浓度、串酸量、加水量使其浓度保持在 98.3%。H_2SO_4 浓度为 98.3% 时，可以使气相中 SO_3 的吸收率达到最完全（见图 4-12）。

（2）吸收酸温度

吸收酸温过高，硫酸液面上硫酸蒸气分压降低，减弱了硫酸吸收 SO_3 的推动力。

（3）循环酸量

为保证吸收塔的喷淋密度，较完全地吸收 SO_3 气体，以获得较高的吸收效率，循环酸量的大小很重要。循环酸量不足，吸收塔填料的润湿率降低，传质面积减小，吸收率降低；循环酸量过大，会增加气体阻力和动力消耗，严重时还会造成气体夹带酸沫和液泛，吸收率下降。

（4）气体流速

气体在填料塔内的流动速度，用塔内未装填料的空塔速度表示，一般可达

0.5~0.9m/s。气速过高，缩短了气液接触时间，不利于 SO_3 吸收，吸收率下降。

220. 干吸循环槽液位过低或过高会产生哪些影响?

液位过低会造成:

① 上酸流量下降，循环酸泵电流波动大;

② 管道或循环酸泵内发生气蚀，造成管道振动或循环酸泵的损坏;

③ 对塔槽一体的干吸塔，液位过低会造成干吸循环槽喷酸。

液位过高会造成:

① 循环槽冒槽;

② 液位计显示错误，出现假值，无法进行正常操作。

221. 氯离子对干燥塔有什么影响?

不锈钢是钝化能力比较强的金属，一般使用于干吸设备上，在无活性阴离子的介质中，其钝化膜的溶解和修复（再钝化）处于动平衡状态。若硫酸中含有氯离子，将使平衡受到破坏，因为氯离子能在某些活性点上优先与氧原子吸附在设备金属表面上，并和金属离子结合成可溶性氯化物，形成孔径很小（约 $30\mu m$）的蚀孔核，蚀孔核可在钝化物金属的光洁表面上分布，当钝化膜局部破损，夹杂硫化物时，蚀孔核会继续增大，造成设备表面出现宏观可见的蚀孔。

干燥塔填料支撑梁、篦子板、捕沫器支撑梁均采用合金材料，捕沫器支撑骨架、管槽式分酸器均采用 316L 不锈钢材料。烟气中的氯离子在金属表面富集逐渐造成腐蚀，缩短使用寿命，严重时造成承重支撑梁断裂坍塌。

222. 造成干燥塔入口烟气水分过高的原因有哪些?

① 二段电除雾器出口温度超标，使烟气中饱和水蒸气含量增大;

② 由于净化工序为湿法净化，冷却塔收水器损坏或短路，水分随烟气进入干燥塔;

③ 冲洗电除雾器时，电除雾器出口阀未关闭或没关严，在负压作用下，冲洗水被抽入干燥塔;

④ 二段电除雾器出口负压过高，安全水封内的水被抽入干燥塔。

223. 二段电除雾器出口烟气含水高对干吸工序有什么影响?

当二段电除雾器出口烟气水分过高时，干燥酸浓度降低，酸温升高。为控制干燥酸浓度必须加大干燥与吸收之间的串酸量。串酸量越大，干吸塔上酸量就越小，干燥效率和吸收效率下降。烟气中水含量超过极限值时，干燥塔酸浓度降低到92.5%以下，过低的酸浓度加剧阳极保护浓酸冷却器、管道等设备设施腐蚀，成品酸浓度不合格。干燥效率降低，干燥后烟气水分超标形成酸雾，导致 SO_2 鼓风机叶轮腐蚀、转化器催化剂板结，对正常生产构成威胁。因此必须严格控制二段电除雾器出口烟气含水量。

224. 为什么控制干燥塔入口烟气含水量，就要控制二段电除雾器出口烟气温度？

在湿法净化流程中，烟气带入干燥塔的水分大体上等于二段电除雾器出口烟气中饱和水蒸气含量（饱和水蒸气：在一定温度下单位体积空气中最多能溶解的水蒸气的体积）。二段电除雾器出口烟气温度越高，烟气中水分的蒸发量就越多，形成的饱和水蒸气也就越多，即净化后烟气中水分含量取决于烟气温度。所以控制干燥塔入口烟气含水量就必须控制二段电除雾器出口烟气温度。

225. 浓硫酸的结晶温度是多少？冬季结晶该如何处理？

液体硫酸转变为固体硫酸时的温度称为结晶温度。结晶温度随硫酸浓度不同而变化，其变化关系是不规则的，如表4-4和图4-13所示。

表4-4 不同浓度硫酸和发烟硫酸的结晶温度

硫 酸				发 烟 硫 酸			
$c_{(H_2SO_4)}$ /%	$t_{(结晶)}$ /℃	$c_{(H_2SO_4)}$ /%	$t_{(结晶)}$ /℃	$c_{(游离 SO_3)}$ /%	$t_{(结晶)}$ /℃	$c_{(游离 SO_3)}$ /%	$t_{(结晶)}$ /℃
70.0	−42.0	92.0	−17.5	10	−1.5	26	15.5
75.0	−29.5	93.0	−27.0	15	−9.3	30	21.8
80.0	1.7	94.0	−31.9	17	−5.8	40	33.7
85.0	8.0	97.0	−7.0	18	−2.8	45	35.0
88.5	0.5	98.0	−0.7	20	2.5	50	31.7
89.0	−1.4	98.5	1.8	22	7.4	60	7.6
90.0	−5.5	99.0	4.5	24	11.9	61.8	1.0
91.0	−11.5	100	10.37	25	13.7	65	−0.35

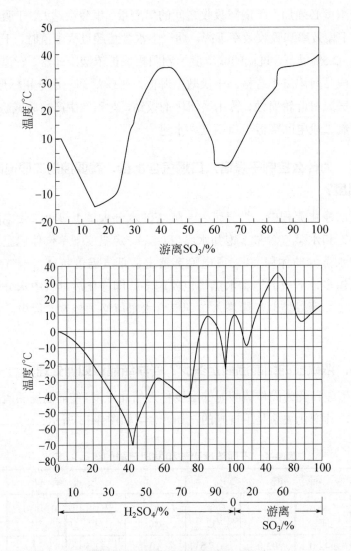

图 4-13　硫酸和发烟硫酸的结晶温度

　　93%硫酸结晶温度在-27℃，98%硫酸结晶温度是-0.7℃。为了避免在冬季出现硫酸冻结事故，应根据地区的气候条件选择合适的硫酸浓度。如我国的东北和西北等地区，冬季寒冷，若生产易冻结的98%硫酸，在其生产、贮存和运输等环节都要采取适当的防冻保温措施，避免出现管道或者硫酸库因结晶而带来的事故隐患。冬季为了防止硫酸库结晶，可在硫酸库表层加装伴热带，包裹保温棉，保温棉外部用铁皮紧固包裹。在生产或输送 98%酸时，要用 93%酸冲洗管道，冲洗完后将酸排尽。冬季停车检修时，应该将管道内余酸排尽，防止结晶胀裂管道。如果部分管道坡度不够等原因造成积酸，致使管道冻结，应加温或用蒸汽解冻。

四、日常操作

（一）工艺

226. 干燥酸浓度过低的原因及处理方法有哪些?

在制酸系统中,净化后的烟气进入干燥塔,通过瓷环填料层气液逆流接触,吸收烟气中的水分,使干燥酸浓度降低。

干燥酸浓度过低的原因:

① 二段电除雾器出口温度高,含水量大;

② 干燥加水阀失灵,加水量过多;

③ 电除雾器冲洗时出口阀没关严;

④ 吸收串干燥的串酸量较少或串酸阀故障失灵;

⑤ 浓度计故障。

处理措施:

① 反冲净化板式热交换器,增大循环水量或降低循环水温,降低净化二段电除雾器出口温度;

② 检查、处理自动加水阀;

③ 检查,关闭电除雾器出口阀;

④ 增大吸收与干燥的串酸量,处理故障阀门;

⑤ 校准浓度计。

227. 当吸收酸浓度升高或降低时,如何调节?

吸收酸浓度 98.3% 时吸收 SO_3 最充分,吸收率最高,吸收酸浓度过高或过低都会影响吸收率,影响尾气外观,需控制吸收酸浓度在 98.3%～98.8%。

吸收酸浓度偏高时的处理措施:

① 打开安全阀,降低烟气中二氧化硫浓度;

② 开大加水阀,增加加水量;

③ 加大串酸量。

吸收酸浓度偏低的处理措施:

① 联系冶炼,增加投料量,提高烟气中二氧化硫浓度;

② 关闭加水阀停止加水；

③ 减少串酸量。

228. 吸收酸浓度过低的原因及处理措施有哪些？

吸收酸浓度过低的原因：

① 加水量过大，加水自动阀故障；

② 串酸量过大，串酸阀故障；

③ 吸收循环泵故障，泵入口堵塞，上酸量不足；

④ 烟气浓度低，系统风量小；

⑤ 浓度计故障。

处理措施：

① 调整加水阀，检查、修复加水自动阀；

② 调整串酸阀，检查、修复串酸自动阀；

③ 检查、修复吸收循环泵，提高上酸量；

④ 关闭安全阀，提高烟气浓度，调整系统风量；

⑤ 检查、修复浓度计。

229. 影响干燥酸和吸收酸温度的因素及处理措施有哪些？

干燥酸和吸收酸温度过低、过高都对制酸系统产生不同程度的影响。影响干燥酸和吸收酸温度的因素有以下几种情况。

（1）阳极保护浓酸冷却器

干吸循环酸和循环水在阳极保护浓酸冷却器内间接接触，将循环酸的热量转移到循环水中，降低干吸循环酸温度。

① 循环水水质：由于循环水水质不达标，导致阳极保护浓酸冷却器水道结垢、堵塞，换热面积减小，干吸酸温度升高。

处理措施：提高循环水水质，疏通结垢水道。

② 循环水温度：循环水基础水温高，导致干吸酸酸温过高；循环水基础水温低，导致干吸酸温度过低。

处理措施：水温高，开启循环水冷却风扇；水温低，停循环水冷却风扇，循环水下塔。

③ 循环水水量：循环水水量减小，造成干吸酸酸温升高。

处理措施：检查循环水立式斜流泵、循环水管路阀门。严禁通过调节循环水量来提高酸温，循环水量过小，会导致阳极保护浓酸冷却器水道结垢。

④ 进入阳极保护浓酸冷却器的循环酸量：循环酸量过小，造成干吸酸酸温升高。

处理措施：调节阳极保护浓酸冷却器旁路管道阀门、阳极保护浓酸冷却器酸道进出口阀门、疏通阳极保护浓酸冷却器酸道。

⑤ 阳极保护浓酸冷却器水道气堵，换热效率下降，造成干吸酸酸温升高。

处理措施：打开阳极保护浓酸冷却器水道底排阀排气。

（2）入塔烟气温度

① 对干燥酸酸温的影响：进入干燥塔烟气温度过高，烟气含水量大，导致干燥酸酸温升高。

处理措施：降低入干燥塔烟气温度。

② 对吸收酸酸温的影响：进入吸收塔烟气温度过高，导致吸收酸酸温过高。

处理措施：通过余热锅炉或 SO_3 冷却风机降低进入吸收塔烟气温度。

（3）串酸、加水量

串酸、加水量过大，混合热、稀释热过多，导致干吸酸酸温过高。处理措施：根据实际情况，调节加水量和串酸量。

（4）烟气浓度

烟气浓度持续偏高，导致干吸酸酸温过高。处理措施：调节入塔 SO_2 烟气浓度。

230. 干吸酸浓度计故障原因有哪些？如何处理？

干吸循环槽的酸浓度采用浓度计测量，在循环酸泵出口管道上接流通池，流通池中安装酸浓度计探头，利用流通池前的阀门调整进入流通池的酸流量（如图 4-14）。采用在线分析干吸酸浓度高低和取样化验分析比对，检测循环酸实际浓度与在线分析是否一致。干吸酸浓度计为生产操作提供了更重要的依据，根据干吸酸浓度对生产中工艺指标、阀门开度等及时调整。

干吸酸浓度计故障原因：

① 浓度计需要在一定温度范围内工作，干吸循环槽酸温过低，超出了浓度计要求的温度范围，显示值失真；

② 干吸酸浓度超过浓度计的设定范围，使酸浓度停留在极限值上不波动；

③ 流通池前酸浓度计入口阀关闭或开度过小，浓度计不过酸或过酸量不足，监测值偏差大；

④ 浓度计失灵。

处理措施：

① 提高干吸循环槽酸温至浓度计所需温度范围；

② 通过串酸或加水，调节干吸酸浓度到浓度计的设定范围；

③ 检查、调节干吸循环酸浓度计入口阀的开度；

④ 处理浓度计。

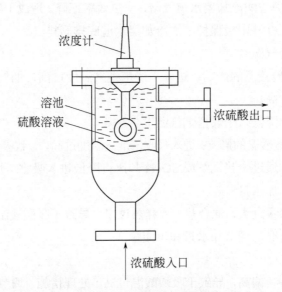

图 4-14　浓度计结构示意图

231. 生产发烟硫酸过程中提酸浓度和降酸浓度都是一个缓慢的过程，操作过程中需要注意什么？

生产标准发烟硫酸，经过第一次转化的烟气依次经过两个吸收塔，即104.5%发烟硫酸吸收塔和 98.3%硫酸中间吸收塔，两塔之间设有转化烟气副线，副线上用蝶阀调节两塔转化烟气进入量。生产发烟硫酸提酸浓度和降酸浓度过程比较缓慢，如果操作不合理，会导致酸浓度不合格、尾气冒大烟，因此操作要细要稳。

提高酸浓度时，缓慢地将进入 104.5% 发烟硫酸吸收塔的烟气阀开大，使104.5%发烟硫酸吸收塔吸收的 SO_3 增多，酸浓度就会提高；同时停止向 104.5%发烟硫酸吸收塔循环槽加水；停止向 104.5%发烟硫酸吸收塔的所有串酸。

降低酸浓度时，串入 98.3%浓硫酸逐渐降低发烟酸浓度，并逐渐关小进入104.5%发烟硫酸吸收塔的烟气阀，当浓度降至99%时，恢复正常串酸及加水。发烟酸浓度高，遇水会喷溅，并放出大量的热，所以不能加水或加入含水量大的硫酸。

232. 降低发烟硫酸浓度为什么用 98%、93%硫酸串酸，而不用加水？

由于发烟硫酸浓度较高，采用 98%、93%硫酸串酸降低酸浓度，产生的混合热较小，对循环酸温影响不大。而采用加水降低酸浓度，发烟硫酸遇水会喷溅，并放出大量的稀释热，导致循环酸温过高，并形成大量酸雾，对管道和设备的腐蚀加剧，酸雾进入转化器使催化剂中毒结块、气路阻力增大、转化率下降，所以不能采用加水的方法来降低发烟硫酸浓度。

233. 生产发烟硫酸时注意事项有哪些？

发烟硫酸即 SO_3 的硫酸溶液，分子式：$H_2SO_4 \cdot xSO_3$，是一种无色或微有颜色的稠厚液体，当它暴露于空气中，挥发出窒息性的 SO_3 烟雾，所以称之为发烟硫酸。

发烟硫酸生产注意事项：

① 发烟酸凝固点高，因此在西北地区只能在 5～10 月进行生产，10 月以后需将储罐内发烟硫酸排完，并用 93%硫酸冲洗管道及储罐；

② 生产发烟硫酸时，禁止向 104.5%发烟硫酸吸收塔内加水，取样时必须放下防护面屏；

③ 严禁在生产发烟硫酸时，发烟硫酸浓度长时间超过浓度计量程；

④ 发烟硫酸生产完毕后，降低 104.5%发烟硫酸吸收塔循环槽浓度时，需确保第二吸收塔酸浓度不得超过 99.5%，否则将导致尾气冒大烟；

⑤ 高浓度发烟硫酸挥发性强，游离的 SO_3 挥发到环境中，会造成严重的污染，对人体健康以及相关设备危害极大。

234. 如何判断发烟硫酸浓度是否合格？

发烟硫酸溶解有 SO_3，置于空气中能自动从液面上冒出白色烟雾。通常品种有含 20%和 65%游离 SO_3 两种，以 20%最为常见。其密度 1.902g/cm³，沸点 141.1℃，凝固点 2.5℃，有强烈的脱水作用和磺化作用。

判断发烟硫酸浓度是否合格的方法：

① 观察浓度计显示是否合格；

② 取样送检，检测是否合格；

③ 将发烟酸样本置于空气中，观察液面上酸雾情况。

235. 尾气外观与干燥、吸收酸有何关系？

① 干燥酸浓度过高或过低，干燥效果不好，烟气中含水量大，与 SO_3 烟气形成小颗粒酸雾，尾气外观呈白烟，白色的烟气向高而远的方向飘动，最终消失；

② 吸收酸浓度过高，吸收效果不好，尾气中 SO_3 含量高，排出烟囱后与空气中的水分结合，形成颗粒较大的酸雾，尾气外观较深较浓，出现翻滚现象，随着与烟囱口距离增大逐步变白、变淡而消失；

③ 入塔烟气温度与循环酸温差过大（不超过 120℃为宜），在吸收塔形成酸雾，尾气外观呈白色，随着与烟囱口距离增大而变淡消失。

（二）干吸塔

236. 干燥循环槽液位上升过快的原因是什么？如何处理？

干燥循环槽液位上升过快，造成循环槽冒槽，影响正常生产。

干燥循环槽液位上升过快的原因：

① 干燥循环酸泵损坏或跳车；

② 吸收串干燥的串酸自动阀失灵；

③ SO_2 鼓风机提量过快，一吸、二吸上涨液位串到干燥循环槽；

④ 产 93%酸时，产酸自动阀故障或产酸手动阀开度过小；

⑤ 干燥循环槽液位计失灵。

处理措施：

① 联系冶炼减少投料量，同时 SO_2 鼓风机缩量，烟气改入其他系统，10min 内未处理好，停 SO_2 鼓风机，孤立转化器；

② 现场调节串酸手动阀，处理串酸自动阀；

③ 按要求缓慢调整风量；

④ 开大产酸旁路阀并检查、处理产酸自动阀；

⑤ 处理干燥循环槽液位计。

237. 干燥循环槽液位下降过快的原因是什么？如何处理？

干燥循环槽液位下降过快，会损坏干燥循环酸泵，引起干燥泵跳车。

干燥循环槽液位下降的主要原因：

① 干燥串吸收自动串酸阀失灵，大量的干燥酸串入吸收；

② 干燥串酸、上酸管道泄漏；

③ 干燥循环槽底排阀、干燥循环槽溢流阀、阳极保护浓酸冷却器底排阀未关严或内漏；

④ 93%产酸自动阀失灵；

⑤ 干燥循环槽液位计失灵。

处理措施：

① 调节串酸手动阀，处理干燥串吸收串酸自动阀；

② 系统孤立，停 SO_2 鼓风机，停干燥循环泵，处理泄漏管道；

③ 完全关闭底排阀、溢流阀，处理内漏阀门；

④ 处理 93%产酸自动阀，关小产酸手动阀；

⑤ 处理干燥循环槽液位计。

238. 吸收循环槽液位下降过快的原因是什么？如何处理？

吸收循环槽液位下降过快，处理不及时，造成吸收循环酸泵损坏，影响上酸量、烟气吸收效率，严重时造成吸收循环槽喷酸。

循环槽液位下降的原因：

① SO_2 鼓风机缩量过快；

② 吸收串酸、上酸管道泄漏；

③ 吸收循环槽底排阀、吸收循环槽溢流阀、阳极保护浓酸冷却器底排阀未关严或内漏；

④ 吸收串干燥自动阀失灵；

⑤ 98%产酸自动阀失灵。

处理措施：

① 缓慢调整 SO_2 鼓风机风量；

② 系统孤立，停吸收循环泵，处理泄漏管道；

③ 完全关闭底排阀、溢流阀，处理内漏阀门；

④ 调节串酸手动阀，处理吸收串干燥串酸自动阀；

⑤ 处理 98%产酸自动阀，关小产酸手动阀。

239. 塔槽一体的干吸塔，SO_2 鼓风机提缩量对干吸液位有什么影响？

干吸塔采用塔槽一体化结构，干吸塔与干吸循环槽由"马鞍"通道相连。干燥塔配置在 SO_2 鼓风机前端，塔内为负压，吸收塔配置在 SO_2 鼓风机后端，塔内为正压。

SO_2 鼓风机提量时，造成干燥塔负压上升，干燥塔回流至循环槽的酸量减小，干燥循环槽液位下降；吸收塔正压上升，吸收塔回流至循环槽的酸量增大，吸收循环槽液位上涨。

SO₂鼓风机缩量时，造成干燥塔负压下降，干燥塔回流至循环槽的酸量增大，干燥循环槽液位上升；吸收塔正压下降，吸收塔回流至循环槽的酸量减小，吸收循环槽液位下降。

240. 干吸工序第二吸收塔出口压力持续上涨的原因是什么？

在双转双吸制酸系统，二次吸收后的烟气进入尾吸塔，尾吸处理后达标排放。第二吸收塔出口压力持续上涨，会造成二吸循环槽喷酸、SO₂鼓风机出口压力骤增、SO₂鼓风机跳车等现象，造成二吸出口压力持续上涨的原因及处理方法如表4-5。

表4-5 干吸工序第二吸收塔出口压力持续上涨的原因及处理措施

序号	主要原因	处理方法
1	尾吸塔内尾吸循环液结晶，堵塞填料、捕沫器	加水稀释、置换，降低循环液浓度，必要时系统停车处理
2	尾吸塔入口烟气阀门关闭	打开尾吸塔入口烟气阀门
3	尾吸塔内循环液液位过高，形成液封，堵塞烟道	打开底排阀，降低液位
4	压力表失灵	处理压力表

241. 干吸塔压损增大是什么原因？如何处理？

干吸塔压损：干吸塔入口和出口间的压力差。干吸塔压损随着系统风量变化而有规律的变化。

干吸塔压损增大的原因：

① 烟气中含氟高，干吸塔内瓷环粉化坍塌，堵塞气路，压损增大；

② 干吸塔内瓷环积泥严重，气路不畅；

③ 循环酸上塔酸量过大；

④ 干吸塔内捕沫器堵塞，气路不畅。

处理措施：

① 净化工序加入钠水玻璃，降低烟气中氟含量，更换粉化的瓷环；

② 清洗瓷环，回装填料；

③ 调整循环酸上酸量；

④ 清洗捕沫器。

242. 干吸工序串酸自动阀失灵的应急措施有哪些?

干吸工序根据干燥、吸收酸浓度、液位控制指标,自动调节串酸自动阀。串酸自动阀门失灵,造成干吸循环槽异常串酸,干吸酸浓度、液位失控,干燥、吸收效率下降,尾气外观不佳。

应急措施:打开串酸旁路阀,密切关注浓度、液位变化及时调整,处理故障阀门。

243. 硫酸生产过程中为什么要控制干燥、吸收循环酸量? 有哪些注意事项?

生产过程中严格控制干吸循环酸量的原因:

① 循环酸量过小,烟气不能与循环酸充分接触,干燥、吸收效果下降,并且容易造成酸雾夹带增加。

② 循环酸量过大,烟气阻力增加,造成塔内窝酸,形成液泛。

注意事项:

① 检查循环酸泵运行状况,确保正常运行;

② 调整循环酸泵变频,保证上酸管压力至正常范围;

③ 稳定串酸量;

④ 保证循环槽液位在控制指标范围之内。

244. 干吸捕沫器捕沫效率下降的原因有哪些? 对系统有何影响?

干吸捕沫器捕沫效率下降的原因:

① 气量过大将捕沫器吹开,捕沫层出现空洞;

② 沉积在捕沫器上的酸沫和酸泥将其堵塞。

干吸捕沫器捕沫效率下降对系统的影响:

① 干燥塔捕沫器效率下降,酸雾、酸沫随着烟气进入 SO_2 鼓风机、外部热量交换器、转化器等设备,导致 SO_2 鼓风机叶轮、外部热量交换器列管腐蚀,转化器一段催化剂结块;

② 第一吸收塔捕沫器效率下降,酸雾、酸沫随着烟气进入转化器二段,导致催化剂结块、外部热量交换器列管腐蚀;

③ 第二吸收塔捕沫器效率下降,酸雾、酸沫进入尾吸工序,造成耗碱量增加,尾气外观不佳。

245. 捕沫器故障的处理措施有哪些？

（1）捕沫器堵塞

打开人孔检查捕沫器情况，积泥严重需要对捕沫器进行拆装冲洗。拆装时，现场接应急水源，员工须穿戴好防酸服、防酸手套、安全帽、防毒口罩等劳动防护用品，通过人孔进入捕沫层，拆除捕沫器上的压板，掏出捕沫丝网并冲洗干净，将捕沫丝网晾干后重新装填，回装时均匀铺设于篦子板上，安装完成后用镍络丝将单块捕沫丝网元件连接成一个整体，将捕沫元件接缝、捕沫器与塔的空隙用丝网填充、绑扎，再将压板压于捕沫丝网之上并绑扎。

（2）捕沫器吹开

捕沫器吹开指捕沫器出现短路现象。停产后，开人孔，现场接应急水源，员工穿戴好劳动防护用品，进入捕沫层，将吹开的捕沫元件重新摆放用镍络丝紧固，空隙用丝网填充、绑扎，再将压板压于捕沫丝网之上并绑扎。

246. 分酸器常见的故障及处理措施有哪些？

干吸塔分酸装置，采用管式分酸器或管槽式分酸器。分酸器故障，导致分酸不均匀，干燥、吸收率下降，对系统产生不利影响。

分酸器常见故障：

① 分酸嘴堵塞或脱落；

② 分酸管、法兰泄漏；

③ 分酸管堵塞；

④ 槽式分酸器水平度不够。

处理措施：

① 拆出分酸管，疏通分酸嘴，焊接脱落分酸嘴；

② 更换泄漏分酸管，紧固泄漏法兰；

③ 疏通分酸管；

④ 调整槽式分酸器水平度。

247. 干吸塔填料的选择应从哪几方面考虑？装填原则是什么？

填料选择从以下方面考虑：

① 通气量大，压降小，在一定的喷淋密度下，泛点气速高；

② 传质系数高，传质性能好，效率高；

③ 操作弹性大，性能稳定，能适应操作条件的变化；

④ 抗污抗堵性能好；

⑤ 最低湿润率小，强度大，破损小；

⑥ 价格低廉，来源容易。

装填原则：干吸塔填料装填分整砌和乱堆，不同规格填料按规格大小依次从下至上分层填装。整砌时，上下层必须交错排列而不能同中心排列，同一层瓷环必须相互挤紧，避免松动，以保证气体在狭窄的通道沿瓷环表面曲折上升；瓷环乱堆时必须均匀，瓷环倒入塔内要轻，以防破损，避免在同一截面上阻力不均。

248．干燥塔内瓷环粉化的原因是什么？

冶炼烟气中含有一定量 F^-，在净化工序生成 HF。干燥塔内瓷环主要成分为 SiO_2，SiO_2 亲氟性强，烟气中的 HF 对干燥塔内瓷环危害极大，HF 与 SiO_2 反应生成 SiF_4：

$$SiO_2+4HF \longrightarrow SiF_4+2H_2O \qquad （4-3）$$

HF 腐蚀塔内瓷环，使瓷环粉化，甚至坍塌，造成填料层窝酸，填料层阻力增大，干燥效率下降。干燥塔瓷环粉化如图 4-15 所示。

图 4-15　干燥塔瓷环粉化图

249．干吸循环槽为什么安装混酸器？

干吸工序加水通常采用两种方式：一种是直接加水，将循环水或新水直接加入干吸循环槽；另一种是将酸和水按一定比例在混酸器中混合，加入干吸循环槽。

直接加水方式结构、工艺配置简单，但其弊端很多，主要表现为：

① 加水集中，局部高热沸腾，产生大量酸雾，造成循环槽盖及连接管道腐蚀；

② 酸雾及蒸汽造成液位计失灵，系统误操作；

③ 酸雾及蒸汽被带入循环槽脱气管，造成脱气管腐蚀；

④ 酸、水混合不均匀，产生稀酸与浓酸分层，密度较小的稀酸在上层，使接触这部分稀酸的循环槽壁及泵出口管道等腐蚀；

⑤ 加水管道使用寿命短。

用混酸器（见图4-16）加水可以避免以上问题，干吸混酸器主要由加水管、混酸器套管和混酸器进酸管组成，混酸器的材质是 316 不锈钢内衬聚四氟乙烯。混酸器安装在干吸塔的回流管道上，酸水混合快速均匀，且混合后酸浓、酸温波动较小，对管道设备腐蚀较小。酸水比例需要根据酸浓度的高低和进混酸器的酸量来调节控制（＞20:1），混酸器入口酸道阀门开度不小于50%为宜，阀门过小酸、水混合后浓度低，造成局部腐蚀，阀门开度过大影响干吸泵上酸量，降低干吸效率。

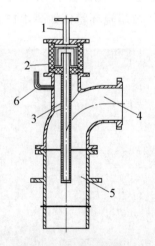

图 4-16　混酸器结构图

1—加水管接口；2—水封罩；3—喷淋管；4—进酸弯头；5—混酸套管；6—脱气管

250. 干吸循环槽脱气管的作用及原因是什么？

干吸在加水、串酸的过程中，由于酸水混合会放出大量的稀释热和混合热，在高温状态下生成水蒸气、酸雾混合物。混合物从循环槽底溢至液面时间较短，酸雾不能被干吸酸吸收，游离于循环酸液面上，腐蚀循环槽盖及浓酸管道，泄漏至空气中，造成现场空气质量差。

在干吸循环槽上加装脱气管，接入干燥塔入口，利用干燥塔入口负压，将这些酸雾快速带出循环槽，抽到干燥塔中。脱气管的材质为耐腐蚀 CPVC 材料。

通过各循环槽脱气管阀门调节负压，避免距离干燥塔较近的循环槽内负压较大，而距离较远的第一吸收塔循环槽内却没有负压，确保各循环槽酸雾有效脱除。

251. 93%成品酸脱气塔的作用是什么？

含有水分的高浓度 SO_2 烟气进入干燥塔内经 93%酸干燥后，部分 SO_2 溶解于干燥酸中，主要原因如下：

① 在一定浓度硫酸中，SO_2 溶解度随温度升高而降低，干燥塔中烟气 SO_2 浓度较高，酸温较低，利于 SO_2 在酸中的溶解（相对于98%吸收酸）。

② 常温常压下，SO_2 在水中溶解度为 1 体积水溶解 40 体积 SO_2，溶解过程主要发生如下可逆反应：

$$H_2O + SO_2 \Longleftrightarrow H_2SO_3 \tag{4-4}$$

反应生成的亚硫酸（H_2SO_3）不稳定，受热易分解，未分解的亚硫酸溶于干燥酸中。

93%成品酸从干燥循环槽内产出，由于干燥酸中溶解了 H_2SO_3 和 SO_2，影响成品酸质量。溶解于成品酸中的 SO_2 由于温度和压力变化逐步逸出，污染环境，故在 93%产酸阀后加装脱气塔。

93%成品酸由产酸阀进入脱气塔顶部分酸器，经过填料层延长滞留时间，加快气液分离使 SO_2 逸出。脱气塔的脱气管接至干燥塔入口，通过干燥塔负压脱出成品酸中 SO_2。脱气后的成品酸在重力作用下，流入地下槽。

252. 干吸浓酸取样器的结构是什么？

取样器主要由取样器本体、上盖、聚四氟乙烯孔板及进出口法兰组成。取样器本体及接管材质为 316L，内衬聚四氟乙烯。从浓酸泵出口管道上引出一根和浓酸取样器配套的支管，并与浓酸取样器相接，将浓酸取样器的底部与循环槽配置的法兰连接，浓酸从进口流至取样器内部，巡检人员需揭开取样器上盖，在取样器进口取样即可。

取样器结构如图 4-17 所示。

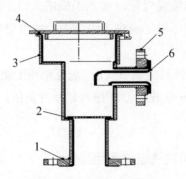

图 4-17 取样器结构图

1—出口法兰；2—聚四氟乙烯孔板；3—取样器本体；4—取样器上盖；

5—进口法兰；6—聚四氟乙烯进口管

253. 干吸循环槽取样器腐蚀的原因是什么？

为了准确监测干吸酸浓度，采用在线分析和取样化验同时进行的方式。为方便巡检人员取样，特别设置干吸循环槽取样器。

干吸循环槽取样器腐蚀的原因：

① 浓硫酸具有吸水性，干吸酸喷溅在取样器内壁上，取样器密封不严，吸收空气中的水分被稀释，腐蚀性增强，造成取样器腐蚀；

② 硫酸由泵出口带至取样器，造成冲刷腐蚀。

254. 第一、二吸收塔上酸管配置逆止阀的作用是什么？

逆止阀只允许介质向一个方向流动，阻止介质反方向流动。通常这种阀门是自动工作的，在一个方向流动的流体压力作用下，阀瓣打开；流体反方向流动时，因流体压力和阀瓣的自重阀瓣关闭，从而切断流体流动。

安装逆止阀的作用：

① 在停吸收塔循环酸泵时，防止大量酸倒流冲击泵的叶轮，叶轮倒转，使叶轮备帽松动或脱落，导致泵体损坏或叶轮脱落；

② 在停吸收塔循环酸泵时，防止酸突然回流，阳极保护浓酸冷却器受到冲击而损坏；

③ 在一吸或二吸循环酸泵单泵跳车时，因逆止阀可以防止上酸管中酸的倒流，可由一台泵带动两塔的喷淋运行，避免尾气冒大烟，实现工业生产中俗称的"一托二"，逆止阀安装位置如图 4-18 所示。

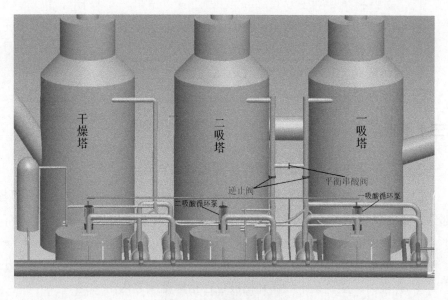

图 4-18　逆止阀安装位置图

255. 干吸工序产酸和返酸时的注意事项是什么?

制酸系统产酸由干吸循环槽产入干吸地下槽（93%酸由干燥循环槽产出，98%酸由吸收循环槽产出），通过地下槽泵输送到相应浓度的硫酸储罐。当干吸循环槽液位低或浓度不合格时，需要从硫酸储罐返98%酸注入干吸循环槽提高浓度和液位。在此过程中要注意以下事项:

① 检查管道阀门有无泄漏，确认相关阀门状态，避免由于阀门开关错误而使循环槽冒槽或将酸打到别处;

② 通知相关岗位人员注意观察和控制液位及返送酸量;

③ 入库酸浓度和大库原装酸浓度相符;

④ 注意在操作过程中劳保用品穿戴齐全。

256. 干吸工序突然失电，应采取哪些应急措施?

① 联系冶炼停止送烟气;

② SO_2 鼓风机快速降负荷，烟气量降至最低（SO_2 鼓风机前导向归零）;

③ 联系电工检查电源，查找断电具体原因，迅速排查故障;

④ 现场关闭干吸工序串酸阀、产酸阀、加水阀;

⑤ 若十分钟内干燥泵无法开启，停 SO_2 鼓风机;

⑥ 打开回流阀，安全阀，关闭电除雾器进出口阀门，转化器孤立保温;

⑦ 失电后干吸循环槽冒槽，清理现场;

⑧ 供电正常后，按步骤开启各循环酸泵；

⑨ 循环酸泵运行正常后，联系冶炼吹送烟气；

⑩ 将串酸阀、加水阀、产酸阀逐步调节至正常；

⑪ 系统恢复正常生产。

（三）干吸泵

257. 干吸循环酸泵启动操作步骤是什么？

① 开车前，应检查与泵连接的管道、设备是否完好，检查法兰、泵机械部件、安全装置是否良好齐全，盘车两圈以上应无阻碍。

② 检查所有阀门及法兰并用塑料布包好。

③ 确认循环水立式斜流泵开启，浓酸冷却器水道、酸道进出口阀门全开。

④ 开泵前，应确认干吸循环槽液位在指标范围之内。

⑤ 给浓酸冷却器送电，现场打开恒电位仪运行开关。

⑥ 开泵前应确认以下阀门处于打开或关闭状态。

a. 循环槽、浓酸冷却器、管道各底排阀全关；

b. 产酸阀、加水阀、串酸阀及浓度计取样阀全关；

c. 干吸泵出口管道阀门全开。

⑦ 将干吸泵电动机的变频降至最低。

⑧ 联系电工送电。

⑨ 现场启动电动机。

⑩ 调节变频器，匀速缓慢调节至 42～45Hz。

⑪ 循环酸泵正常运行后，观察运行电流及循环槽液位在规定值。

258. 干吸循环泵停车操作步骤是什么？

① 关闭手动串酸阀、加水阀、产酸阀；

② 循环酸泵变频器频率调至 30Hz；

③ 适度降低循环槽液位，确保停泵后，塔内回酸流至循环槽不冒槽；

④ 现场按泵的"停止"按钮；

⑤ 联系电工切断泵电源，挂警示牌；

⑥ 停泵期间，要定时盘车，为再次开泵做好准备。

259. 干吸塔检修后循环酸置换的目的是什么？

在干吸塔检修过程中，掏、装瓷环时，易造成瓷环破损产生大量碎渣和瓷粉。投产后，瓷渣和瓷粉进入循环酸中，堵塞分酸器分酸嘴，使成品酸呈乳白色，影响成品酸质量。所以检修后需置换干吸塔循环酸。

置换过程：从酸库返酸到循环槽，开启浓酸循环泵试泵，观察泵的运行情况；将塔内填料瓷环进行一次清洗，将清洗后的酸排出，再注入洁净的酸，开车运行。

260. 干吸泵振动大的原因是什么？如何处理？

干吸泵是制酸系统稳定运行的关键设备，主要承担着干吸三塔上酸输送的作用。干吸泵振动的原因及处理措施见表 4-6。

表 4-6　干吸泵振动的原因及处理措施

序号	原　　因	处　理　措　施
1	泵发生气蚀	补充循环槽液位至指标控制范围内，停泵重新启动
2	叶轮不平衡	叶轮校正静平衡
3	泵轴与电动机轴不同心	校正泵轴与电动机轴的同轴度
4	地脚螺栓松动	紧固地脚螺栓
5	支撑管道的支架不稳固	检查支撑管道支架，将管道支架重新加固稳定

261. 干吸泵上酸量降低是何原因？

在日常操作中干吸酸泵上酸量降低的原因有：

① 塔或循环槽内耐酸砖脱落堵塞泵入口；

② 循环酸泵叶轮脱落，酸泵运行异常；

③ 循环酸泵电动机的变频太低；

④ 泵的出液管泄漏或断裂；

⑤ 干燥和吸收之间串酸量过大；

⑥ 在开泵时，干吸循环槽液位太低，发生气蚀现象；

⑦ 上酸流量监测点损坏失灵。

262. 干燥泵跳车后为什么必须停 SO_2 鼓风机？

干燥泵跳车以后，烟气无法干燥，水分不能除去，大量含水高的烟气带入 SO_2 鼓风机造成 SO_2 鼓风机叶轮的腐蚀；含有大量水分的烟气进入转化工序，会造成烟道阀门积酸，转化器内催化剂板结；大量水高的烟气进入吸收，在吸收塔内生成大量酸雾，此部分酸雾不易被捕沫器除去，绝大部分将随尾气排出，影响尾气外观，因此干燥泵跳车后必须停 SO_2 鼓风机。

263. 干吸串酸自动阀前后加手动阀和旁路阀的意义是什么？

干吸工序根据干燥、吸收酸浓度指标要求，自动串酸阀设置在自动状态调节干燥、吸收酸浓度及循环槽液位。在串酸自动阀前后加装手动阀的作用主要是当自动阀失灵，需要检修处理时，可关闭自动阀前端手动阀对自动阀进行检修处理；加装旁路阀的作用是当自动阀故障时，临时开手动阀串酸。

264. 一吸和二吸产98%酸的区别是什么？

硫酸生产一般采用双转双吸工艺流程，第一吸收塔和第二吸收塔都用98%酸吸收烟气中的SO_3，第一吸收塔和第二吸收塔都可生产98%酸，但生产是有区别的。

（1）第一吸收塔生产98%酸

① 进入第一吸收塔 SO_3 烟气温度较高，SO_3 吸收过程中放出大量的热，导致一吸酸温偏高，浓酸冷却器冷却效果恒定，产98%酸时可以将部分热量带入成品酸，通过成品酸冷却器降温。

② 进入第一吸收塔 SO_3 烟气含量高（约 90%），第一吸收塔吸收反应产生大量的酸，直接从第一吸收塔产酸。

③ SO_3 与水反应过程硫酸浓度升高，为了平衡酸浓度，93%酸串第一吸收塔，酸浓度波动大，最终导致98%成品酸浓度波动大。

（2）第二吸收塔生产98%酸

进入第二吸收塔 SO_3 烟气含量低（约10%），第二吸收塔吸收反应产酸量少，更多的成品酸是第一吸收塔酸通过平衡管串入第二吸收塔而得到的混合酸，酸浓度波动小。

265. 引起地下槽泵流量下降的因素有哪些？如何处理？

干吸系统在生产时，系统产出的酸流入地下槽，由地下槽泵将产酸降温（板式热交换器）入库。操作时要注意地下槽泵的上酸流量，避免因地下槽泵上酸流量下降，而导致地下槽酸液位上涨，造成地下槽冒槽。引起地下槽泵流量下降的因素表现在以下几方面。

① 地下槽酸泵叶轮腐蚀导致酸泵运行异常，流量下降。处理措施：检修酸泵叶轮。

② 地下槽泵出口回流自动阀故障，引起流量下降，有以下两种情况：

a. 地下槽液位高，自动回流阀因故障，无法自动关闭。处理措施：检修自动回流阀。

b. 地下槽液位低，自动回流阀因故障，无法自动打开，地下槽液位持续降低，导致地下槽泵气蚀，流量下降。处理措施：停泵排气，检修自动回流泵。

③ 板式换热器酸道堵塞，导致流量下降。处理措施：疏通板式换热器酸道。

④ 酸泵上酸流量计失灵。处理措施：修理流量计。

266. 产酸时地下槽泵跳车如何处理？

生产过程中，地下槽泵跳车，首先开启备用泵，若备用泵无法开启，SO_2鼓风机缩量，降低干吸循环槽液位，关闭产酸阀。如果备用泵故障，针对以下两种情况采取相应处理措施。

（1）产酸浓度为93%时

如果干燥泵扬程高，可直接用干燥泵将成品酸入库，短路地下槽，但因脱气塔不是压力设备，导致脱气塔喷酸，因此产酸要断开脱气塔、计量槽进出口阀，关闭干吸循环槽溢流阀，成品酸直接产入成品酸库；如果干燥泵扬程不够，产酸先入酸库地下槽，再利用酸库地下槽泵，成品酸入库。

（2）产酸浓度为98%时

成品酸不经过脱气塔，直接利用吸收循环酸泵将成品酸入库；吸收泵扬程不够时，将产酸先入酸库地下槽，再利用酸库地下槽泵，成品酸入库。

（四）阳极保护浓酸冷却器

267. 阳极保护浓酸冷却器在制酸系统中的作用是什么？

阳极保护浓酸冷却器在硫酸生产系统中主要是对浓酸降温，将酸温控制在指标控制范围内，提高浓酸的干燥率和吸收率。浓硫酸吸收 SO_3 高温烟气时高温烟气的热量转移至浓硫酸，酸温升高；SO_3 与水反应生成硫酸的过程是放热反应，也产生一部分热量，酸中热量移除主要靠阳极保护浓酸冷却器，阳极保护浓酸冷却器在干吸工序起到转移热量的桥梁作用，浓酸与循环水在阳极保护浓酸冷却器间接换热，将酸中的热量转移循环水中，最终热量从循环水冷却塔移出，确保干吸酸温指标在控制范围内。

268. 阳极保护浓酸冷却器水道物理清洗和化学清洗的区别是什么？

阳极保护浓酸冷却器在长期使用过程中，水道结垢、堵塞，冷却器换热效率下降，酸温难以控制，影响正常生产。高温酸加剧设备腐蚀，缩短其使用寿命。因此必须对阳极保护水道定期疏通或清洗，常用的方法有化学清洗和物理清洗。化学清洗使用一定浓度的工业硝酸配合缓蚀剂进行清洗；物理清洗使用高压水枪或吹氧管疏通。两种方法各有优缺点。

1）物理清洗：对局部堵塞的换热管可以疏通，但对换热管造成一定程度的损伤、对水道结垢清洗不完全；需要逐根清洗，操作时间长，劳动强度大。

2）化学清洗：清洗彻底、方法简便、操作时间短；但对操作、试剂配比要求高，对堵塞的管道无法清洗。

269. 阳极保护浓酸冷却器酸道加旁通管的目的是什么？

浓酸冷却器的作用是将循环槽酸中富裕的热量由循环水移走，达到控制酸温。系统开车初期，酸温低，吸收效率低，部分酸雾带入尾气吸收系统，导致尾气冒白烟。为了快速提高酸温，提高吸收率，通过浓酸冷却器的旁通管将一部分酸短路，达到快速提高酸温的目的。不宜采用关小浓酸冷却器循环水水道阀门的方式来提高酸温，水道循环水量降低，易造成浓酸冷却器水道结垢。生产过程中，烟气浓度低、气量小的情况下，吸收酸温低也可通过浓酸冷却器酸道旁通管来提高酸温。

270. 循环水水质主要控制指标有哪些？对酸冷却器有何影响？

（1）循环水水质指标

外状	无色、无嗅、澄清	化学耗氧量	<2mg/L
悬浮物	<5mg/L	总铁	<0.3mg/L
游离氯	<0.1mg/L	总硬度	≤10mmol/L

（2）对酸冷却器的影响

① 悬浮物超标有可能导致酸冷却器堵塞或酸冷却器结垢；

② 氯离子一般是点蚀的"激发剂"，因为它与金属离子的结合键较强，且氯离子半径较小，会形成强酸溶解钝化膜，引发点蚀，因此氯离子超标会加速浓酸冷却器换热管的腐蚀；

③ 如果循环水中钙镁离子含量过高（即总硬度过高），换热水道容易结垢。

271. 阳极保护浓酸冷却器操作的注意事项有哪些？

① 定时记录阳极保护浓酸冷却器数据；

② 定时检测冷却器循环水出口 pH 值，通过 pH 值的变化判断浓酸冷却器是否泄漏；

③ 不能通过调节循环水流量来调节酸温，特别是不能通过关小阳极保护浓酸冷却器循环冷却水入口阀来调节或控制酸温，应该用酸道旁通管调节酸温；

④ 酸温过高，加剧换热管内结垢速度，要严格按照工艺指标要求控制酸温；

⑤ 检测循环水中氯离子含量。

272.　如何判断阳极保护浓酸冷却器是否正常？

① 酸道温差、水道温差；

② pH 值变化；

③ 恒电位仪监参、控参的数据变化。

273.　阳极保护浓酸冷却器配电及控制系统的检修及维护有哪些？

（1）一般要求和日常维护

① 首先微电脑控制的主机的显示要求在规定范围之内，阳极保护浓酸冷却器恒电位仪要专人负责维护、维修，无关人员不得接触该仪器。

② 主机一般要放置在控制室内，室内空气保持洁净。从机一般放置在现场，要求避光、防止雨淋，通风条件好。

③ 主机与从机之间最大的通信距离为 1200m，用户应尽可能缩短通信距离，以保证控制参数的准确性，同时要求加强日常检查，保证通信线路畅通。

④ 一般推荐一台主机控制 3～4 台从机，两台从机显示数据间隔为 11s，要求在此时间内将所有应该记录的参数全部准确无误地填写在运行记录表中。

⑤ 严禁生产工艺技术参数超出设计的工艺技术参数范围，工艺技术参数出现较小范围波动时，及时调整酸浓、酸温以控制保护电流、电压，确保阳极保护浓酸冷却器系统处于最佳的状态。

⑥ 微电脑阳极保护浓酸冷却器控制系统的从机在运行过程会产生热量，所以要及时清理机内积垢和灰尘，从机内风扇一旦损坏要及时更换。

⑦ 微电脑阳极保护浓酸冷却器控制系统主机、从机属精密控制仪器，搬运、安装时要注意轻拿轻放，安装位置要防止震动。

⑧ 开关电源、主机板、从机板的维修要由公司专业售后服务人员进行。

（2）故障分析与排除

1）主机面板无显示：

① 查看 220V 电源是否正常；

② 查看面板保险管（1A）是否正常，更换保险管；

③ 电源开关是否打开，打开电源开关。

2）主机台号显示不循环：

① 查看"锁定开关"是否被释放，释放"锁定开关"。

② 关闭电源开关 10s 后再打开。

3）某台的数据全为"0"：

① 查看主机通信线接头是否接好；

② 通信线是否断路；

③ 与台号对应的从机电源是否打开；

④ 查看从机通信线接头是否接好。

4）电流为"0"，电压为 10V，阴、阳极开路。

5）电流大于 20A，电压为"0"，阴、阳极短路。

6）显示无规则变化，阳极信号线开路。

7）控制上限灯亮，当 93%酸控参电位＞200mV 或 98%酸控参电位＞300mV 时，"控制上限"灯发光：

① 从机的控参连线断路，重新接线；

② 控参连线两端头接点接触不良，重新接线；

③ 控制参比电极断裂，更换电极。

8）控制下限灯亮，当控参电位＜0mV 时，"控制下限"灯发光，从机主板损坏，更换主板。

9）监控上限灯亮，当 93%酸监参电位＞300mV 或 98%酸监参电位＞400mV 时，"控制上限"灯发光：

① 从机的监参连线断路，重新接线；

② 监参连线两端头接点接触不良，重新接线；

③ 监参电极断裂，更换电极；

④ 监参电位漂移，更换电极。

10）过流指示灯亮，当输出电流＞20A 时，"过流指示"灯发光。

① 酸温升高，降低酸温；

② 酸浓下降，提高酸浓度；

③ 仪器失控，检查、排除故障。

11）报警灯全亮，当输出电流＞40A 时，仪器自动切断输出电流、电压，此时 4 个报警灯全亮。当系统正常后，仪器也自动恢复正常，4 个报警灯全灭：

① 酸温升高，降低酸温；

② 酸浓下降，提高酸浓度；

③ 仪器失控，检查、排除故障；

④ 控参短路，检查控参连线，重新接线。

274. 阳极保护浓酸冷却器回水温度逐渐上涨的原因是什么？

① 循环冷却水塔风扇未全部开启，风扇故障或跳车导致循环水基础水温过高，阳极保护浓酸冷却器换热效果不明显，导致出口水温上涨；

② 干吸循环槽酸温过高，导致酸冷却器出口水温上涨；

③ 酸冷却器循环水入口阀门开度太小，导致换热冷流体量不足，酸冷却器出口水温上涨；

④ 酸冷却器换热管泄漏，酸和水接触放出大量的热，导致酸冷却器出口水温上涨；

⑤ 酸冷却器换热管堵塞，热量不能及时转移，导致酸冷却器回水温度逐渐上涨；

⑥ 酸冷却器回水温度计失灵。

275. 阳极保护浓硫酸冷却器气堵的原因是什么？如何处理？

原因：

① 水泵开启时，酸冷却器内存有空气未排出，导致换热效率下降；

② 水泵开启后，回塔阀门开太大，导致管道内存有大量气体，管道内产生气锤，管道震动；

③ 水泵跳车：高温酸将酸冷却器内存水汽化，产生气锤，对酸冷却器内管道和焊缝产生危害。

处理措施：

① 打开酸冷却器底部排水阀排气；

② 关小回塔阀门后，打开酸冷却器排水阀排气；

③ 联系厂调通知冶炼降料，转化孤立，联系电工给备用泵送电，开启备用水泵。

276. 阳极保护浓酸冷却器换热效率下降的原因是什么？如何处理？

管壳式酸冷却器采用固定管壳式结构，酸走壳侧、水走管侧，换热面积以管外壁面为准，酸与循环水进行热交换，酸中的热量转移至低温度水中，从而达到为酸降温的效果。理论上是换热面积越大换热效果越好。但循环酸温高，循环水温低，造成阳极保护浓酸冷却器换热管结垢，导致换热效率下降。循环水在长期使用过程中含有大量微细沙粒，在循环过程中容易被沉积到换热管内，造成管道堵塞，影响换热效果。酸道、水道被异物阻塞，换热面积减小，导致换热效率下降，造成阳极保护浓酸冷却器酸道出口酸温增高。

酸冷却器换热效率下降的原因：

① 换热管结垢、堵塞；

② 发生气堵现象；

③ 循环水温度高。

相应处理措施：

① 换热管结垢、堵塞可采用化学方法（采用 5% 的稀硝酸清洗）和物理方法（高压水枪清洗和铜管疏通）清洗换热管；

② 若发生气堵现象，应打开酸冷却器水道底排阀，将气体排除；

③ 循环水上冷却塔，开冷却风扇，降低水温。

277. 酸温、酸浓对阳极保护浓酸冷却器有何影响？

硫酸的酸温、酸浓对阳极保护浓酸冷却器壳程保护效果的好坏起决定性的作用。酸温、酸浓变化对阳极保护浓酸冷却器的腐蚀性有不同的影响。综合两方面的因素，绘制出阳极保护酸冷却器在不同酸浓下，与其最高使用温度的关系图，如图 4-19 所示。

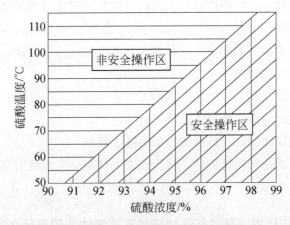

图 4-19　不同浓度、温度的循环酸对应的阳极保护浓酸冷却器安全操作区及非安全操作区图

① 酸浓度一定时，随着酸温度升高，硫酸的活性增加，对设备、管材腐蚀加剧，阳极保护酸冷却器更易进入加速腐蚀区；酸温度越高，换热管的结垢速度越快，结垢过多则会直接影响阳极保护酸冷却器的换热效率。所以，日常

生产运行中，严禁酸温过高，98%硫酸使用温度≤90℃，93%硫酸使用温度≤70℃。

② 酸温度一定时，随着酸浓度升高，硫酸活性降低，阳极保护酸冷却器越易进入安全操作区。酸浓不得低于92.3%，当硫酸浓度低于92.3%时，阳极保护酸冷却器将进入加速腐蚀区，导致冷却器严重腐蚀；酸浓度不能高于100%，当酸浓度≥100%时，则会影响参比电极的准确度。所以，日常生产运行中，酸浓度应控制在92.3%～100%之间。

278. 开车前阳极保护浓酸冷却器为什么要先通水，后通酸？

浓硫酸冷却器开车前，先开循环水泵后开浓硫酸循环泵。由于管壳式阳极保护浓硫酸冷却器管程换热介质为循环水，壳程换热介质为浓硫酸，先对壳程通入浓硫酸，容易造成换热管内外压力不均，换热管在垂直方向变形，换热管与花板焊缝开裂。生产过程中常因此种不当操作，造成浓硫酸冷却器泄漏。使用过程应注意以下几点：

① 浓硫酸冷却器所使用的循环酸一般温度高于40℃，酸温越高，酸的腐蚀性越强，对阳极保护内壁的腐蚀就会加剧，所以要先通水，保持一段时间后，再通入浓硫酸，避免换热管局部硫酸温度过高，降低对阳极保护内壁的腐蚀；

② 如果换热管蚀孔，先通酸后通水，就会有大量的酸进入换热管，造成大面积腐蚀，如果先通水后，水道压力大于酸道压力，这样就不至于有大量的酸进入换热管，即使进入换热管也会被循环水带走，减弱对换热管的腐蚀，同时还有利于清除换热管结垢。

279. 为什么当干吸泵停止运行后，阳极保护浓酸冷却器里的酸未排尽时，阳极保护浓酸冷却器的恒电位仪不能停电？

阳极保护浓酸冷却器就是把全部与硫酸接触的表面作为阳极，施加直流电源，另设置一根或数根阴极，通过浓硫酸形成电流回路，产生阳极极化，使其表面形成一层高阻抗的钝化膜，防止硫酸对阳极保护浓酸冷却器管壁的腐蚀。钝性金属阳极保护浓酸冷却器曲线如图 4-9（见问题 202）所示。制酸系统正常生产时，恒电位仪正常工作，钝化膜形成后需用一个较小的维钝电流来维持钝化膜不被浓酸腐蚀破坏。干吸泵停止运行后，阳极保护浓酸冷却器里的酸未排时，阳极保护浓酸冷却器的恒电位仪一旦停电，之前形成的钝化膜因失去维钝电流的维持而被酸液腐蚀破坏，冷却的浓硫酸就和裸露的阳极保护浓酸冷却器管壁直接接触反应，最终造成阳极保护浓酸冷却器的腐蚀泄漏。

280. 停产后，阳极保护浓酸冷却器酸排完之后，为什么要停恒电位仪？

① 恒电位仪正常情况下不允许空投，空投时阳极保护酸冷却器中没有导电介质，阴极与阳极间不能构成闭合回路，壳壁无法形成钝化膜，起不到保护作用。

② 阳极保护酸冷却器酸排完之后，壳程内壁还残留有余酸，能与壳壁金属产生电化学腐蚀，加剧换热管的腐蚀。

281. 检修干吸阳极保护浓酸冷却器时，酸排不尽的原因是什么？如何处理？

干吸循环槽酸和干吸阳极保护浓酸冷却器检修排酸时易发生虹吸，造成循环槽内的酸不断流向阳极保护浓酸冷却器，所以检修过程中易造成酸排不尽的现象。

处理措施：在干吸循环槽泵出口管道加装一个进气盲板，在检修干吸阳极保护浓酸冷却器时，先打开盲板进入空气，使循环槽的酸无法进入阳极保护浓酸冷却器，提高检修进度及安全性。

282. 干吸阳极保护浓酸冷却器恒电位仪电流波动的原因是什么？

恒电位仪的作用是给阳极保护浓酸冷却器提供直流电，使其阳极极化。

阳极保护浓酸冷却器恒电位仪电流波动的原因：

① 阳极保护浓酸冷却器换热管泄漏；

② 新酸注入，阳极保护浓酸冷却器形成钝化膜的过程电流波动；

③ 酸温过高造成腐蚀加剧，破坏原有的钝化膜，在钝化膜再生的过程中导致电流波动；

④ 酸浓度过低造成腐蚀加剧，破坏钝化膜，导致电流波动；

⑤ 阳极保护浓酸冷却器恒电位仪监测仪表出现故障。

283. 阳极保护浓酸冷却器监参电压波动大的原因是什么？

浓酸冷却器主要利用电解原理，硫酸与铁等金属反应，在金属表面形成一层致密的金属钝化膜，通过以浓硫酸与钝化金属反应生成硫酸盐溶液为电解液，阳极和阴极之间的电子交换进行氧化还原反应，阳极钝化金属不断氧化成钝化金属离子，离子不断还原成钝化金属单质，单质再与浓硫酸形成致密的钝化膜，浓酸冷却器不易受浓硫酸腐蚀。因此，随着酸温度、和浓度的变化，浓硫酸与钝化金属之间反应速率加快,阳极与阴极之间的电子交换增多,电流增大、电压增大,并且随浓硫酸与钝化金属反应速率与生成钝化膜速率相等后趋于稳定,此时只需要小电流维持钝化膜即可。

酸温、酸浓度波动较大,浓硫酸与钝化金属反应速率比生成钝化膜速率大时,旧的钝化膜不能阻挡浓酸对设备的腐蚀,提升外界电流(同样电压也增大)可帮助钝化膜的再生,此时电压随电流增大而增大,所以电压波动较大。浓硫酸与钝化金属反应速率远远大于生成钝化膜速率,电流的增加不能满足新钝化膜的生成时,浓酸冷却器酸道壳程内形成点蚀或严重腐蚀,钝化膜的形成速率增大促使反应所需电流急剧增加,电压急剧增大。同理,设备经检修并且新酸注入后,由于之前的钝化膜已经受到破坏,需要生成新的氧化膜保护浓酸冷却器,新酸注入与金属反应期间,电压随电流波动而波动,通常持续几个小时后趋于稳定。

可以得出结论:新酸注入、酸温度、酸浓度波动大和浓酸冷却器酸道壳程内腐蚀是阳极保护浓酸冷却器监参电压波动大的主要原因。

284. 阳极保护浓酸冷却器管内结垢的原因、影响及处理措施是什么?

阳极保护浓硫酸冷却器对干吸系统冷却起到主要作用。三氧化硫吸收过程产生的热量通过阳极保护浓硫酸冷却器移至循环水中,伴随循环水换热次数增加,加之循环水在冷却塔内降温时的蒸发损失,循环水中钙、镁离子富集,容易使冷却器换热管内结垢。另外,循环水在长期使用过程中含有大量微细沙粒,循环过程中容易沉积在换热管内,造成换热管堵塞,影响换热效果。

阳极保护浓硫酸冷却器换热管结垢或堵塞不仅导致出口酸温提高,影响干燥和吸收效率,还易造成换热管局部酸温度过高,导致设备局部腐蚀,甚至出现换热管泄漏。浓硫酸酸温度越高,对设备管道的腐蚀速率越快。316L 不锈钢在酸温度小于 $80℃$,酸浓度为 $93\%\sim98\%$ 时,腐蚀速率为 $0.05\sim0.2mm/a$;而在 $80℃$ 以上时,其腐蚀速率增加到 $1.1\sim3.4mm/a$。

冷却器在使用一段时间后,要进行化学或机械清洗,化学清洗是使用 5% 的硝酸溶液对阳极保护浓硫酸冷却器换热管进行静态溶解及循环清洗;机械清理是使用高压水对换热管进行疏通,若局部换热管堵塞严重,可使用金属硬度低的铁素体管进行手动疏通。

285. 导致阳极保护浓酸冷却器腐蚀穿孔的原因有哪些?

(1)局部酸温过高,造成设备腐蚀

因浓硫酸冷却器循环水多次循环换热,循环水内钙、镁离子富集易使冷却器换热管内结垢；另外循环水在长期使用过程中含有大量微细沙粒，在循环过程中容易沉积到换热管内，造成换热管道堵塞。换热管结垢及堵塞都会导致酸冷却器传热系数降低，换热效率下降造成换热管局部酸温过高而腐蚀穿孔。

（2）循环水中氯离子超标，造成换热管点蚀穿孔

阳极保护浓硫酸冷却器多采用 316L 材质，316L 不锈钢是钝化能力比较强的金属，在无活性阴离子的介质中，其钝化膜的溶解和修复（再钝化）处于动平衡状态。循环水中氯离子超标，氯离子与金属离子的结合键较强，形成可溶性氯化物，形成孔径很小（约 30μm）的蚀孔核，蚀孔核可在钝化物金属的光洁表面上分布，当钝化膜局部破损，夹杂硫化物时，蚀孔核会继续增大，造成设备表面出现宏观可见的蚀孔。

286. 干吸阳极保护酸冷却器（多台）如何对单台泄漏进行排查判断？

阳极保护酸冷却器中酸侧压力大于水侧压力，阳极保护酸冷却器泄漏后会出现下列现象：

① 酸泄漏至水中，导致这台酸冷却器循环回水温度升高，pH 值下降；

② 恒电位仪输出电流增大，控制电位不稳定；

③ 循环冷却回水总管的 pH 值显酸性。

由此可以判断，阳极保护浓酸冷却器可能泄漏。干吸系统为了降低酸温，采用了多台浓酸冷却器并联，浓酸冷却器循环水回水管并入循环水总管，不能具体判断出是哪一台发生泄漏，需逐台孤立浓酸冷却器水道，打开浓酸冷却器水道底排阀，测试 pH 值，查找泄漏的浓酸冷却器。

287. 阳极保护酸冷却器换热管泄漏的处理方法是什么？

适当降低通气量，逐台孤立阳极保护浓酸冷却器，检测水道 pH 值。若经测试无泄漏，则通知自动化检查仪表。若确定某台泄漏，对泄漏的阳极保护浓酸冷却器进行处理，处理方法如下：

① 汇报车间领导及厂调度室，联系相关人员做好抢修准备；

② 联系冶炼停止吹送烟气，系统孤立保温；

③ 关闭阳极保护浓酸冷却器水道进出口阀，打开阳极保护浓酸冷却器水道底排阀；

④ 停相应浓酸泵（如干燥酸阳极保护浓酸冷却器需停 SO_2 鼓风机）并断电，停恒电位仪，拆除阳极保护浓酸冷却器阴极线；

⑤ 冷却器水道中的水排干净后，打开冷却器两端封头；

⑥ 检查阳极保护浓酸冷却器泄漏换热管，如没有明显泄漏，给浓酸泵送电，开启浓酸泵，观察具体的泄漏点，查出泄漏点并在泄漏点处做明显的记号，停浓酸泵，断电；

⑦ 打开泄漏阳极保护酸道底排阀，排空酸液（注意虹吸现象发生）；

⑧ 专业人员对泄漏冷却管进行焊接封堵；

⑨ 再次给浓酸泵送电，开启浓酸泵，检查是否还有泄漏点；

⑩ 如没有泄漏点，停浓酸泵，断电，安装冷却器两端的封头，接好冷却器阴极线，开启恒电位仪；

⑪ 打开阳极保护浓酸冷却器水道进出口阀；

⑫ 给浓酸泵送电，开启浓酸泵；

⑬ 联系冶炼吹送烟气，系统正常生产；

⑭ 汇报车间领导及厂调度室，并做好相关记录。

（五）成品酸

288. 硫酸变色的原因有哪些？

工业硫酸变色的主要原因分以下三种情况分别介绍。

（1）酸呈乳白色

即酸内有乳白色悬浮物。主要是烟气中少量的汞、二氧化硒、转化后烟气中带出的催化剂灰、未清洗的瓷环粉末等物质悬浮于酸中造成。少量的汞随烟气进入酸中生成白色沉淀硫酸汞，使酸呈乳白色；硫化矿中伴生少量硒，在焙烧过程中以二氧化硒形式存在于冶炼烟气中，冶炼烟气经净化工序后，仍有少量二氧化硒进入干吸工序，二氧化硒为白色晶体，可稳定存在于酸中，使酸呈乳白色；催化剂灰及瓷环粉末主要成分都是二氧化硅，二氧化硅为酸性氧化物，与硫酸不反应，以悬浮状态存在酸中，使酸呈乳白色。

（2）酸呈黄棕色

主要是由烟气中少量的高价铁及生产过程中腐蚀设备带入的高价铁造成。硫酸铁本身为黄棕色，根据酸中铁含量的不同，其颜色加深后会显偏橘红色，也会呈暗红色。

（3）酸呈黑色

主要由于酸中混入了以碳水化合物结构为主体的有机物质，被硫酸脱水炭化而变黑。如冶炼焙烧炉用油升温时将燃烧不完全的炭黑油烟带入系统，净化系统未完全去除，进入干吸工序混入酸中，使酸成黑色。

五、故障排查、处理及应急措施

289. 干吸工序遇到哪些情况须紧急停车？

① 干燥泵跳车 10min 后不能排除故障；

② 一吸泵、二吸泵同时跳车（若单台泵跳车系统可低负荷运行）；

③ 循环水泵突然跳车，监控人员没有及时发现，导致干吸阳极保护浓酸冷却器内循环水沸腾，管道振动；

④ 循环酸管道断裂，大量喷酸；

⑤ 烟气大量泄漏；

⑥ 干燥塔、吸收塔因液泛等原因淹塔，造成严重积酸，气路堵死；

⑦ 循环水中断超过 20min。

290. 干吸泵跳车的应急处置是什么？

（1）干燥泵跳车

SO_2 鼓风机缩量，联系电工现场检查，若 10min 内不能开启，联系冶炼关闭制酸阀。系统孤立，停 SO_2 鼓风机。待干燥泵处理好并检查出跳车原因后，恢复生产。

（2）一吸泵跳车

SO_2 鼓风机缩量，全开二吸、一吸平衡管的串酸自动阀，将二吸泵变频开至最大，利用二吸泵将酸打入第一吸收塔分酸器，为系统孤立保温争取时间。同时联系冶炼降低投料量，减少炉窑吹炼，联系电工检查处理事故泵，若半小时内未处理好则系统孤立。

（3）二吸泵跳车

SO_2 鼓风机缩量，全开一吸、二吸平衡管的串酸自动阀，将一吸泵变频开至最大，利用一吸泵将酸打入第二吸收塔分酸器，联系冶炼降低投料量，减少炉窑吹炼，联系电工检查处理事故泵，若半小时内未处理好则系统孤立。

291. 干吸工序发生管道泄漏应如何处理？

① 组织人员疏散、拉警戒带、隔离；

② 汇报相关人员；

③ 操作人员穿戴好劳动防护用品；

④ 现场确认管道泄漏状况，切断酸的来源；

⑤ 迅速将漏酸现场的其他物品转移到安全地方；

⑥ 回酸，排尽管道内余酸；

⑦ 用应急沙围堵泄漏酸，避免漫延；

⑧ 现场接应急水源；

⑨ 组织应急抢险人员处置漏点；

⑩ 开通酸源，试漏；

⑪ 清洗泄漏现场地面；

⑫ 恢复生产。

292. 更换浓酸管道法兰密封垫及阀门的措施是什么？

浓硫酸管线更换阀门和法兰密封垫具有较高的风险，人员在实际操作中一定要按正确步骤进行作业，不可冒险抢修。操作人员、检修作业人员、检修项目负责人三方确认后方可作业。

① 操作中，检修作业人员准备应急水源，穿戴防酸服、护面屏。

② 停泵挂牌，切断浓硫酸酸源，管道排尽余酸。

③ 拆卸法兰要提前做好法兰受力解除时管道内积酸喷泄的防范工作。

④ 拆卸竖管法兰螺栓时，作业人员应站在被卸螺栓侧面，螺栓卸松后，使用撬棍轻微撬起法兰，观察管道带酸压力及酸量；拆卸平管法兰螺栓时，先卸松法兰底部螺栓，使用撬棍轻微撬起法兰，观察管道带酸压力及酸量，严禁螺栓全松，随后进行安全作业。作业步骤如表4-7。

表4-7 更换浓酸管道法兰密封垫和阀门安全作业步骤

序号	实施步骤	确 认 内 容
1		项目负责人以书面形式下发安全检修任务单
2		当班班长办理相关安全交底手续
3		班组长根据具体情况向中央控制室下达检修任务，明确检修内容，中央控制室做好生产联系记录
4	检修前准备	中央控制室通知操作人员现场停止相关输酸泵
5		中央控制室通知操作人员对现场需检修的浓硫酸管道排酸
6		输酸泵断电、挂牌
7		操作人员对浓酸管线进行排酸
8		中央控制室通知项目负责人、班组长与操作人员现场确认管道排酸情况
9		操作人员敲击或触摸管道，确认是否排空

续表

序号	实施步骤	确 认 内 容
10	实施作业	参检人员必须穿戴好防酸服、防酸靴、戴好防护面罩
11		值班长向参检人员描述作业环境
12		值班长通知主操人员到现场确认检修内容，讲明保证措施
14	检修后	检修完成，组织验收
15		确认参检人员到达安全区域
16		浓硫酸管线具备使用条件

293. 浓酸管线的巡检内容有哪些?

浓酸管线较长，阀门、法兰较多，由于振动、腐蚀等原因，易导致硫酸泄漏。大部分浓酸管道带压作业，在这些危险多发处用塑料布包扎，可有效避免酸泄漏引发的安全事故。浓酸管线的巡检要每两个小时巡检一次，禁止单人巡检。巡检内容有:

① 检查浓酸管道、阀门、法兰有无断裂泄漏或变形;法兰接口密封是否良好;冬季要检查浓酸管线有无冻结。

② 检查浓酸循环泵的温度、振动、声音、油位(视镜 2 / 3)是否正常。

③ 检查干吸塔人孔、塔体有无浓酸和烟气泄漏。

④ 检查干吸酸冷却器有无酸、水泄漏。

⑤ 检查硫酸成品库是否泄漏。

⑥ 检查过程中发现问题，要及时汇报，组织人员及时处理，做好记录。

294. 硫酸库泄漏的应急抢险措施有哪些?

① 抢险人员穿戴好劳动防酸用品;

② 现场确认酸库泄漏，组织人员疏散、拉警戒带、隔离、设置警示标识，现场用沙袋围堵漏酸，控制泄漏范围;

③ 关闭漏库入酸阀，全开应急库底排阀，缓慢开启泄漏库底排阀，利用液位差向应急库压酸;

④ 两个库液位即将平衡后，全开酸库地下槽入口管道阀门，全关应急库底排阀，将泄漏库余酸放入酸库地下槽;

⑤ 酸库地下槽液位达到启泵液位，开启地下槽泵，将泄漏库余酸倒入应急库内;

⑥ 现场检查管道有无漏点，中央控制室观察地下槽液位是否下降，观察

应急库液位是否上涨；

⑦ 余酸放完，酸库地下槽液位低于启泵液位，停泵；

⑧ 组织应急抢险人员更换阀门或进行漏点修补；

⑨ 处理完后，关闭泄漏库放酸阀，调节泄漏库入库阀门，入酸试漏；

⑩ 现场清洗，余酸处理；

⑪ 抢险结束。

六、员工安全

295. 硫酸操作人员应该具有哪些操作常识？

凡是从事硫酸操作和生产的人员，事先都要进行必要的教育和现场应急演习训练，考试合格后才可从事实际工作。一般要进行下列知识教育：

① 了解硫酸的性质，熟悉制酸系统的工艺流程、设备设施、安全防护等知识；

② 对新入厂的操作员工要教授正确的操作方法及防护措施，对老员工要提醒他们坚持正确的操作方法，克服马虎、凑合的麻痹思想及不科学的操作方法；

③ 操作人员必须熟知突发事故的紧急处置和急救方法；

④ 从事充装硫酸的人员，必须熟悉充装硫酸的设备、管线和阀门的位置、大小、长短和材质，充装硫酸的操作必须熟练可靠；

⑤ 必须对操作人员进行设备修护、处理漏酸和排除故障的技能训练；

⑥ 巡检、操作、检修人员进入操作现场必须按要求穿戴好劳动防护用品以及安全保护用品（工作服、劳保鞋、安全帽、防护面屏、防毒口罩、防酸碱手套、毛巾、应急水）；

⑦ 岗位日常巡检必须 2 人以上，巡检时禁止直接触摸运转设备的转动、传动部位，禁止操作人员直接擦拭运转设备，不允许操作非本岗位设备；

⑧ 在检修、动火作业前，要先检查应急水源、防护器材，确认安全后方可作业；

⑨ 动火、动土、高空、受限空间等特殊作业时，经审批方可作业，作业人员须携带特种作业证作业，现场做好安全监护。

296. 进入红线区域作业与检修应具备哪些条件？

① 严格执行岗前五项准入。当班负责人督促员工将劳动防护用品（安全

帽，护面屏，防毒面具，安全包）穿戴齐全并做到"五紧"（领口紧、袖口紧、下摆紧、安全帽带紧、鞋带紧），熟知本岗位安全操作规程，持特种作业有效证件，确认身体和精神状态良好，确保员工能胜任岗位工作要求并随身携带安全记分手册。

② 实施挂牌走动巡检。巡检人员巡检及接触酸碱环境和有毒有害气体的检修作业、动火作业前应对作业环境确认：首先确认抢险应急水源、消防器材及安全防护设施无隐患；其次确认现场通道畅通，照明完好，确认后方可做好记录，确认人员、复查人员签字，并挂上"安全责任已确认"标牌；最后确认辖区卫生整洁干净。

③ 严格执行危险作业审批。检修期间涉及的动火、动土、高空、受限空间等特殊作业，按照相关规章程序，做好施工前的化验分析、按程序办理《化工厂动火安全作业证》、《化工厂高空安全作业证》、《化工厂受限空间安全作业证》、《化工厂动土安全作业证》等施工手续，做好安全措施确认和安全监护工作。

④ 严格执行岗位隐患排查标准。坚持"全面排查、分层管理、逐级负责、分级整改"的隐患排查原则，按照"岗位班查、班组日查、车间周查、厂里月查"的四级隐患排查机制，认真开展隐患排查工作，及时消除事故隐患。

⑤ 绘制事故领结图，定期开展现场处置方案演练，落实各项应急处置措施。

297. 硫酸灼伤的应急措施是什么？

硫酸灼伤使蛋白质变性、凝固，如现场处理不及时，极易造成深度烧伤。因此，应急冲洗一定要及时。

处理步骤：

① 立即将伤员救离事故地点。

② 硫酸溅到眼睛内的处理：不管溅到眼内的硫酸浓度如何和硫酸量多少，必须立即用大量的清水，把眼皮撑开和翻开的情况下连续冲洗至少30min，要把眼皮和眼球的所有地方全部用水冲洗到，冲洗后立即送医治疗。

③ 一般烧伤的紧急处理：首先把沾有硫酸的衣、鞋等迅速脱掉，然后用大量清水连续冲洗，冲洗时间不少于半小时，冲洗到硫酸痕迹消失为止，迅速送医治疗。

④ 硫酸烧伤过重或范围过大：冲洗过程中酸和水混合后，放出大量的热，易导致二次烧伤。为了避免二次烧伤，先把沾有硫酸的衣、鞋等迅速脱掉，用

棉被吸附身体上的硫酸。然后用大量清水连续冲洗，冲洗时间不少于半小时，在冲洗过程中首先冲洗眼睛及脸部皮肤，随后是身体其他部位。冲洗过程中，随时都有可能引起脉搏加速、盗汗、虚脱等危急症状。为避免出现以上症状，需盖棉被注意全身保暖，勿使受凉再出现其他病症，迅速送医治疗。

⑤ 不论哪个部位，都只能用大量清水冲洗，决不能用弱碱性溶液中和硫酸，防止进一步烧伤。

第五章

升温炉单元

一、概述

升温炉不仅用于中小型硫酸装置的预热升温及停车吹扫,而且成为冶炼烟气制酸装置控制调节转化器进气温度的重要设备。目前常用的升温炉主要有电加热炉和天然气炉两种,其中电加热炉使用频次最高,其具有使用方便、升温快捷、热效率高等优点。一般电加热炉是由炉体、加热元件、元件车框架、接线柱、接线板及温控仪组成。本章将重点对电加热炉设备的结构、作用、使用特点及日常操作进行全面叙述,详细阐述电加热炉在生产过程中常见故障原因分析和处理方法。

二、基本内容

298. 常见的升温炉有哪几种? 它们各自的特点是什么?

工业常用的升温炉主要有:电炉、燃气炉、燃煤炉、燃油炉。根据升温炉的各自特点,制酸系统生产常选用电炉、燃气炉作为转化升温炉,其作用是对进入制酸系统的 SO_2 烟气加热,提升烟气温度,使进入制酸系统转化器的 SO_2 烟气达到转化催化剂起燃温度。

(1)电炉

电炉是把电能转化为热能对通过炉腔的烟气进行加热的加热炉。按电热产生方式,电炉分为直接加热和间接加热两种。在直接加热电阻炉中,电流直接通过电阻丝,电阻丝发热将炉腔整体加热,使通过的烟气温度升高;间接加热电阻炉即电阻丝不直接接触烟气,间接地把炉体加热,炉腔具有一定温度,使通过炉腔的烟气达到升温的目的。电炉具有无须添加物料,配置简单,可实现远近程操作,根据烟气温度投送或停用单组电炉,温度易于控制,操作简便、安全，不产生废气等优点，但也具有热利用率较低，电耗高，运行成本较大等缺点。一般制酸系统经常采用直接加热电阻炉为转化烟气升温。

（2）燃气炉

常见燃气炉有天燃气炉和煤气炉，即外部提供气源，通过气体燃烧产生的热量将烟气加热升温。燃气炉具有热利用率较高，运行成本低，加热快捷等优点，但无论是天燃气炉或煤气炉，均配置繁杂，操作不甚方便，温度控制难度较大，需外接气源，使用安全性较电炉差，气体燃烧产生废气等缺点。按照地域不同，气源费用亦有差异，制酸系统需考虑成本因素，部分制酸系统可采用燃气炉对烟气升温。

299. 电炉的结构是什么？其作用是什么？

电炉是由炉体、加热元件、元件车框架、接线柱、接线板及温控仪组成（升温电炉结构图见图 5-1）。加热元件由电炉丝、绝缘子等耐热材料组成。电炉的作用：为转化系统补充热量，保持转化系统热量平衡。当系统长时间停车、转化器温度过低或系统停产热吹时，需对转化烟气加热升温，升温时需先开启 SO_2 鼓风机，对转化系统鼓入小风量烟气，再使用电炉对烟气进行加热，加热后的烟气在转化器内充分反应释放热量，并进一步保持转化自热平衡，以满足后续生产需要。

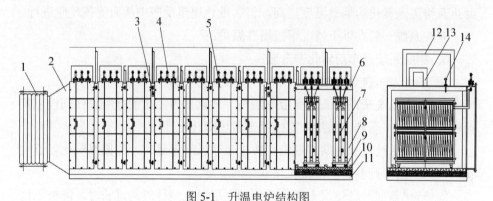

图 5-1 升温电炉结构图

1—膨胀节；2—天圆地方变径；3—起吊座；4—接线柱；5—门框；6—保温挡板；7—元件车；
8—壳体；9—耐温耐火砖；10—底部保温层；11—支座；12—防雨罩；
13—电缆线支架；14—温控仪

300. 制酸系统升温电炉有哪些优缺点？

优点：

① 与燃料炉相比容易得到高温；

② 可从内部加热使烟气升温；

③ 电炉没有燃料炉的排烟热损失，热效率高；

④ 容易控制温度，便于遥控、细调；

⑤ 加热速度快，不污染环境；

⑥ 操作性能好。

缺点：

① 需要增加配电设备；

② 电力成本高；

③ 电阻丝具有一定耐热限度，温度过高容易熔断电炉丝发生故障。

301. 制酸系统转化工序为什么要设升温炉？什么条件下需要投用升温炉？

制酸系统转化工序设升温炉，本意是系统开车时，在带 SO_2 烟气前将转化器催化剂提升到一定温度，达到催化剂起燃温度，促使进入转化器的烟气反应，逐步达到转化自热平衡；通常也用于在系统停车时对转化进行热吹时投用升温炉；另外由于制酸系统烟气来源不同，在进入制酸系统 SO_2 烟气波动较大，烟气浓度较低的状况下，转化工序反应热量不足，催化剂温度逐渐降低，达不到起燃温度导致转化率降低，此时投用升温炉给转化补热，升温炉则作为外界辅助热源将进入转化的烟气温度提高，将热量传递至反应中从而促使反应进行。

制酸系统一般在以下情况下投用升温炉：

① 制酸系统开车前转化器升温；

② 系统停车前对转化 SO_3 吹除，投送升温炉热吹；

③ 制酸系统长期带低浓度冶炼烟气，转化器内催化剂温度降低到控制指标以下，自热平衡难以保持，需投用升温炉给转化补热；

④ 制酸系统较长时间停烟气，转化工序孤立保温时，需根据转化器温度状况，适当投用升温炉来保持转化催化剂温度；

⑤ 转化器部分转化层表层与催化剂底层温度倒挂时间过长时，需依据情况适当投用升温炉进行补热。

302. 电炉接线柱发红是什么原因导致的？如何处理？

电炉接线柱为纯电阻元件，电阻发热功率公式：

$$P = I^2 R \tag{5-1}$$

由上述公式可知，电炉接线柱发红可能原因为流过接线柱的电流增大或接线柱电阻增大致使发热功率增大，这两个过程持续一定时间都会引起接线柱发红。

引起接线柱电阻增大的主要原因是母联与接线柱接触不良。如母联与接线柱连接松动，母联与接线柱之间有杂物，接触面积不够，接触点氧化锈蚀松动，焊接不牢等。

电炉工作电源为三相电，接线方式为三相三线制，电炉阻丝为星形连接，如图5-2。接线柱电流增大主要故障为某相炉丝匝间短路等引起的三相负载不平衡。

处理措施：出现电炉接线柱发红，应立即停用该组电炉元件，拉闸挂牌，待停产检修时，对这组元件进行检查，若接线板松动，应进行更换或紧固；若三相负载不均衡，对元件小车进行维护、更换。

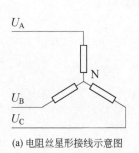

(a) 电阻丝星形接线示意图

(b) 电炉接线柱照片

图 5-2　电炉接线柱图片

303. 生产过程中因烟气浓度过低，不能维持热平衡时需投用转化升温电炉，投用电炉应如何操作？有何注意事项？

生产过程中当进入转化的烟气浓度过低，系统转化器不能维持自热平衡时需投用电炉进行适量补热。投送电炉前，先将电炉入口阀开至20%左右，根据转化器各层温度状况适当投送电炉，投每一台电炉时应空置一组电炉不投用，防止电流过载，之后将电炉出口阀开至20%，使电炉炉膛及出口烟气温度均匀上涨，此时要密切关注尾吸出入口的SO_2浓度值，为防止尾气超标，可以少量手动加碱。待电炉出口温度涨到410℃时关闭电炉出口4号阀，开启电炉出口3号阀，给转化器一层升温，这时通过电炉出入口阀以及冷激旁路阀，将电炉出口烟气温度控制在490℃左右（此温度严禁超过500℃），使得转化器一层的表层温度较为平稳地增长。待一层表层温度达到 410℃时，再给转化二、三层升温，适量开启 4 号阀，给转化器二段补热。

304. 投用电炉时，为什么要控制电炉出口温度？

电炉加热元件为电炉丝，电炉丝一般采用耐腐蚀、耐高温、高强度的电热合金材料，绝缘子采用耐腐蚀、耐高温、高绝缘材料制成，但均有一定的耐热限度，一般最高使用温度≤700℃。电炉长期高温使用，会造成电炉内部部件受损、元件变形、绝缘子破碎、炉丝断裂或搭接等情况，造成电炉断路或者短路现象，导致电炉故障，影响电炉整体寿命，甚至会造成电炉壳体焊缝拉裂的情况，致使烟气外泄，污染环境；另外，考虑到将空气加热到一定温度时，电炉后段烟道温升变化较大，温差越大，热形变越大，产生的热应力可能会拉裂烟道焊缝，所以在使用电炉进行升温操作时，为避免温度急剧升高或炉内温度超过控制范围，操作时应随着电炉温度的升高，逐步调整电炉入口阀门开度，控制进入电炉的气量，使气体温度小幅度均匀升高，最终控制电炉出口温度维持在要求范围内，一般电炉出口温度控制在 500℃以下。

第六章

SO₂鼓风机单元

一、概述

SO₂鼓风机是制酸系统输送冶炼烟气的关键设备。本章节主要介绍SO₂鼓风机结构、工作原理、运行参数控制等方面内容，重点介绍SO₂鼓风机在使用过程中的操作调整、常见故障处置以及应急操作。

二、基本内容

305. SO₂鼓风机的工作原理是什么？

SO₂鼓风机是一种离心式气体压缩机，其工作原理就是利用高速旋转的叶轮所产生的离心力将气体加速压缩后不断向叶轮外缘排出，而叶轮中心则形成负压，不断将气体吸入，如此往复，达到连续输送气体的目的。

306. SO₂鼓风机的主要配置包括哪些部分？

SO₂鼓风机常见配置：电动机、增速器或液力耦合器、轴承箱、SO₂鼓风机蜗壳及转子、前导向、进出口烟道、油冷却器、循环冷却水系统、油站及油路系统、高压配电系统、自动控制及监测系统。

307. SO₂鼓风机油冷却器的结构及作用是什么？

SO₂鼓风机油冷却器结构一般为浮头式列管换热器，管程通循环冷却水，壳程通油，冷却水与油为逆向流通，进而换热冷却（SO₂鼓风机油冷却器结构示意图见图6-1）。

SO₂鼓风机油冷却器的作用是将SO₂鼓风机运行中润滑油产生的热量通过油冷却器换入冷却循环水，以降低油温使之保持在较为恒定的工作温度范围之内, 如果 SO_2 鼓风机油冷却器故障会导致油温升高, 造成润滑油润滑不良, SO_2 鼓风机转动部位温度升高而跳车。

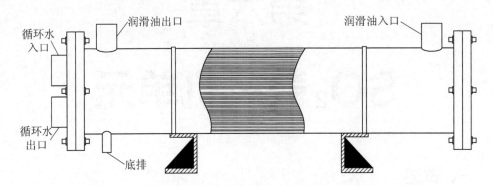

图 6-1　SO_2 鼓风机油冷却器结构示意图

308．SO_2 鼓风机紧急油泵的作用是什么?

紧急油泵是 SO_2 鼓风机故障停车时的安全保障, 其作用如下:

① 防止 SO_2 鼓风机停车时, 主油泵随机组停止工作, 辅助油泵未能正常启动, 而此时 SO_2 鼓风机在惯性作用下仍在转动, 紧急油泵在油压 $\leqslant 0.8bar$ 时紧急启动, 防止 SO_2 鼓风机转动部分由于润滑油油压过低, 供油不足, 不能形成油膜而拉伤和烧坏滑动轴承和主轴;

② SO_2 鼓风机配电系统失电故障时, 紧急油泵启动, 确保设备安全可靠。

309．SO_2 鼓风机转子的刚性轴和柔性轴有什么区别?

SO_2 鼓风机转子包括叶轮和叶轮轴, 叶轮轴有刚性轴和柔性轴。刚性轴指转子的临界转速大于其工作转速的轴。柔性轴是指临界转速小于其工作转速的轴。

310．SO_2 鼓风机液力耦合器的工作原理是什么?

液力耦合器是一种液力传动装置, 由泵轮和涡轮组成, 工作腔内充入一定量的工作油, 工作油在泵轮叶片带动下, 在离心力作用下由泵轮内侧的进口流向外缘出口, 形成高压、高速液流, 冲击涡轮的叶片, 使涡轮跟着泵轮相向旋转。工作油在涡轮中由外缘进口流向出口的流动过程中减压、减速, 然后再流向泵轮进口, 如此循环。在这种流动过程中, 泵轮把输入的机械能转换成工作油的动能和升高压力的势能, 而涡轮则把工作油的动能和势能转换成机械能,从而实现功率的传递，带动 SO_2 鼓风机旋转。在电动机（高压鼠笼型异步电动机）输入转速恒定的情况下，耦合器的动力传输能力与其相对充液量的大小是一致的。因此，在工作过程中，改变充液量就可改变耦合器的特性。在负载特性不变的情况下，也就调节了输出转速与转矩。通过操纵耦合器的勺管，控制耦合器工作腔内的工作油流量，实现对其输出转速进行无级调速。

311. 液力耦合器和前导向的作用是什么？

液力耦合器是 SO_2 鼓风机的液力传动元件，是利用液体的动能来传递功率的一种动力液压传动装置，将其安装在电动机与 SO_2 鼓风机之间来传递转矩。一方面在 SO_2 鼓风机启动过程中，先启动电动机，再逐步调节液力耦合器勺管开度，缓慢启动 SO_2 鼓风机，逐步提速，起到软启动的作用；另一方面在电动机恒速运转的情况下，无级调节 SO_2 鼓风机的转速，达到调节风量的目的。SO_2 鼓风机前导向由多个叶片组成，叶片与前导向外部传动装置连接，通过电动液压拉杆的伸缩调整叶片开度，起到调节流量的作用，同时由于前导向叶片开度方向与 SO_2 鼓风机转向一致，可使气体在进入 SO_2 鼓风机叶轮前产生预旋转，降低 SO_2 鼓风机运行功率。

312. SO₂鼓风机的基本性能参数有哪些？

基本参数：①轴功率 N；②流量 Q；③风压 P；④效率 η。

313. SO₂鼓风机的运行控制指标有哪些，应控制在什么范围？

SO_2 鼓风机运行主要控制指标有风量、进（出）口压力、进（出）口烟气温度、转速、电流、前导向开度、勺管开度、振幅、轴承温度、电动机绕组温度、油温、油压和油箱油位。风量和压力指标根据系统设计负荷及 SO_2 鼓风机设计性能综合控制；转速和前导向开度、勺管开度指标则是在 SO_2 鼓风机风量和压力控制范围内根据 SO_2 鼓风机性能曲线综合调节，SO_2 鼓风机指标控制在性能曲线内运行效率最高；振幅、轴承温度和油压则是关乎 SO_2 鼓风机本体安全的运行参数，实行三区控制，而每个指标根据系统和机组部位有所不同，均按 SO_2 鼓风机操作规程执行。

314. SO₂鼓风机风量的调节方式有哪些？

根据 SO_2 鼓风机不同配置，进行相应风量调节。一般 SO_2 鼓风机配置有高压变频器、液力耦合器、前导向三种中的一种、两种或三种联合配置，用单一调节，两种配置综合调节或三种方式联合调节，均可实现 SO_2 鼓风机风量的精准控制。

315．喘振有什么危害？

喘振对离心式压缩机有巨大的危害性，喘振发生时出口压力频繁波动，入口烟气温度上升，轴承振动升高，喘振会导致压缩机叶轮动应力大大增加，叶轮叶片产生强烈振动，严重时会导致叶片疲劳断裂，损坏机组轴承和密封，进而造成严重的设备事故。

316．SO_2 鼓风机发生喘振的原因是什么？如何处理？

SO_2 鼓风机发生喘振的主要原因：

① SO_2 鼓风机出口主气路阀关小或关闭，气路不畅；

② 入口烟气流量过小。

处理措施：

① 全开出口主气路阀，若无法全开，打开电炉出入口阀，再通知仪表维检人员处理 SO_2 鼓风机出口主气路阀；

② 提高入口烟气量或打开回流阀。

317．什么是共振？共振有什么危害？

当设备转动频率和设备自身固有频率接近一致时，设备会产生共振现象。共振和喘振一样对离心式压缩机的破坏性是非常巨大的，会导致 SO_2 鼓风机等运转设备振动加剧、轴承损坏、各配合部件松动、间隙增大，引发基础松动、地脚松动或拉断；设备在开车运行时，尤其是针对柔性转子的 SO_2 鼓风机，提速时要快速超过第一临界转速，越过其共振区间调整至性能曲线范围内稳定运行，避免发生设备共振。

318．SO_2 鼓风机发生振动的原因有哪些？

振动是 SO_2 鼓风机在运行中的一项重要技术指标。SO_2 鼓风机若长时间振动，会导致转动部件损坏，转子上的紧固件发生松动，间隙小的动静两部件因振动会造成相互摩擦，产生热变形，甚至引起轴的弯曲。SO_2 鼓风机振动过大，即使时间很短，也是不容许的，尤其是对于高转速的设备，其后果比较严重。因而，SO_2 鼓风机振幅作为 SO_2 鼓风机运行的主要性能参数必须严格监控。引起 SO_2 鼓风机振动的原因有很多，运转设备振动越小，设备就越稳定。

常见 SO₂ 鼓风机振动的原因：

① 后续阀门关闭过快造成气流喘振引发振动；

② 轴瓦间隙过大，引起主轴振动；

③ SO₂ 鼓风机设计、制作过程中存在缺陷，导致 SO₂ 鼓风机轴不同心；

④ 轴承底座和基础连接不良、基础的刚度不够或不牢固；

⑤ SO₂ 鼓风机转子质量分布不平衡或动平衡破坏；

⑥ 轴承安装不良或轴承表面损坏；

⑦ 叶轮叶片撕裂；

⑧ 联轴对中不良；

⑨ 电动机转子不平衡或动平衡破坏，引起电动机振动，进而导致 SO₂ 鼓风机振动；

⑩ 操作失误，因喘振引发振动；

⑪ 电动机与风机之间弹性联轴器弹性胶圈磨损，引起 SO₂ 鼓风机振动。

319. SO₂ 鼓风机正常开车程序是什么？

① 检查油箱油位、油温，保证油位在标定线内，油温在 10℃ 以上；

② 检查 SO₂ 鼓风机循环冷却水泵是否开启，循环水流量和压力是否正常；

③ 检查循环水泵、干吸泵是否正常开启；

④ 检查气路畅通，SO₂ 鼓风机进、出口阀门开启正常，全开安全阀、回流阀、排空阀，将前导向回零，并在 SO₂ 鼓风机开车记录上签字确认；

⑤ 开车前 30min，启动辅助油泵，检查各部位油压，确认油压正常方可开车；

⑥ SO₂ 鼓风机盘车，SO₂ 鼓风机转动无异常，安装好对轮罩；

⑦ 检查油路、机械部件、电气、仪表部件正常，确认签字，各相关专业确认后，具备送电开车条件，做好开车准备；

⑧ SO₂ 鼓风机送电，岗位操作人员将转换开关打到现场位置，启动主风机电动机；

⑨ SO₂ 鼓风机启动运行正常之后，停辅助油泵，将辅助油泵和紧急油泵切换到自动位置。

320. 停 SO₂ 鼓风机后，为什么前导向开度要开至 20%？

SO₂ 鼓风机前导向开度与 SO₂ 鼓风机启动连锁，前导向开度回零是允许 SO₂ 鼓风机启动的一个前提条件之一，SO₂ 鼓风机停机后前导向开至一定开度

（一般开度调至 20%），主要目的是防止误操作、误启动造成设备及人员伤害，因此，停 SO_2 鼓风机后将前导向开度开至 20%，是一项安全保障措施。

321. 开 SO_2 鼓风机时前导向为什么要归零?

① SO_2 鼓风机开车时，输送气体不进入转化系统，直接经排空烟道排空，致使 SO_2 鼓风机出口阻力较小，输送的气体量则较大。在同等前导向开度的情况下，开车时的风量远大于正常生产运行的风量，相当于开空车。空车开启时风量过大，造成电动机电流过大，导致电网较大波动，影响电网其他用电设备的正常运行。

② SO_2 鼓风机启动电流设定有安全上限，是风机启动的安全保护。若启动电流超过设定上限，风机将会跳车，不能实现正常启动。

③ SO_2 鼓风机启动的条件之一是前导向归零，前导向归零与允许开车条件做了连锁保护。若前导向不归零，SO_2 鼓风机允许开车灯不亮，SO_2 鼓风机将无法启动。

综上所述，SO_2 鼓风机务必在最好风量状态下启动，以确保设备本体、配电系统等不受较大影响。开 SO_2 鼓风机时，中控室必须在 DCS 系统先将 SO_2 鼓风机前导向开度调至 0%，现场确认，SO_2 鼓风机允许开车灯亮，其他相关开车条件完全具备，确认签字后方能允许 SO_2 鼓风机开车操作。

322. 配置液力耦合器的 SO_2 鼓风机开车时液力耦合器勺管为什么要归零?

配置液力耦合器的 SO_2 鼓风机开车时将液力耦合器勺管归零，在 SO_2 鼓风机启动过程中先启动电动机，再逐步调节液力耦合器勺管开度，带动 SO_2 鼓风机运转。如此操作，主要目的是为了降低启动负荷，减小启动惯量和启动转矩，从而缩短电动机启动时间，减小 SO_2 鼓风机启动时对电网的冲击及电动机影响。

323. SO_2 鼓风机轴承磨损是什么原因造成的?

① SO_2 鼓风机轴承一般是由优质碳钢或合金制成，在轴承的工作面上镀有一层耐磨性高、磨合性好的内衬，内衬与高速转轴间通过润滑油润滑，当轴承长期疲劳运行，轴承机械强度下降时，常出现轴承工作面金属层块状缺失，这就是我们常说的轴承疲劳损坏，这种问题不同于机械磨损，一般是突发的，日常检修时除拆解轴承，观察轴承磨损情况，做好日常保养外，还应记录轴承

使用周期，制定计划并定期检查，当达到使用寿命期限时应及时更换；

②SO$_2$鼓风机油更换周期长、混配机油加油时设备不洁净、使用与SO$_2$鼓风机性能不符的机油都会导致SO$_2$鼓风机轴承机械磨损。

324. SO$_2$鼓风机轴承温度过高是什么原因引起？应如何处理？

SO$_2$鼓风机轴承温度过高的原因及处理措施见表6-1。

表6-1　SO$_2$鼓风机轴承温度过高的原因及处理措施

序号	原　　因	处 理 措 施
1	冷却水量不足，油温高	提高冷却水流量，降低油温
2	润滑油油压过低	提高油压
3	系统负荷过高，转速过快	降低系统负荷，降低转速
4	轴承损坏	检查处理或更换轴承
5	轴承油道堵塞，供油不足	检查清理油道
6	温度检测元件接线松动或损坏，显示假值	检查处理紧固接线或更换温度检测元件

325. SO$_2$鼓风机油过滤器压差报警的原因及处理措施有哪些？

原因：SO$_2$鼓风机润滑油油质变差或有杂物，如积炭，会造成润滑油油过滤器滤芯堵塞，导致油过滤器压差升高，油压降低。当滤芯压差大于0.8bar时，润滑油过滤器开始报警。

处理措施：出现油过滤器压差报警时，应及时切换油滤，消除报警，并清洗或更换油过滤器滤芯，需要时更换润滑油。恢复油压，否则会有油压较低导致SO$_2$鼓风机跳车的风险。

326. 如何保证SO$_2$鼓风机水电阻的正常运行？

SO$_2$鼓风机所配套的电动机均为大型鼠笼（绕线式）电动机，这种电动机的直接启动有三大缺点：①对电网造成瞬时过负荷，使电网电压下降而影响同一网络上其他设备的正常运行；②对负载产生加速度冲击，容易损坏设备或缩短设备使用寿命；③过电流冲击影响电动机的使用寿命。

使用水电阻启动的电动机具有启动电流小、转矩逐步增加的软启动特性，启动装置由具有负温度特性（阻值与温度成反比）的三相平衡水电阻组成，将该水电阻串入电动机的三相绕组回路中，实现电动机软启动。当电动机启动时，电动机的定子电流流过水电阻从而使电解质发热，温度逐步升高，电阻逐步降低，在电动机启动电流基本恒定的情况下，电动机端电压逐步升高，从而使电动机启动转矩逐步增大，实现电动机的平稳启动。

为保证 SO_2 鼓风机水电阻的正常运行，应该保证水电阻箱液位不低于规定液位指示范围，也应保证电阻液浓度在设计范围内，必要时需更换电阻液，重新配比水电阻阻值，同时应保证水电阻箱所在房间温度恒定。

327．SO_2 鼓风机开车后，为什么会出现油位升高的现象？

油的黏稠度随温度升高而降低，SO_2 鼓风机停车后，油温会逐步降低，停车期间油的黏稠度比较高，将保持在一个较低油温，SO_2 鼓风机开车后，油温上升，黏稠度下降，体积膨胀，导致油位升高，特别是在冬季更加明显。

328．SO_2 鼓风机油温升高的原因及处理措施有哪些？

SO_2 鼓风机油温升高的原因及处理措施见表 6-2。

表 6-2　SO_2 鼓风机油温升高的原因及处理措施

序号	原　因	处 理 措 施
1	油冷却器堵塞，换热效率降低	疏通、清洗油冷却器
2	SO_2 鼓风机循环水泵故障或跳车，供水不足或断水	即时开启备用水泵，恢复正常供水
3	SO_2 鼓风机循环冷却水温度过高	开启或调节冷却风扇，降低水温
4	循环冷却水管路泄漏，循环冷却水量减小，水压降低	检查处理循环水管路
5	油箱油位太低	补充润滑油
6	润滑油泡沫太多（含水、排气性差）	及时分析油品质，更换润滑油

329．在液力耦合器勺管开度不变时，增大前导向开度，SO_2 鼓风机转速下降的原因是什么？

液力耦合器的存在避免了轴与轴之间的刚性连接，调节液力耦合器勺管开度可以控制液力耦合器内部油量，间接达到调节 SO_2 鼓风机转速的目的。当液力耦合器勺管开度不变时，相当于泵轮与涡轮以固定的齿比啮合传动（柔性连接），风量 Q 正比于转速 v；风压 H 正比于转速 v 的平方；SO_2 鼓风机轴功率 P 正比于转速 v 的三次方。电动机施加给 SO_2 鼓风机的动能可看作一定值，所以 SO_2 鼓风机此时单位时间所能输送的烟气也为一定值，SO_2 鼓风机转速与 SO_2 鼓风机所能提供的风量成正比，在液力耦合器勺管开度不变的情况下，增大前导向开度，SO_2 鼓风机风量增大，液耦滑差增大，SO_2 鼓风机转速下降。

330. SO₂鼓风机电动机碳刷打火的原因是什么？如何处理？

SO₂鼓风机配置同步电动机时，由于长期运行，碳刷磨损，碳刷与滑环接触不良，易产生打火现象，如打火严重，易形成拉弧，造成滑环损伤。发现碳刷打火，及时停 SO₂鼓风机更换碳刷。

331. SO₂鼓风机出口压力突然降低的原因有哪些？如何处理？

SO₂鼓风机出口压力突然降低的原因及处理措施见表 6-3。

表 6-3　SO₂鼓风机出口压力突然降低的原因及处理措施

序号	可能原因	处理措施
1	SO₂鼓风机前导向自动关闭	立即远程恢复前导向开度，若远程无法操作，则在缩量后进行以下操作： ① 电动：立即去现场将前导向调节转化开关从"auto"切换到"man"位置，分别按动"direction 1"，"direction 2"进行开、关 SO₂鼓风机的前导向操作；电动无法操作的情况下，立即改用手动操作； ② 手动：现场将前导向调节转换开关调至手动位置，转动手轮开、关 SO₂鼓风机前导向，调节系统烟气量，同时联系相关人员检查，处理
2	排空阀自动打开	立即远程关闭排空阀，若远程无法操作，则现场手动关闭阀门
3	SO₂鼓风机出口压力测点损坏	联系自动化仪表维护人员处理损坏测点

332. SO₂鼓风机房内 SO₂浓度高是什么原因？如何处理？

原因：
① SO₂鼓风机轴封的氮气未开通；
② SO₂鼓风机轴封损坏；
③ SO₂鼓风机壳体密封泄漏或出口烟道泄漏；
④ SO₂鼓风机壳体底排阀未关闭或底排管泄漏。

处理措施：
① 开启氮气阀，通密封氮气；
② 停 SO₂鼓风机检修，更换轴封；
③ 停 SO₂鼓风机处理漏点，更换泄漏的壳体密封或修补出口烟道；
④ 关闭 SO₂鼓风机壳体底排阀或补焊底排管。

333. SO₂鼓风机长期停车，为什么要定期盘车？

① 因为 SO₂ 鼓风机长时间停车，SO₂ 鼓风机转子较重且叶轮始终处于同一位置，长时间不盘车会引起 SO₂ 鼓风机转子时效变形，破坏 SO₂ 鼓风机转子动平衡。

② 蜗壳和叶轮转子间隙较小，长时间停车也会造成叶轮上酸泥下坠，板结在叶轮下部，一方面会造成 SO₂ 鼓风机启动困难，另一方面会造成风机转子由于酸泥分布不均，影响动平衡，SO₂ 鼓风机开车后，振动增大，SO₂ 鼓风机振幅将有较大的升高。

所以在 SO₂ 鼓风机停车期间，需定期进行盘车。在盘车时一定要先开启辅助油泵。

334. SO₂鼓风机盘车时，为什么要开启辅助油泵？

SO₂ 鼓风机停车时，要定期对 SO₂ 鼓风机进行盘车操作，SO₂ 鼓风机每次盘车前，必须提前开启辅助油泵，直至盘车完毕后，方可停止辅助油泵。因为 SO₂ 鼓风机停车后，特别是停机时间较长时，SO₂ 鼓风机轴承等转动部位的油膜破坏，在盘车操作时，如不开启辅助油泵直接盘车操作，将造成 SO₂ 鼓风机轴承等转动部件损坏，而开启辅助油泵，在轴承等转动部位加注润滑油，重新形成油膜，并将 SO₂ 鼓风机机械配合部分分离，有效缓解机械磨损，在盘车时对轴承等转动部件进行保护。因此，SO₂ 鼓风机盘车时，开启辅助油泵是对 SO₂ 鼓风机本体的有效保护。

335. SO₂鼓风机日常点检应包含哪些内容？

① 设备本体有无剧烈振动、设备基础有无剧烈振动，听、辨 SO₂ 鼓风机、电动机、耦合器有无异常噪声，检测判断现场有无轻微的烟气泄漏和电缆烧焦的气味，触摸检测增速箱、耦合器、齿轮箱等有无发烫现象；

② 利用测振仪测量 SO₂ 鼓风机前后轴瓦、增速器输入输出端轴瓦振幅、电动机前后轴瓦振幅是否符合要求，对比现场测量数据与中控室操作台上显示的数据（参考值：振幅≤65μm）；

③ 查看润滑及油冷却系统，油箱油位是否在上下限之间，显示油箱油温是否正常（参考值：≤50℃），润滑油压是否正常（参考值：≥0.20MPa），润滑油冷却器进水压力是否正常（参考值：≥0.20MPa）。

336．SO₂鼓风机日常的巡检内容有哪些？

① 检查 SO₂ 鼓风机有无异常噪声、机体有无剧烈振动、SO₂ 鼓风机房有无异常气味；

② 检查辨听 SO₂ 鼓风机内部声音，检查轴承温度及振动情况；

③ 检查 SO₂ 鼓风机油温油压是否正常；

④ 检查 SO₂ 鼓风机循环冷却水流量、压力是否正常；

⑤ 检查油箱油位有无下降，油位是否正常；

⑥ 检查 SO₂ 鼓风机运行电流是否正常；

⑦ 检查 SO₂ 鼓风机前导向开度或液力耦合器勺管开度是否与中控室一致；

⑧ 检查 SO₂ 鼓风机有无漏水漏油现象。

337．SO₂鼓风机高压电动机日常点检内容包括哪些？

在运行过程中需定期对电动机运行状况、运行参数进行检查、监控。SO₂ 鼓风机电动机日常点检内容包括：电动机驱动端和非驱动端轴承温度、运行电流、每相绕组温度、水冷却器滴漏保护是否漏水、轴承进出润滑油流量、高压进线温度等。

338．为什么要对直流电源进行点检？

直流电源是风机的安全保障，为 SO₂ 鼓风机紧急油泵提供电源，必须对其进行定期点检和充放电操作，确保直流电源正常供电，防止 SO₂ 鼓风机因故障跳车，辅助油泵不能正常启动的情况下，紧急油泵能自动开启，保证 SO₂ 鼓风机各部位润滑油供给，避免润滑部位轴承抱死或烧损。

339．SO₂鼓风机各部位的振动标准是什么？

SO₂ 鼓风机各部位振动标准见表 6-4（仅供参考）。

表 6-4　SO₂ 鼓风机各部位的振动标准　　　　　　单位：mm/s

点 检 项 目	优 　 值	允 许 值	超 标 值
SO₂ 鼓风机前轴承	<1.8	<7.1	>11.2
SO₂ 鼓风机后轴承	<1.8	<7.1	>11.2
耦合器输入端轴承	<1.8	<7.1	>11.2
耦合器输出端轴承	<1.8	<7.1	>11.2
电动机前轴承	<1.8	<7.1	>11.2
电动机后轴承	<1.8	<7.1	>11.2

340. SO₂鼓风机关键部位温度报警和跳车值是多少?

SO₂鼓风机关键部位温度报警值和跳车值见表6-5(仅供参考)。

表6-5 SO₂鼓风机关键部位温度报警值和跳车值

点 检 项 目	报警值/℃	跳车值/℃	备 注
SO₂鼓风机前轴承	90	100	风机侧
SO₂鼓风机后轴承	90	100	电动机侧
液力耦合器输入端轴承	90	95	滑动轴承
液力耦合器输出端轴承	90	95	滑动轴承
电动机前轴承	80	90	风机侧
电动机后轴承	80	90	电动机侧
三相绕组	130	135	每相温度

341. SO₂鼓风机喘振检测哪几个信号? 喘振检测的目的是什么?

SO₂鼓风机喘振主要检测项目:风机入口温度和出口压力。

喘振检测的目的:通过检测,避免SO₂鼓风机进入喘振区运行,防止SO₂鼓风机发生喘振自动跳车以及风机由于喘振而损坏机组部件。

342. SO₂鼓风机前导向的清洗与润滑如何操作?

SO₂鼓风机停车检修时,先用大水量将已拆卸的前导向叶片以及壳体上的酸泥冲洗干净,再用油抹布将冲洗干净的表面涂抹一层油膜,以防生锈和运行时酸泥大量附着。前导向叶片的每一根轴与壳体配合端面均有一个加油孔,利用黄油枪将适量的润滑油脂挤入孔内即可。

343. 更换SO₂鼓风机润滑油应注意哪些事项?

① 定期更新或定期化验油质,以油质状况确定SO₂鼓风机润滑油的更换。

② 按设备说明书要求添加推荐使用的SO₂鼓风机润滑油。严禁将不同品牌的润滑油混合使用,不同品牌的润滑油采用不同的添加剂配方,混合使用可能会产生化学反应,降低润滑油使用性能,影响SO₂鼓风机安全运转;严禁标号不同的润滑油混合使用,冬季和夏季SO₂鼓风机使用润滑油标号不同,进行更换时,一定要彻底将润滑油放净,才能添加新标号润滑油。

③ 更换SO₂鼓风机润滑油时,绝对不能带入杂物。

④ 每次`添加新油前,务必排空旧油,将油箱排污阀打开,保证油箱底部油泥完全排出。

⑤ 热机放润滑油在对旧润滑油进行更换前，需在 SO₂ 鼓风机停车后，怠速运转一段时间，立即进行放油，此时的 SO₂ 鼓风机润滑油温度接近工作油温，由于热润滑油的流动性较强，可以对附着在机体表面上的杂质进行有效清理，通过这种方法放出的润滑油将有效减少 SO₂ 鼓风机润滑油箱内残留的杂质及颗粒，减少设备旋转部件的磨损，保证 SO₂ 鼓风机安全运转，同时热机放油更易排放彻底。

⑥ 严禁过量加注润滑油。严格来说，润滑油的加注达到润滑油标线中线偏上一点即可，加入过量的润滑油，超过规定上限，SO₂ 鼓风机会因油位高连锁保护，导致 SO₂ 鼓风机不能启动。

344. SO₂鼓风机油冷却器为何要定期疏通清洗？

油冷却器是 SO₂ 鼓风机润滑油的主要换热设备，承担着 SO₂ 鼓风机润滑油冷却降温的任务。长期运行会造成冷却器列管结垢或杂物堵塞，换热效率降低，油温升高，影响 SO₂ 鼓风机正常稳定运行。为了确保油冷却器具有较好的换热效率，油冷却器要定期进行疏通或清洗。

345. SO₂鼓风机油冷却器为何要反冲洗？如何操作？

油冷却器一般为水冷式油冷却器，水冷式油冷却器采用水作为介质和油进行热交换，优点是冷却效果好，可以满足油温较低的要求。SO₂ 鼓风机油冷却器使用的是软水，在长期的热交换过程中，也会存在换热管内壁结垢现象，所以需要对 SO₂ 鼓风机油冷却器进行反冲洗，以避免水垢结实。

反冲操作，即颠倒循环水在冷却器中的流向。具体步骤：①关闭 SO₂ 鼓风机油冷却器循环水入口阀门；②开启油冷却器入口管配置的排放阀门；③开循环水入口管与循环水出口管连通管上的阀门。通过这几步阀门开关操作进行反冲洗，反冲洗水直接排入生产下水。

346. 为什么每次 SO₂鼓风机开车前都要进行空投连锁试验？

SO₂ 鼓风机运行参数异常时，SO₂ 鼓风机自动连锁会动作，连锁保护是设备的自我保护措施。如果设备出现异常或故障时自身不能停车保护会造成严重的设备事故，因而每次开车前必须进行空投连锁试验，以确保连锁装置完好，有效可靠。

347. 为什么要对叶轮定期做探伤检查?

SO_2 鼓风机叶轮作为机组高速旋转核心部件,叶轮直径大,叶片外缘线速度高,叶片一旦产生浅表性微裂纹,在交变载荷的作用下裂纹会迅速扩展,最后导致叶片断裂,发生严重的设备事故。所以必须定期对 SO_2 鼓风机叶轮做探伤检查。

348. 停产检修期间需对前导向(IGV)做哪些检查和维护保养?

前导向作为 SO_2 鼓风机风量调节的主要部件,必须保证其准确可靠、动作灵活、操作自如。停产检查期间必须对前导向的导向轮、叶片转轴和导叶进行全面检查。保证导向轮无卡阻,叶片转轴润滑脂饱满转动自如,每个导叶无裂纹且角度一致,显示开度与实际开度完全相符。

349. 为什么每次停产期间要对 SO_2 鼓风机联轴器进行检查?

联轴器作为 SO_2 鼓风机联结和传递力矩的高速旋转部件,如果运行中松动和断裂不仅会造成 SO_2 鼓风机突发性停车,影响系统正常生产,甚至会引发严重的安全事故。每次停产期间必须对联轴器膜片、弹性圈、弹性柱销及紧固螺母的状况进行认真检查。

350. 为什么 SO_2 鼓风机开启后辅助油泵和紧急油泵必须切换到远程?

为避免自控系统误动作而发生故障或事故,SO_2 鼓风机停车后,须将 SO_2 鼓风机的辅助油泵和紧急油泵自动切换到手动操作位置。SO_2 鼓风机启动完毕运行正常后,在现场将辅助油泵和紧急油泵再切换至自动位置,实现其自动控制,远程操作。同时 SO_2 鼓风机在事故或紧急停车后,机组在惯性作用下仍将持续运转 4~5min 方能完全停止运转,在此期间如果 SO_2 鼓风机辅助油泵和紧急油泵不能自动启动,会导致所有润滑部位因无润滑油供给而造成轴承等转动部件损坏,发生设备事故。

351. 为什么 SO_2 鼓风机开启半小时后相关专业维检人员才能离开现场?

SO_2 鼓风机开启后,各项指标逐步从设备的停车状态进入到正常运行状态,并趋于稳定,在开车前期,极易发生设备运行及指标异常等情况,如果设备运行异常,各专业技术人员均在现场,可及时发现,及时处置,避免故障事故的发生。所以 SO₂ 鼓风机开车后，至少半小时确认风机各项指标运行正常后方可离开。

352. SO₂鼓风机跳车的常见原因以及造成的后果有哪些?

SO₂ 风机常见的原因有以下几种情况:

① SO₂ 鼓风机振幅过高，超过设定上限，SO₂ 鼓风机保护性跳车;

② SO₂ 鼓风机各部位轴承温度超过设定值;

③ SO₂ 鼓风机电动机绕组温度超过设定值;

④ SO₂ 鼓风机油压过低，风机保护性跳车;

⑤ SO₂ 鼓风机油温超过设定值;

⑥ SO₂ 鼓风机发生喘振跳车;

⑦ SO₂ 鼓风机入口烟气温度超过设定值;

⑧ SO₂ 鼓风机电动机失电或高压配电系统故障，导致 SO₂ 鼓风机跳车;

⑨ SO₂ 鼓风机检测仪表失真或损坏，测量值超过设定值。

在正常生产期间，突发性 SO₂ 鼓风机跳车，极易造成干吸循环槽冒酸和 SO₂ 鼓风机前端压力骤增，烟气外泄等安全环保事故的发生。

353. SO₂鼓风机润滑油压下降的原因有哪些? 如何处理?

SO₂ 鼓风机润滑油压下降的原因及处理措施见表 6-6。

表 6-6　SO₂ 鼓风机润滑油压下降的原因及处理措施

序号	原　因	处　理　措　施
1	润滑油变质变脏，导致润滑油过滤器滤芯堵塞	更换润滑机油、更换油滤芯
2	溢流阀设置太低，导致运行油压低	溢流阀设置应稳定在风机正常使用要求值内，禁止频繁操作，按实际情况进行微调，适当提高油压
3	油冷却器换热管泄漏，导致油压迅速下降	检查油冷却器，对泄漏油管进行堵漏或更换油冷却器
4	SO₂ 鼓风机润滑油路回流阀故障	检查处理回流阀
5	主油泵故障	检修处理主油泵

354. SO₂鼓风机前导向主控操作失灵是什么原因? 如何应急处理?

风机前导向经常会发生操作失灵的情况，常见有以下几种情况:

① 现场手动关过 0%位，主控远程操作无法动作，主要发生在 SO₂ 鼓风

机开车后，系统带烟气过程；

② 现场没有切换到 DCS 远程操作。

处理方法：

① 现场手动打开，开度大于 0%；

② 现场切换到 DCS，仍不能实现远程操作时，现场将 SO_2 鼓风机前导向转换开关从"auto"打到"man"位置，分别按动"direction1"、"direction2"两按钮进行关、开 SO_2 鼓风机前导向调节。如果低压停电，可在现场直接将转换开关打到手动位置，用手轮调节 SO_2 鼓风机前导向至合适位置，并现场手动控制前导向开度，同时联系检查处理故障，尽快恢复远程操作。

355. SO_2 鼓风机冷却水突然中断，应如何应急处理？

SO_2 鼓风机作为制酸系统关键设备，基本都配置有应急新水，循环水与应急水通过流量设定连锁，当循环冷却水中断，循环水流量低于设定值时，应急水自动阀自动打开，提供应急水，确保 SO_2 鼓风机正常运转。查找循环冷却水中断原因并尽快组织检修，恢复循环冷却水供水。

当确认循环冷却水和应急水均断水时，立即联系切断烟气，孤立系统，停 SO_2 鼓风机，再组织查找原因，恢复循环冷却水正常供水。

特别注意：在恢复循环水正常供水时，也必须恢复应急水，确保 SO_2 鼓风机随时具有应急水源。

356. 系统正常生产时，若 SO_2 鼓风机跳车应如何应急处理？

在系统正常生产时，如果发生 SO_2 鼓风机保护性跳车或失电跳车，应立即启动应急程序，避免引发设备事故和环保事故。

① 联系冶炼紧急停料、烟气排空；

② 制酸系统孤立；

③ 干吸区域警戒，液位调整，问题处置；

④ 检查确认风机辅助油泵或紧急油泵是否开启；如未自动启动，应立即手动启动辅助油泵或紧急油泵；

⑤ 组织 SO_2 鼓风机跳车原因检查、处理。

第七章

余热锅炉单元

一、概述

硫酸的生产过程是一个不断释放反应热的过程，在冶炼烟气制酸生产中，反应热主要来源有三个部分：二氧化硫的氧化、气体干燥和三氧化硫吸收。随着热载体在生产过程中的流动，其温位也随之发生相应的变化。本章介绍的余热回收工艺主要是针对转化过程中产生中温位余热的回收，详细介绍了目前已成熟应用于硫酸生产的热管式余热锅炉工艺技术及操作。

二、基本内容

357. 余热回收工艺是什么？

将各种工业过程中的废气、废料或废水中多余的热能转变成其他工质热能，并生产规定参数和品质的工质的工艺称为余热回收工艺。实现余热回收工艺的设备称为余热锅炉，余热锅炉通过余热回收可以生产热水或蒸汽来供给其他工段用户使用，由于余热锅炉大大提高了热能利用率，多数制酸系统利用其生产蒸汽，属一种节能工艺。

358. 余热回收工艺如何分类？制酸系统通常采用哪一种余热回收工艺？

一般余热回收工艺按回收温度的高低分为高温位余热回收、中温位余热回收、低温位余热回收。把焙烧过程在 $800 \sim 1000 ℃$ 的余热回收称作高温余热回收；制酸转化过程在 $500 ℃$ 左右的余热回收称作中温余热回收；吸收过程在 $100 ℃$ 以下的余热回收称作低温余热回收。

制酸系统转化工序现采用中温位余热回收工艺，SO_2 的转化过程是在

400～600℃下进行的，其工艺流程中普遍采用了 3 段至 5 段转化装置。各段间采用冷却装置移走反应热。为了提高 SO_3 的吸收率，降低吸收塔进气温度，其出口烟气也采取了冷却措施。过去转化器反应热多余部分是不回收的，一般用冷空气间接冷却，这一方面造成了能量的损失，另一方面输送空气消耗了电能，为了充分回收利用 SO_2 烟气转化过程中的反应热，用低压锅炉代替 SO_3 气体冷却器，回收热量产生低压蒸汽。

359. 余热回收装置的分类有哪些？应用于冶炼烟气制酸的有哪些？

余热锅炉按燃料分为燃油余热锅炉、燃气余热锅炉、燃煤余热锅炉及外媒余热锅炉等。按用途分为余热热水锅炉、余热蒸汽锅炉、余热有机热载体锅炉等。

余热回收设备根据换热形式和换热器材质的不同，主要有 5 种，分别为：热管式余热回收器、间壁式换热器、蓄热式换热器、节能陶瓷换热器、喷射式混合加热器。目前国内应用于冶炼烟气制酸的余热回收设备主要为热管气-液式余热回收装置。

热管式余热回收器是利用热管的高效传热特性及其环境适应性制造的换热装置，主要应用于工业节能领域，可广泛回收存在于气态、液态、固态介质中的废弃热源。按照热流体和冷流体的状态，热管余热回收器可分为：气-气式、气-汽式、气-液式、液-液式、液-气式。按照回收器的结构形式可分为：整体式、分离式和组合式。

制酸系统多采用热管气-液式余热回收锅炉，因具有"气-水隔离、不相互渗漏"的特点，使整个气-水系统的受热及循环完全与工艺气体隔离而独立存在于工艺气体烟道之外，且热管元件间相互独立，即使单根或数根热管损坏，也不影响系统正常运行，同时水汽也不会由于热管破损而进入工艺气体中。

360. 余热回收系统由哪些部分组成？

余热回收装置主要由换热器、汽包、烟气通道、除氧器、给水泵、水汽自动取样装置、定期排污扩容器、连续排污扩容器、加药装置等组成。上部是汽包，下部是烟气通道，传热元件（热管）将汽包和烟道连成一体。烟道内的热管受热段上有高频焊翅片以强化传热，汽包内的热管放热段为光管。热管将烟气的热量传给汽包内的饱和水，使其汽化，生产所需蒸汽（汽水混合物），达到将高温烟气转化为蒸汽的目的。金川集团制酸系统换热装置选用分离型循环热管式换热器，热管采用纳米工质重力式热管。热管的管壁材料为 20g 钢，采用无缝钢管，热管的工质为水基纳米工质。热管寿命要求 5 年以上。余热锅炉的烟气通道本体材质采用 Q235B；汽包材质采用 20g 钢。

361. 分离型循环热管式余热锅炉的结构是怎样的？其工作原理是什么？

分离型循环热管式余热锅炉如图 7-1 所示，由热管加热段，上、下联箱，外联管（热管上升管和热管下降管）及热管放热段，汽包等部分构成。

工作原理：热管受热段置于热流体风道内，热流体横向冲刷热管受热段，热管元件的冷却段设置在汽包内，汽、水系统的受热和热源分离而独立存在于热流体的通道之外，汽、水系统不受热流体的冲刷。热管元件（包含吸热段、放热段、上升管、下降管）内的工质密闭循环，汽包内的汽、水不参与循环，烟气侧与汽、水侧实现真正意义上的完全分隔。上下联箱的结构降低了制造难度，上、下联箱通过外联管路与汽包内的热管元件冷侧连接。

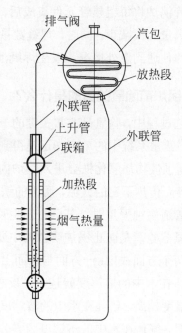

图 7-1 分离型循环热管式余热锅炉示意图

362. 分离型循环热管式余热锅炉的设备特点有哪些？

分离型循环管式热管锅炉除具有传统管锅炉的优点外，还具有以下独特的优点。

（1）烟气侧与汽水侧真正彻底分离，杜绝重大事故热管锅炉设置上、下锅筒，汽、水在上、下锅筒之间自然循环；汽水侧（即汽包）与烟气通道分别放置，二者彻底分开（锅炉上升和下降管路为热管工质循环管路，而非汽包内汽水循环管路），绝不会发生锅炉给水泄漏进入系统烟道的事故。

（2）稳定设备性能，热管可再生

热管元件在使用一定周期、性能衰减后，通过设置在外联管路上的真空阀，可以使热管再生，热管元件工作能力恢复设计状态。

（3）设备设计合理，消除故障隐患

取消热管元件的夹套，热管元件冷侧与热侧均处于自由膨胀状态，设备工作时，热管元件没有热应力，这一点是分离套管式热管锅炉无法做到的。

（4）结构合理，易于维护

设备的密封较夹套管式热管锅炉简单。分离套管式热管锅炉每个热管元件都需与烟道壳体的管板焊接，焊缝很多。

分离型循环管式热管锅炉将每组热管元件集成后，与烟道壳体焊接，热管元件与烟道壳体的焊缝数量大大减少。同时，焊缝数量减少后，各焊缝之间均保持合理的维修空间，即使遇到意外情况，发生焊缝泄漏，也可便于修补。

363. 除盐水进入锅炉前除氧的目的是什么？

在锅炉给水处理工艺过程中，除氧是非常关键的一个环节。氧是锅炉给水系统的主要腐蚀性物质，给水系统中的氧应当迅速得到清除，否则它会腐蚀锅炉的给水系统和部件，腐蚀性物质氧化铁会进入锅炉内，沉积或附着在锅炉管壁和受热面上，形成难溶而传热不良的铁垢，腐蚀的铁垢会造成管道内壁出现点坑，阻力系数增大。管道腐蚀严重时，甚至会发生管道爆炸事故。

余热锅炉给水由除氧器除氧是防止锅炉腐蚀的主要措施。在容器中，溶解于水中的气体量主要由两个方面决定：一方面与水面上该气体的分压力成正比例（即压力越高，该气体在水中的溶解度就越大，反之则越小）；另一方面与水的温度有关（即水的温度越高，气体在水中的溶解度就越小，当温度为相应工作压力下的饱和温度时，气体在水中的溶解度为零）。采用热力除氧的方法，即用蒸汽来加热给水，提高水的温度，且使水面上蒸汽的分压力逐步增大，而溶解气体的分压力则渐渐降低，溶解于水中的气体就不断逸出。当水被加热至相应压力下的饱和温度时，水面上全部是水蒸气，溶解气体的分压力为零，水不再具有溶解气体的能力，亦即溶解于水中的气体，包括氧气均可被除去。

除氧的效果一方面决定于是否把给水加热至相应压力下的饱和温度，另一方面决定于溶解气体的排除速度。水是否能加热到相应压力下的饱和温度，与水和蒸汽的接触表面积的大小有很大的关系，采用旋膜管、水篦子加填料的方式，水通过旋膜管，形成的水膜群下落，与上升的蒸汽流相遇。形成水的膜群大大地增加了水和蒸汽的热交换面积，强化了汽水热交换的效果，形成水膜群的水经过水篦子换热后继续流经无规则堆放的填料层时，受到蒸汽的进一步加热。水迅速被加热，溶解于其中的气体的排除速度也更快。最后除氧水流经除氧水箱，经蒸汽再沸腾管加热，充分地保证了除氧水在工作压力下为饱和温度，因此，虽然水在除氧器中停留时间很短，但除氧效果较彻底。

364. 除氧器的结构是什么？其工作原理是什么？

旋膜式除氧设备主要由除氧塔头、除氧水箱两大件以及接管和外接件组成，其主要部件除氧器（除氧塔头）由外壳、新型旋膜器（起膜管）、淋水篦子、蓄热填料液汽网等部件组成。

① 外壳：由筒身和冲压椭圆形封头焊制而成。中、小低压除氧器配有一对法兰联结上下部，供装配和检修时使用，高压除氧器预留有供检修的人孔。

② 旋膜器组：由水室、汽室、旋膜管、凝结水接管、补充水接管和一次进汽接管组成。凝结水、化学补水、经旋膜器呈螺旋状按一定的角度喷出，形成水膜裙，并与次加热蒸汽接管引进的加热蒸汽进行热交换，形成了一次除氧，给水经过淋水篦子与上升的二次加热蒸汽接触被加热到接近除氧器工作压力下的饱和温度，即低于饱和温度 2～3℃，并进行粗除氧。一般经此旋膜段可除去给水中含氧量的 90%～95% 左右。

③ 淋水篦子：由数层交错排列的角形钢制作组成。经旋膜段粗除氧的给水在这里进行二次分配，呈均匀淋雨状落到装在其下的液汽网上。

④ 蓄热填料液汽网：由相互间隔的扁钢带及一个圆筒体，内装一定高度特制的不锈钢丝网组成。给水在这里与二次蒸汽充分接触，加热到饱和温度并进行深度除氧目的，低压大气式除氧器低于 10μg/L、高压除氧器低于 5μg/L（部颁标准分别为 15μg/L、7μg/L）。

除氧器的工作原理：把压力稳定的蒸汽通入除氧器加热给水，在加热过程中，水面上水蒸气的分压力逐渐增加，而其他气体的分压力逐渐降低，水中的气体就不断地分离析出。当水被加热到除氧器压力下的饱和温度时，水面上的空间全部被水蒸气充满，各种气体的分压力趋于零，此时水中的氧气及其他气体即被除去。水箱除过氧的给水汇集到除氧器下部容器即水箱内，除氧水箱内装有最新科学设计的强力换热再沸腾装置，该装置具有强力换热、迅速提升水温、更深度除氧、减小水箱振动、降低噪声等优点，提高了设备的使用寿命，保证了设备运行的安全可靠性。

365．什么是定期排污扩容器？其工作原理是什么？

定期排污扩容器也称定期排污膨胀器，定期排污扩容器是将锅炉定期排污水或压力比定期排污膨胀器更高的排出的废热水，经过减压、扩容分离出二次蒸汽和废热水。二次蒸汽排入大气或作为热源利用，废热水一般经排污降温池排入下水系统。锅炉排污水具有和锅炉相同的工作压力及其压力下的饱和水温，在定期排污膨胀器前设有节流阀降低压力，以便在定期排污膨胀器内扩容、降温，分离出二次蒸汽。所以对二次蒸汽和废热水作为热源加以利用，可以回收部分锅炉排污损失的热量，提高锅炉效率。

工作原理：锅炉排污水均匀地排入排污扩容器，排污水在外壳中部的圆筒隔板中作切向运动，并且立即汽化成二次蒸汽，它经过上部百叶窗式的汽水分离器进行汽水分离后，再经定排顶部的出口引出，而留下的排污水则通过水位调节阀排放。

366．什么是连续排污扩容器？其工作原理是什么？

连续排污扩容器也称连续排污膨胀器，是与锅炉的连续排污口连接的，用来将锅炉的连续排污减压扩容。排污水在连续排污膨胀器内绝热膨胀分离为二次蒸汽和废热水，并在膨胀器内经扩容、降压、热量交换，然后排放，二次蒸汽由专门的管道引出，废热水通过浮球液位阀或溢流调节阀自动排走，热能可以得到回收再利用。连续排污量随锅炉给水负荷变化自动调节，保持相对稳定的排污率。

工作原理：锅炉排污水连续均匀地排入排污扩容器，排污水在外壳中部的圆筒隔板中作切向运动，并且立即汽化成二次蒸汽，它经过上部百叶窗式的汽水分离器进行汽水分离后，再经连排顶部的出口引进除氧器，而留下的排污水则通过水位调节阀排放。

367．余热锅炉给水控制指标有哪些？

余热锅炉给水控制指标见表 7-1。

表 7-1　余热锅炉给水控制指标

悬浮物/（mg/L）	≤5	含油量/（mg/L）	≤2
总硬度①/（mmol/L）	≤0.03	含铁量/（mg/L）	≤0.3
pH（25℃）	6～8	电导率/（μs/cm）	≤110

① 总硬度的基本单元为浓度 $c(1/2Ca^{2+}$、$1/2Mg^{2+})$。

368. 余热锅炉炉水控制指标有哪些?

余热锅炉炉水控制指标见表 7-2。

表 7-2　余热锅炉炉水控制指标

| 碱度/（mmol/L） | ≤0.2 | 溶解氧/（μg/L） | ≤12 |
| pH（25℃） | 10～12 | 磷酸根/（mg/L） | 10～30 |

369. 锅炉内炉水指标长期超标对锅炉有何危害?

硬度：在锅炉运行过程中，水质硬度越低锅炉结垢的可能性就越小，可有效提升换热效率。

碱度：锅炉水碱度是反映 OH^- 和 CO_3^{2-} 组成的浓度标度，而炉水的 pH 值只是控制 H^+ 的浓度。pH 合格如锅炉碱度达不到要求，同样会造成锅炉结垢的发生；相反，如果化验锅炉水质碱度合格，锅炉水的 pH 值就一定合格。因此，有效控制锅炉水质碱度是防止锅炉结垢腐蚀的重要措施。当碱度长期超过标准 22～26mmol 时，极易引起锅炉设备的碱性腐蚀和苛性催化。

氯离子：当氯离子含量长期超过规定值，就容易使锅炉水形成较厚的泡沫，发生汽水共腾，造成蒸汽带水，恶化蒸汽品质，甚至可能发生锅筒和蒸汽管道剧烈振动等问题。

pH 值：锅炉水质 pH 值控制在 10～12 范围内，对于防止腐蚀最为有利。但是 pH 值也不能太高，当 pH 值大于 13 时，容易将锅炉水侧表面的保护膜溶解，加快腐蚀速度；如果锅炉水 pH 值等于 7，就会使锅炉水侧金属表面形成的氧化膜不稳定，极易遭到破坏，产生电化学腐蚀，形成腐蚀电池，造成腐蚀深坑。

370. 什么是饱和蒸汽和过热蒸汽?

余热锅炉中水在一定压力下，加热至沸腾开始气化，逐渐变成蒸汽，这时蒸汽的温度就等于饱和温度，而这种状态的蒸汽就称为饱和蒸汽。如果把饱和蒸汽继续进行加热，其温度将会升高，并超过该压力下的饱和温度，这种超过饱和温度的蒸汽就称为过热蒸汽。过热蒸汽是由饱和蒸汽加热升温获得，其中绝不含液滴或者液雾，属于实际气体，过热蒸汽在经过长距离输送后，随着工况的变化，特别是在过热度不高的情况下，会因为热量损失温度降低而使其从过热状态进入饱和状态或过饱和状态，转变成为饱和蒸汽或带有水滴的过饱和蒸汽。

371. 什么是余热锅炉的热效率？

余热锅炉的热效率是指燃料送入的热量中有效热量所占的百分数。由于余热锅炉是利用工业过程中的废气、废料、废液中的余热把水加热到一定工质的锅炉，所以将单位时间内蒸汽产量与除盐水用量的百分数称作为余热锅炉的热效率，用来衡量余热锅炉的使用效率。

372. 为保证余热锅炉使用效率，如何确保蒸汽计量的准确性？

① 输送蒸汽的管路必须有良好的保温措施，防止热量损失。

② 在蒸汽管路上要逐段疏水，在管道的最低处及仪表前的管道上设置疏水器，及时排出冷凝水。

③ 锅炉操作中应避免出现汽包液位过高现象，尽量避免负荷出现大的波动。

④ 如计量装置上游安装有阀门，不断地开关阀门对流量计的使用寿命及精度影响极大，非常容易对流量计造成永久性损害，所以稳定地输送蒸汽也是确保计量准确的途径。

373. 余热锅炉除盐水用量增大，锅炉效率降低是什么原因？如何处理？

余热锅炉除盐水用量增大，锅炉效率降低的原因及处理措施见表 7-3。

表 7-3　余热锅炉除盐水用量增大，效率降低的原因及处理措施

序号	原　因	处　理　措　施
1	除盐水水箱底排阀打开，除盐水泄漏	关闭底排阀
2	1 号、2 号汽包及除氧器定排阀坏（打开）	处理定排阀
3	冷却系统回水阀门开太大，大量的盐水回到除盐水水箱，除盐水从溢流口流出	根据温度情况，逐渐调整取样系统阀门，关小冷却系统回水阀，减少回水箱除盐水

374. 余热锅炉投用之前为什么要进行煮炉?

煮炉是对新安装或长期停车的设备在投入运行前进行清洗,主要通过物理化学方法使锅筒、集箱、管子内部等处的铁锈、油脂污垢沉淀于锅筒下部和集箱中去,最后经排污管排出,以避免恶化蒸汽品质或使受热面管壁温度过高而烧坏。煮炉是在锅水中加入碱水,使其与锅内油垢发生皂化作用生成沉渣而排出。

375. 煮炉操作的步骤及注意事项有哪些?

① 将药液注入锅水使其成浓度适当的碱水,并使锅水保持适当的水位(保持锅筒内最高水位);

② 加热升温升压,至汽压为 0.1MPa 时冲洗水位计,升至 0.2MPa 时排污一次,使蒸汽锅炉所有排污阀开启半分钟左右,与此同时注意适当浓度的碱水补充,以保持锅水水位;

③ 汽压升至 0.3~0.4MPa 时,关闭所有阀门,有螺栓连接处,紧固螺栓,并在 0.5MPa 压力上煮炉 12h。(以上为煮炉的第一阶段);

④ 在第一阶段结束后,使汽压降至 0.3~0.4MPa 时,排放 10%~15%锅筒水,再注入并加药至所要求的浓度,并升至 0.75MPa 以下煮炉 8~10h 后,排污 10%~12%,如此反复煮炉 2~3 次后,上除氧水,并通过上水、放水,直到锅筒中碱度合格后即可结束煮炉工作。

376. 余热锅炉初次送蒸汽时为什么要打开疏水阀?

疏水阀(见图 7-2)的种类很多,包括浮球式、圆盘式、脉冲式等等。其基本作用是将蒸汽系统中的凝结水、空气和二氧化碳气体及其他不可凝气体尽快排出,同时最大限度地自动防止蒸汽的泄漏。

图 7-2 疏水阀图示

设备内只要有蒸汽的存在，设备内肯定要产生凝结水，而凝结水对设备而言会成为有害的流体，同时还混入了空气和其他不可凝气体，可能会造成设备故障和降低性能等不良影响。因此余热锅炉在初次送气时，要把锅炉疏水阀打开，保证锅炉正常运行。

377. 余热锅炉在日常操作时有哪些注意事项？

① 控制锅炉压力、蒸汽温度、锅炉水位、除氧器水温、给水压力、余热锅炉入口烟气温度与压力温差及压损等工艺指标在正常范围波动；

② 检查余热锅炉汽、水管道、阀门及人孔是否处于正常的生产状态；

③ 定期检查水位计、压力表、温度计等仪表是否正常工作；

④ 对余热锅炉除盐水、除氧水、锅炉水、饱和蒸汽定期取样分析化验水质。依据水质对蒸汽品质进行分析，根据分析结果及时对锅筒内的水进行加药处理或定期排出锅筒内沉积物；

⑤ 时刻监控余热锅炉系统蒸发量。

378. 余热锅炉汽包满水和缺水的危害及处理措施有哪些？

余热锅炉汽包满水和缺水的危害及处理措施见表 7-4。

表 7-4　余热锅炉汽包满水和缺水的危害及处理措施

状态	危　害	处　理　措　施
余热锅炉满水	当锅炉汽包水位超过最高水位，但液位计仍能见到水位时，称轻微满水，若水位不但超过最高水位，而且超过液位计可见部位时，称严重满水。主要是造成蒸汽大量带水，可能会使蒸汽管道发生水锤现象，降低蒸汽品质，影响正常供汽，严重时会使过热器管积垢，损坏用汽设备	当轻微满水时，应停止进水，并打开排污阀放水，当水位降至正常水位后，冲洗液位计，检查水位指示是否正确。当严重满水时，除采取上述措施外，应关闭主汽阀，加强排污，直至汽包水位正常
余热锅炉缺水	锅炉汽包缺水可能会造成设备严重损坏，比如严重缺水的情况下进水，就可能导致锅炉爆炸。这是因为锅炉缺水后，一方面锅炉钢板被干烧而过热，甚至烧红，使钢板强度大为下降，另一方面由于过热后的钢板温度与给水的温度相差极为悬殊，钢板先接触水的部位因遇冷急剧收缩而发生龟裂，在蒸汽压力的作用下，龟裂处随即撕成大的破口，汽水从破口喷射出来，即造成爆炸事故	当发现汽包缺水（水位低于警戒水位）时，应加大进水阀门的开启度，关闭放水阀门，观察水位变动情况；如继续下降，则判为严重缺水，在严重缺水持续时，应考虑停车

379. 余热锅炉汽包的压力持续增大是什么原因?

热管将烟气的热量传给汽包内的除盐水，使其汽化，生产所需蒸汽（汽水混合物）。随着蒸汽的产生，汽包内压力上涨，如果压力持续上涨，达到甚至超过汽包的设计压力，汽包配置的自动排气阀将自动打开排汽，如若自动排气阀故障无法正常开启，则汽包安全阀动作排气，给汽包泄压，自动排气阀和安全阀频繁动作，造成蒸汽浪费，锅炉运行效率低，甚至影响自动阀和安全阀的使用寿命。

造成汽包压力上涨的原因有以下几点：

① 产蒸汽出口阀门失灵打不开；

② 外网压力过大，蒸汽送不出去；

③ 前端转化工序负荷过高，产热过多；

④ 冬季生产停车前未排气，导致管道冻结；

⑤ 压力表失灵。

380. 余热锅炉压力持续降低是什么原因?

余热锅炉压力下降则会导致蒸汽质量降低，影响正常供气，换热不足影响后段工序正常生产等诸多问题的发生。

导致汽包压力持续降低的原因有以下几点：

① 安全阀损坏，持续漏气；

② 管道漏，导致供水不足；

③ 给水泵故障，导致供水不足；

④ 换热管漏或堵塞，导致换热能力下降；

⑤ 系统长时间负荷低，产热不足；

⑥ 压力仪表故障。

381. 余热锅炉泄压阀频繁打开的原因及处理措施有哪些?

泄压阀又名安全阀，是保证锅炉正常运行的必要设备，当锅炉压力超过工作压力达到安全压力上限的时候，泄压阀自动开起，释放一部分压力，防止锅炉超压爆炸。泄压阀分为弹簧微启封闭高压式和弹簧全启式。

泄压阀频繁打开的原因及处理措施见表 7-5。

表 7-5　余热锅炉泄压阀频繁打开的原因及处理措施

序号	原　　因	处 理 措 施
1	外网压力高于余热锅炉压力	孤立系统，联系下调管网压力
2	外网和主网阀门没有开	打开外网和主网阀门
3	中控室压力点设定值低于正常生产压力	中控室设定压力到正常生产值
4	仪表故障	联系仪表
5	阀门弹簧刚度太大	更换弹簧
6	调节圈调整不当，回座压力过高	调整调节圈位置
7	定压不准	旋紧调整螺杆

382. 除氧器温度下降的原因及处理措施有哪些？

除氧器温度下降的原因及处理措施见表 7-6。

表 7-6　除氧器温度下降的原因及处理措施

序号	原　　因	处 理 措 施
1	入除氧器蒸汽自动阀门失灵	联系仪表维护人员检查处理
2	除氧器内发生气缚现象，蒸汽无法进入除氧器	打开除氧器定排排放 2～5min
3	与蒸汽进除氧器自动阀连锁的除盐水泵出现故障导致供补水温度降低	检查除盐水泵
4	入除氧器手动阀门开度过小	操作人员加大手动阀开度
5	除氧器温度表出现故障	联系仪表维护人员检查处理
6	当下游用气单位停用气后，蒸汽温度降低倒回余热锅炉，造成温度降低	将蒸汽送往其他用汽单位
7	蒸汽去除氧器减压阀阀芯坏死或堵死造成除氧器温度下降	操作人员维修更换减压阀门

383. 除氧器温度上升的原因及处理措施有哪些？

余热锅炉正常生产时，除氧器温度一般控制在 104℃左右，由于除氧器的工作原理是在除氧器内通入蒸汽，提高除氧器温度达到除盐水除氧的目的，温度上升可能是由于进除氧器蒸汽量过大造成，或温度计损坏造成的。除氧器温度长期偏高若不及时处理容易出现除氧器安全阀频繁顶开、除氧器喷水、防爆膜损坏等情况。

处理措施：调节汽包至除氧器蒸汽自动阀，使除氧器温度控制在 104℃左右。

384. 除氧器液位持续偏低的原因及处理措施有哪些?

除氧器液位持续偏低的原因及处理措施见表 7-7。

表 7-7 除氧器液位持续偏低的原因及处理措施

序号	原　因	处 理 措 施
1	除氧水泵跳车或变频出现故障	检查并处理变频器故障原因
2	除氧水泵不上水	联系钳工处理
3	除盐水管道阀门未开	打开除盐水管道阀门,若阀门已坏,孤立系统更换阀门
4	除氧器液位计失灵	联系仪表处理液位计
5	除盐水箱无液位	补水
6	除盐水管道断裂	孤立系统处理管道

385. 除氧器液位持续偏高的原因及处理措施有哪些?

由于余热锅炉供水采用多重连锁方式,汽包液位与给水泵开停、除氧器液位与除盐水泵开停连锁,除氧器液位持续偏高可能是由于除氧器液位计失灵后补水量过大,造成除氧器液位持续偏高。若长期运行会出现除氧器温度偏低,除氧效果不佳,除氧器喷水等现象。

处理措施:检查给水泵的运行情况,检查除氧器给水泵、锅炉给水泵液位计。

第八章

尾气吸收单元

一、概述

尾气吸收工序是制酸系统末端工序，其主要作用是将制酸系统产生的尾气治理后确保达标排放。本章主要介绍了行业内常用的几种尾气脱硫方法，并以适应性最广的钠碱法为例，介绍了尾气吸收塔的结构原理，并针对生产操作过程中常见的故障进行了解释说明。

二、基本原理

386. 制酸系统应用的各种尾气达标治理方法有哪些优缺点？

目前国内外工业化应用的脱硫方法有十余种，其中应用较广泛的主要有钠碱法、离子液法、活性焦法、双氧水法、柠檬酸钠法、有机胺法、氧化镁法。几种脱硫方法优缺点对比如下。

（1）钠碱法

优点：脱硫效率高；适应的尾气二氧化硫浓度范围较大，在较高浓度条件下不会对吸收装置本身产生影响；工艺流程简单、占地面积小、投资较低。

缺点：废水量大，运行费用较高，硫资源回收率低。

（2）离子液法

优点：脱硫效率高且脱硫效率可灵活调节；适应的尾气二氧化硫浓度范围较大（SO_2浓度从 0.02%到 5%）；能耗低；无新生"三废"排放；副产品高浓度 SO_2 可回用至制酸系统或生产液体 SO_2。

缺点：建设投资费用高；运行费用高；对原料烟气要求高（对不洁净的烟气需建立净化系统预处理）；原料供应受限（专利产品）。

（3）活性焦法

优点：无三废产生；对烟气适用性强，可以同时脱除多种污染物。

缺点：不适合处理浓度波动较大的烟气，浓度波动时会造成瞬时超标；再生解析过程中能耗较高，运行过程中活性焦存在燃烧、爆炸的安全隐患；活性焦消耗量大，运行成本高；脱硫效率会随着解析次数的增加而下降。

（4）双氧水法

优点：脱硫效率高；无"三废"产生；投资费用低；占地面积小；脱硫的同时也可脱硝。

缺点：仅适用于低浓度烟气，不适用于烟气浓度波动大的生产系统。

（5）柠檬酸钠法

优点：适应性宽，副产高浓度 SO_2。

缺点：流程长；产生一定量的废水；投资费用和运行费用高。

（6）有机胺法

优点：适应的尾气二氧化硫浓度范围较大（SO_2 含量在 0.08%～14%）；脱硫效率高。

缺点：流程长；投资费用高。

（7）氧化镁法

优点：脱硫效率高；投资费用低；占地面积小。

缺点：仅适用于低浓度烟气，不适用于烟气浓度波动大的生产系统；脱硫塔底部易结块堵塞。

387. 钠碱法脱硫的机理及工艺流程是什么?

钠碱法脱硫是利用液碱吸收 SO_2 气体来实现制酸系统尾气达标排放。

（1）机理

$$2NaOH+SO_2 {=\!\!=} Na_2SO_3+H_2O \tag{8-1}$$

$$H_2O+SO_2+Na_2SO_3 {=\!\!=} 2NaHSO_3 \tag{8-2}$$

$$2Na_2SO_3+O_2 {=\!\!=} 2Na_2SO_4 \tag{8-3}$$

$$NaHSO_3+NaOH {=\!\!=} Na_2SO_3+H_2O \tag{8-4}$$

（2）工艺流程（见图 8-1）

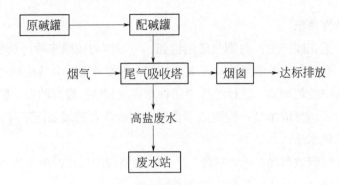

图 8-1 钠碱法脱硫工艺流程框图

388. 离子液法脱硫的工艺机理及工艺流程是什么？

（1）工艺机理

$$SO_2+H_2O \rightleftharpoons H^++HSO_3^- \qquad (8-5)$$

$$R+H^+ \rightleftharpoons RH^+ \qquad (8-6)$$

总反应式：

$$SO_2+H_2O+R \rightleftharpoons RH^++HSO_3^- \qquad (8-7)$$

上式中 R 代表吸收剂，式（8-7）是可逆反应，低温下反应式（8-7）从左向右进行，高温下反应式（8-7）从右向左进行。离子液循环吸收法正是利用此机理，在低温下吸收二氧化硫，高温下将吸收剂中二氧化硫再生出来，从而达到脱除和回收烟气中 SO_2 的目的。

（2）工艺流程（见图 8-2）

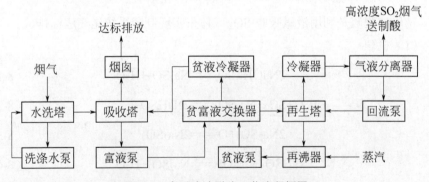

图 8-2 离子液法脱硫工艺流程框图

389. 活性焦法脱硫的机理及工艺流程是什么？

活性焦法是一种新型的干法脱硫工艺，它利用活性焦将 SO_2 进行物理和化学吸附，并在加热后解析出高浓度 SO_2，适合处理低温、低含尘烟气，当 SO_2 浓度大于 0.5%时，运行中活性焦消耗量将明显上升，因该工艺近似于固定床，系统阻力较高。

（1）机理

吸附反应：

$$2SO_2 + O_2 + 2H_2O === 2H_2SO_4 \qquad (8-8)$$

解吸反应：

$$2H_2SO_4 + C === 2SO_2 + CO_2 + 2H_2O \qquad (8-9)$$

（2）工艺流程（见图 8-3）

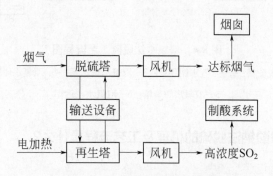

图 8-3　活性焦法脱硫工艺流程框图

390. 双氧水法脱硫的机理及工艺流程是什么？

双氧水法脱硫的基本原理是将过氧化氢溶液加入到尾气吸收塔中，在 TS-1/2 稳定剂的作用下，使其与含 SO_2 的硫酸尾气逆流接触，利用过氧化氢的强氧化性质将 SO_2 氧化为硫酸。同时过氧化氢溶液对尾气中的 NO_x 也有较好的吸收效果，在脱硫的同时也起到了较好的脱硝作用。

（1）机理

$$H_2O_2 + SO_2 === H_2SO_4 \qquad (8-10)$$

$$H_2O_2 + NO === NO_2 + H_2O \qquad (8-11)$$

$$4NO_2 + O_2 + 2H_2O === 4HNO_3 \qquad (8-12)$$

（2）工艺流程（见图 8-4）

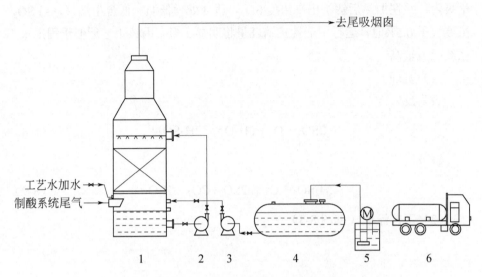

图 8-4 双氧水法脱硫工艺流程图

1—脱硫塔；2—双氧水循环泵；3—双氧水输送泵；4—双氧水储罐；

5—双氧水卸车槽；6—双氧水拉运车

391. 柠檬酸钠法脱硫的机理及工艺流程是什么？

（1）机理

柠檬酸是一种三元弱酸，分子式为 $C_6H_8O_7$，与 NaOH 以一定比例混合后形成柠檬酸-柠檬酸钠缓冲溶液。二氧化硫溶于水后，部分电离为 H^+ 和 HSO_3^-，随着[H^+]的增加又限制了 SO_2 的溶解。如果溶液中有柠檬酸钠，在柠檬酸钠形成的多级缓冲溶液的作用下，使得酸度保持在一定水平，不会因 SO_2 的溶解造成 pH 值下降过快，从而可较多地溶解 SO_2。该过程可用下列反应式表示（反应式中 Ci 代表柠檬酸根）：

$$SO_2(气) \Longrightarrow SO_2(液) \tag{8-13}$$

$$SO_2(液)+H_2O \Longrightarrow H^+ + HSO_3^- \tag{8-14}$$

$$Ci^{3-}+H^+ \Longrightarrow HCi^{2-} \tag{8-15}$$

$$HCi^{2-}+H^+ \Longrightarrow H_2Ci^- \tag{8-16}$$

$$H_2Ci^-+H^+ \Longrightarrow H_3Ci \tag{8-17}$$

反应式（8-13）和式（8-14）表示 SO_2 的溶解和电离，反应式（8-15）~式（8-17）表示柠檬酸盐的离解平衡，保证了吸收液在要求的 pH 值范围内变化。SO_2吸收时，反应向右进行，解吸时，通过加热使反应向左进行，实现吸收液再生。

（2）工艺流程（见图8-5）

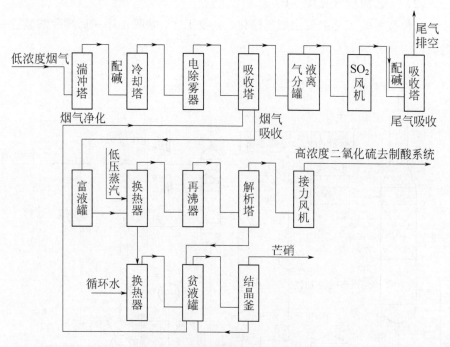

图8-5　柠檬酸钠法脱硫工艺流程图

392. 有机胺法脱硫的机理及工艺流程是什么？

有机胺脱硫工艺是利用有机胺液对 SO_2 的选择性吸收能力以及富含 SO_2 的胺液在被加热到一定温度时又会解析出 SO_2 的特性,对烟气中的 SO_2 进行吸收还原，气态 SO_2 进入后续制酸系统制取硫酸。

（1）机理

$$SO_2+H_2O \rightleftharpoons HSO_3^- +H^+ \qquad (8\text{-}18)$$

$$HSO_3^- \rightleftharpoons H^+ +SO_3^{2-} \qquad (8\text{-}19)$$

$$R_3N+SO_2+H_2O \rightleftharpoons R_3NH^+ +HSO_3^- \qquad (8\text{-}20)$$

溶解在水溶液中的 SO_2 会发生式（8-18）和式（8-19）所示的可逆水合和电离反应；在水中加入吸收剂，发生如反应式（8-20）所示的可逆反应，加入的胺液和水中的氢离子形成铵盐，增加 SO_2 的溶解量，同时因对 H^+ 的消耗，使反应方程式（8-18）和式（8-19）向右进行，进一步增大了 SO_2 的溶解量。加热富 SO_2 胺液时，反应式（8-18）～式（8-20）的反应发生逆转，得到高浓度 SO_2 气体，吸收剂同时得以再生，解析出的 SO_2 可回收利用。

（2）工艺流程（见图 8-6）

有机胺脱硫工艺主要由烟气净化、吸收工序、解吸工序和后续硫酸装置等组成。

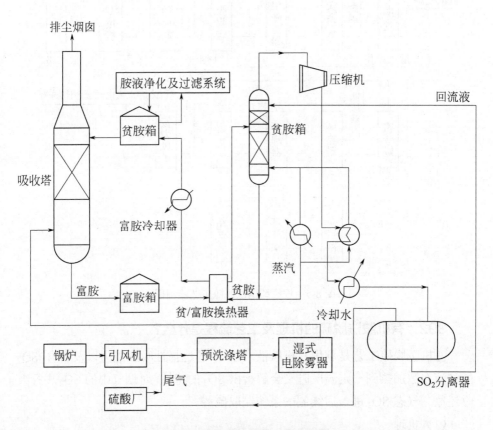

图 8-6　有机胺法脱硫工艺流程图

393. 氧化镁法脱硫的机理及工艺流程是什么？

氧化镁烟气脱硫的基本原理是用 MgO 的浆液吸收烟气中的 SO_2，生成含水亚硫酸镁和少量硫酸镁。

（1）机理

① 氧化镁熟化及浆液制备：

$$MgO（固）+H_2O \longrightarrow Mg(OH)_2（固） \tag{8-21}$$

$$Mg(OH)_2（固）+H_2O \longrightarrow Mg(OH)_2（浆液）+H_2O \qquad (8\text{-}22)$$

$$Mg(OH)_2（浆液）\longrightarrow Mg^{2+}+2OH^- \qquad (8\text{-}23)$$

② SO$_2$ 的吸收：

$$SO_2（气）+H_2O \longrightarrow H_2SO_3 \qquad (8\text{-}24)$$

$$H_2SO_3 \longrightarrow H^+ + HSO_3^- \qquad (8\text{-}25)$$

$$HSO_3^- \longrightarrow H^+ + SO_3^{2-} \qquad (8\text{-}26)$$

$$Mg^{2+}+SO_3^{2-}+6H_2O \longrightarrow MgSO_3 \cdot 6H_2O \qquad (8\text{-}27)$$

$$SO_2+MgSO_3 \cdot 6H_2O \longrightarrow Mg(HSO_3)_2+5H_2O \qquad (8\text{-}28)$$

（2）工艺流程

工艺流程主要包括 MgO 的熟化制浆、SO$_2$ 的吸收和产物的处理三部分。氧化镁法烟气脱硫工艺按最终反应产物可分为两种：抛弃法和再生法。

抛弃法产物为硫酸镁，其原理是氧化镁进行熟化反应生成氢氧化镁，制成一定浓度的氢氧化镁吸收浆液，在吸收塔内氢氧化镁与烟气中的二氧化硫反应生成亚硫酸镁，亚硫酸镁经强制氧化生成硫酸镁，分离干燥后生成固体硫酸镁。工艺流程见图 8-7。

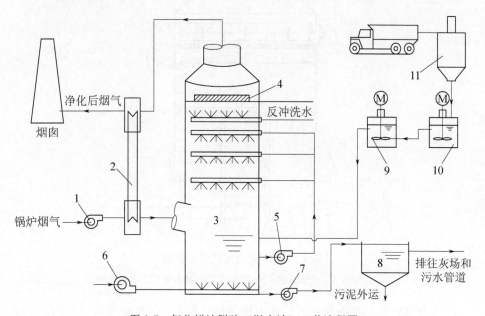

图 8-7　氧化镁法脱硫（抛弃法）工艺流程图

1—增压风机；2—烟气换热器；3—吸收塔；4—除雾器；5—循环泵；6—曝气风机；
7—产物排出泵；8—浓缩池；9—浆液罐；10—熟化罐；11—脱硫剂粉仓

再生法即在吸收塔内氢氧化镁与烟气中的二氧化硫反应生成亚硫酸镁的过程中抑制亚硫酸镁氧化，不使亚硫酸镁氧化生成硫酸镁。亚硫酸镁经分离、干燥、焙烧，最后还原成氧化镁和一定浓度的二氧化硫富气，还原后氧化镁返回系统重复利用，二氧化硫富气被用来生产硫酸。

三、设备原理

尾气脱硫在工业硫酸生产中得到广泛应用，硫酸系统尾气脱硫方法较多，根据不同硫酸生产工艺和指标条件，应当选用不同的脱硫工艺。因钠碱法脱硫应用时间长、积累经验较为丰富，后续内容将以钠碱法设备原理及操作进行论述。

394. 尾气吸收塔的结构是怎样的？

尾气吸收塔是尾气吸收工序的核心设备，结构形式为聚丙烯填料塔，主要由填料层、分液装置、捕沫器和循环槽组成。如图 8-8 所示。

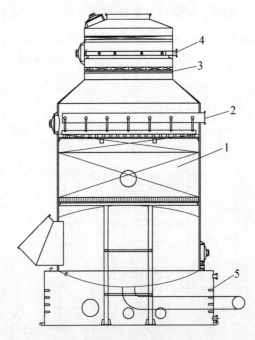

图 8-8　尾气吸收塔结构示意图

1—填料层；2—分液装置；3—捕沫器；4—喷淋装置；5—循环槽

塔内填料为三种不同规格的聚丙烯填料，其中下部为规整填料，中部为鲍尔环填料乱堆，上部为尺寸更小的鲍尔环填料。

分液装置采用三级管槽式分酸器，该分酸装置具有分酸点多、分酸均匀和减少气体带沫等优点。

塔顶部设有一层 SD-B 型高效波纹捕沫装置和两层聚四氟乙烯丝网捕沫器，阻力较小，除沫效率高，可达 98% 以上。捕沫装置还配置有一层喷淋装置，能清除捕沫板上捕集的烟气杂质，使设备始终保持正常运行。

395. 尾气吸收塔为什么设置应急喷淋装置?

尾气吸收塔采用的是玻璃钢材质，内部填料为聚丙烯（PP）材质，耐受温度分别为 80℃和 65℃。正常生产过程中，硫酸二吸塔出口烟气温度一般在60～80℃，烟气进入尾气吸收塔后，在塔内喷淋液的作用下温度很快降低，不会对塔内填料和部件造成损伤。但一旦出现二吸泵跳车的故障，进入硫酸尾气吸收塔的烟气温度将超过 160℃，虽然塔内的液体喷淋对塔有保护作用，但塔下部的填料仍有损坏的可能性。同时，因塔入口的弯头部分为氯化聚氯乙烯（CPVC）材质，在较高的温度下也会出现变形。因此，在塔入口增加应急喷淋喷头，以达到保护塔体的目的。

如图 8-9 所示，喷淋液由尾吸液循环泵提供，喷头采用螺旋式结构，喷淋的效果得到强化。这种应急喷淋装置不仅从温度上保护了塔体，而且对二吸塔出口烟气带入系统入口的少量的浓酸进行了稀释，防止对塔内玻璃钢造成腐蚀。同时，为了防止尾气吸收泵跳车造成的塔体受损，将硫酸循环水接入填料层上部的应急水喷淋装置，设自动阀控制，一旦尾气吸收泵跳车，循环水自动从塔上部开始喷淋，以保护塔体，从而形成了上下两套保护保障系统。

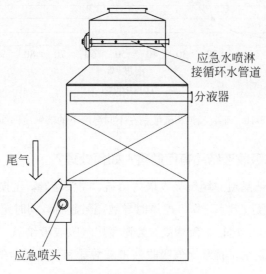

图 8-9　应急喷淋装置示意图

四、日常操作

396. 尾气吸收液为何会结晶?

用钠碱法吸收 SO_2,吸收液中生成亚硫酸钠,生成的亚硫酸钠部分被氧化成硫酸钠。根据亚硫酸钠和硫酸钠的溶解度曲线(见图 8-10),亚硫酸钠在 33.4℃时溶解度最大(28g/100g 水),硫酸钠在 40℃时溶解度最大(48.8g/100g 水),亚硫酸钠的溶解度低于硫酸钠的溶解度,亚硫酸钠更易在尾气吸收液中达到饱和。随着尾气吸收液循环次数的增加,亚硫酸钠和硫酸钠的含量增加,当亚硫酸钠的含量超过饱和溶解度时,亚硫酸钠析出,导致尾气吸收液结晶。

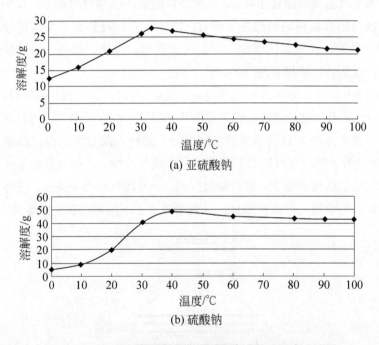

图 8-10 亚硫酸钠和硫酸钠在不同温度下的溶解度曲线图

397. 尾气吸收液结晶有何危害? 如何处理?

尾气吸收液结晶造成尾气吸收塔内填料、喷头堵塞,压损增大,喷淋效果下降,对 SO_2 的吸收效率下降,严重时导致尾气超标,同时尾吸液结晶还会引起循环泵负荷增大,运行电流增高。为避免尾气吸收液结晶,尾气吸收液必须及时置换,补充新水,稀释尾气吸收液里硫酸盐和亚硫酸盐的浓度。

398. 尾气吸收液浓度过高有何影响?

尾气吸收塔主要利用液碱与烟气中 SO_2 的反应来实现脱硫的目的。要维持尾气吸收系统的连续稳定吸收，需不断给吸收系统补充 NaOH，并使吸收液开路。另外，由于进入尾气吸收塔的烟气是不含水的干烟气，而吸收过程为绝热蒸发，将不断带走一定的水蒸气，因此尾气吸收塔需要补充一定量的水维持系统的物料平衡，同时降低尾气吸收液浓度。

尾气吸收液浓度过高主要会造成两方面的影响：一是形成过饱和溶液，过饱和溶液容易在尾气吸收塔填料层、捕沫器上产生结晶，使尾气通道不畅，严重时甚至会造成上游干燥塔、一吸塔、二吸塔压力过高，发生喷酸安全事故；二是吸收效率下降，尾气极易超标，增大尾气吸收碱耗。

399. 尾气吸收液浓度增大的判断方法有哪些?

① 根据尾气吸收循环泵电流判断：尾气吸收液浓度增加，循环泵运行电流增大。

② 根据二吸塔出口压力判断：尾气吸收液浓度增大后会在尾气吸收塔填料层中产生结晶，造成二吸塔出口压力增大。

③ 通过观察尾气吸收液的颜色变化判断：若颜色较深则说明浓度偏高。

400. 尾气吸收液 pH 值不波动是什么原因造成的? 如何处理?

① pH 计失灵。pH 计可能会由于碱液结晶、pH 计故障或通信故障导致的数据传输有误。若是由碱液结晶导致失灵，则清洗 pH 计；若是由设备故障或自动化而导致的 pH 计失灵，则及时联系仪表专业人员，对 pH 计进行处理。

② 吸收循环液结晶。若吸收液未及时置换，吸收液大量结晶，从而导致 pH 计失灵，需加大吸收液的置换流量，并对 pH 测点附近结晶物及 pH 计探头进行清理。

③ 塔内液位不足，导致 pH 计无法准确检测。应加大补充水量，并及时观察 pH 值的变化。

401. 尾气吸收塔循环槽液位突然下降是哪些原因造成的?

尾气吸收塔循环槽液位下降原因及处理措施见表 8-1。

表 8-1　尾气吸收塔循环槽液位下降的原因及处理措施

序号	原　　因	处 理 措 施
1	循环槽底排阀未关闭	关闭底排阀
2	尾气吸收液置换量过大	调小置换量
3	加水阀故障	处理加水阀
4	尾吸液循环泵泵体或管道大量漏液	停泵，处理

402. 碱管道液碱输送操作前后为什么要给碱管道吹风？

碱液一般包括隔膜烧碱和离子膜烧碱，含盐量较多（隔膜烧碱含盐量一般在 60～70g/L，离子膜烧碱含盐量一般在 ≤10g/L），长期存放易导致结晶。

在正常生产过程中，制酸系统储存一定量的碱液供尾吸使用，从碱库给制酸系统输送碱液不连续，根据制酸系统碱液储存情况间断性输送，管线长，停止输送后管道内碱液排放不干净，存留时间较长时易发生管道结晶，造成管道堵塞。特别是冬季生产中，由于气温低，存余在管道内的碱液更容易结晶，给碱液输送造成影响。同时，存留的碱液会造成管道腐蚀，缩短管道使用寿命。

所以输送碱液前后给管道对管道进行吹扫（一般使用氮气或空压风吹除），是为了确保输碱管道畅通，避免输碱管道内有余留碱液造成结晶堵塞和腐蚀管道。输碱管道吹扫时，岗位巡检工要现场检查输碱管道内是否有风，以便对碱管道的畅通情况做出及时准确的判断。

403. 导致尾气吸收塔出口 SO_2 浓度超标的原因有哪些？如何处理？

尾气吸收塔出口 SO_2 浓度超标的原因及处理措施见表 8-2。

表 8-2　尾气吸收塔出口 SO_2 浓度超标的原因及处理措施

序号	原因	处理措施
1	加碱阀故障，无法加碱	处理加碱阀门
2	尾气吸收泵故障跳车	倒用备用泵，处理故障泵
3	加碱管道结晶堵塞	疏通管道
4	冶炼烟气不稳定，浓度、气量波动较大	利用烟气网络调配烟气，以保证系统的气量与浓度要求
5	转化率低，尾吸入口 SO_2 浓度偏高	调整系统气量、浓度在设计范围内，控制转化器催化剂层在适宜温度范围内，提高转化率
6	系统孤立	适当加碱，提高尾气吸收塔循环液的 pH 值，提高 SO_2 吸收率

404．制酸系统尾气烟囱冒白烟可能是什么原因导致的？应如何处理？

（1）干吸循环酸浓度过高或过低

干燥、吸收循环酸浓度分别控制在 93.5%～94.5%、98.3%～98.8%之间时，能使干燥、吸收效率达到最佳值。若干燥酸浓度过高或过低，烟气未能被充分干燥，尾气酸雾含量较高，导致尾气烟囱冒白烟；若吸收酸浓度过高或过低，SO_3 吸收率下降，尾气中 SO_3 含量较高，导致尾气烟囱冒白烟。

处理措施：中控室将干燥或吸收循环酸浓度调整至控制指标之内；巡检人员现场检查状态以及浓度计是否正常，同时，要加强系统酸浓度、水分、酸雾的化验分析工作。

（2）干吸塔喷淋酸量不足

喷淋酸量不足，导致吸收率下降。造成这种现象的可能原因有：分酸器堵塞；串酸量过大；循环酸泵故障；泵出口阀自动关小或旁路阀自动打开；液位过低等。

处理措施：停车疏通分酸器分酸嘴；减小串酸量；修复或更换循环酸泵；开大出口阀或关闭旁路阀；关闭相应阀门，调节液位到正常值。

（3）干吸塔内分酸不均

尾气外观为白色，并且在烟囱出口处有下压的趋势，这是由于 SO_3 的吸收不充分所导致的。干吸塔内由于分酸器故障原因，可能会造成分酸不均，烟气在分酸较少的区域，还未被充分干燥或吸收就被排出，SO_3 和空气中的水分反应生成硫酸蒸气，而硫酸蒸气的颗粒较大，故有向下压的趋势。

处理措施：系统停车后，检查处理干吸各塔分酸器。

（4）吸收酸温度控制不佳

吸收酸温过高或过低，或吸收塔入口烟气与吸收酸的温差太大，导致吸收率下降，尾气冒白烟。

处理措施：调节吸收循环酸温在工艺指标要求范围内；通过调整系统负荷和两段转化出口烟气温度，将出口烟气温度和酸温的温差调至正常值。

（5）电除雾器故障

尾气外观为白色，并且呈柱形上升很长一段距离，这是因为系统中酸雾含量过大，可能是由于电除雾器故障，较小颗粒的酸雾随着尾气排出。

处理措施：检查电除雾器运行指标，若出现故障，则 SO_2 鼓风机缩量，孤立故障通道进行处理。

（6）干吸塔内捕沫器吹开

干吸塔捕沫器吹开，形成短路，较小颗粒的酸雾随着尾气排出。

处理措施：系统停车后，对干吸各塔内的捕沫器检查，处理吹开的捕沫元件。

（7）转化率降低

尾气外观为白色带蓝，这是因为系统转化率低，尾气中 SO_2 含量增加。

处理措施：调整转化器各层及各外热交进出口温度和压力，提高转化率。

（8）系统长时间停车

由于系统长时间停车，转化系统会吸附空气中的水分，在系统带烟气初期，SO_3 与转化器内水分形成酸雾，致使尾气冒白烟。

（9）尾气吸收系统初始加入碱液回车刚开始加入碱液时，因酸碱中和放热致使尾气中饱和水含量增加，虽然尾气中 SO_2 含量并未超标，但尾气烟囱表观出现"冒大烟"现象，此种状况在冬季运行时尤为明显。

处理措施：操作时要逐渐少量加碱，避免大量高浓度的碱液瞬间加入，引起尾气带水增加，导致尾气烟囱出现表观"冒大烟"现象。

第九章

软化水、循环水单元

一、概述

循环水工序是制酸系统中重要的组成部分，其作用是将净化工序、干吸工序和 SO_2 鼓风机系统的热量，通过板式换热器、阳极保护浓硫酸冷却器、油冷却器等设备移出，达到冷却降温的目的。循环水工序主要设施设备有：冷却塔、水泵、软化水系统及其配套的管道和阀门等。软化水系统的作用是为循环水池供给合格的软化水，保证循环水工序正常运行，其主要设备设施有：钠离子交换器、溶盐池、稀盐池（盐水计量罐）、再生泵、盐液泵及其配套的自控系统设备、管道等。循环水、软化水工序对于各个工序工艺指标，关键设备的运行参数起着重要的作用。本章将对循环水、软化水工序中各设备设施的结构、作用、工艺原理及日常操作进行全面叙述，并详细阐述循环水、软化水工序在生产过程中常见故障原因和处理方法。

二、软化水

405. 什么是软化水？为何要对生产用水进行软化？

钙镁离子含量较多的水称为硬水，钙镁离子含量较少的水称为软水。在生活中，一般把硬度低于 3mmol/L 的水称为软水，3～6mmol/L 的水称为普通水，6～8mmol/L 的水称为硬水，10mmol/L 以上的水称为高硬水。

普通水中含有多种可溶解的化合物如碳酸钙、碳酸镁等，而碳酸钙溶解度随着温度的升高而下降，易形成沉淀物沉积在容器、管道表面，形成水垢，从而使管道堵塞。若制酸系统各工序换热设备（净化板式换热器、干吸阳极保护浓酸冷却器、SO_2 鼓风机油冷却器）的冷却用水硬度高，碳酸钙、碳酸镁极易在换热设备内壁形成水垢，从而降低换热设备的换热效率，影响正常生产，因此要对生产用水进行软化处理。

406. 软化水制备的方法有哪些?

(1) 离子交换法

利用离子交换的形式将水质软化。一般采用特定的阳离子树脂,用树脂上的钠离子基团与水中的钙镁离子发生置换反应,除去普通水中的钙镁离子,防止水垢的形成。其优点是效果稳定、工艺成熟、成本低。

(2) 膜分离法

利用反渗透膜的离子筛选作用去除普通水中的钙镁离子制备软化水。一般采用特定孔径的反渗透膜,只能让水分子通过,而其他离子则被挡在膜的另一侧,从根本上降低水的硬度。但是这种方法对于进水水质、设备材质要求高,且运行成本高。

407. 钠离子交换器的工作原理是什么?

钠离子交换器是用于去除水中钙离子、镁离子,制取软化水的设备。

工作原理:钠离子交换器内装有一定高度的钠型阳离子交换树脂作为交换剂,当硬水自下而上通过交换器树脂层时,水中的钙、镁离子被钠型树脂吸收,而钠型树脂中的钠离子被置换到水中,从而去除原水中的钙、镁离子,使硬水得到软化。其化学反应方程式为:

$$Ca^{2+}+2NaR \longrightarrow CaR_2+2Na^+ \tag{9-1}$$

$$Mg^{2+}+2NaR \longrightarrow MgR_2+2Na^+ \tag{9-2}$$

408. 离子交换法软水工序的工艺流程是什么?

软水工序由自清洗过滤器、钠离子交换器、盐液计量箱(稀盐池)、盐过滤器、污水池等几部分组成,其工艺分为制水和再生两部分。

制水:钠离子交换器内部有一层树脂层,被称为离子交换树脂,它是一种聚合物。通常情况下,常规的钠离子交换树脂带有大量的钠离子。当水中的钙镁离子含量高时,离子交换树脂可以释放出钠离子,功能基团与钙镁离子结合,可有效降低水中的钙镁离子含量,使水的硬度下降,硬水变为软水。软水工序制水过程是将新水中的钙镁离子除去,达到工艺指标要求(Ca^{2+}、Mg^{2+}含量≤0.03mmol/L)后,在自压的作用下补入制酸系统的循环水池。

再生:当树脂上大量功能基团与钙镁离子结合后,树脂的制水能力下降,当用氯化钠溶液流过树脂时,溶液中的钠离子含量高,功能基团会释放出钙镁离子而与钠离子结合，使树脂恢复交换能力，此过程称为"再生"。再生时钠离子交换器停止制水，盐液箱（稀盐池）内的盐水通过盐液过滤器进入交换器，用盐水冲洗树脂层，再生废液排入污水池。

409. 软化水设备运行过程中对水压有何要求？是否允许压力过高？

一般来说，软化水设备的运行压力要求是 0.2～0.5MPa，此压力要求有两方面的原因：

① 压力大于 0.2MPa 是为了保证再生的吸盐效果。因为全自动软化水设备是靠水力形成负压来抽取盐水的，吸盐器上端的压力直接影响吸盐的速度和效果，一般来说如果压力低于 0.18MPa 的话，吸盐效果会明显下降。

② 如果压力大于 0.5MPa 可以保证吸盐效果，但是此时部分管路的承压过大，各接合点容易出现泄漏。另外由于水压造成阀内部的部件受压过大，可能会引起阀门动作不准确，进而直接影响工作效果。

如果设备运行时压力过高，可能会出现的异常情况主要有：

① 反洗时树脂泄漏。水压过高的情况下，反洗时树脂膨胀程度可能会超过设计值，如果布水器孔隙足够大，容易造成树脂从顶部进入多路阀，沿排水管路流出，从而造成树脂泄漏。

② 注水过多。水压过高时，在进盐阶段会向交换器内注入更多水，这样可能会造成交换器内水位异常偏高，有时甚至可能会造成盐水溢出。

③ 阀门动作异常。当水压过高时，在阀门阀板进水的一侧可能会形成超过承压压力，这样阀体原配电动机在驱动阀门动作时可能会不够顺畅，从而引起阀门动作不到位等情况，同时，也可能会在阀门内部形成一些通路，未处理的水经这些通路流向出水口而引起水指标不达标。

④ 再生效果不好。当水压过高时，吸盐速度加快，这样有效再生时间可能会缩短很多，从而不能达到很好的再生效果。

410. 新水过滤器自动清洗的原理是什么？

新水过滤器的自动清洗是通过压差信号反馈运行的，当过滤器进出口压差超过 0.05MPa 时，会自动启动清洗循环，清洗的过程是通过一个控制盘控制电动机运转来完成的。

411. 新水自清洗过滤器有哪些特性？

① 自清洗过滤器可以以任何角度直接安装在管道上；

② 过滤器通过不锈钢滤网进行过滤;

③ 清洗时不影响正常供水;

④ 可通过压差或时间设定自动清洗,自清洗速度快,一次清洗时间仅需 20s。

412. 软水站新水过滤器压差增大的原因有哪些? 如何处理?

过滤器压差增大的原因及处理措施见表 9-1。

表 9-1　过滤器压差增大的原因及处理措施

序号	原　　因	处 理 措 施
1	过滤器内滤网杂质过多	重新设定自动清洗时间
2	过滤器结垢	拆除过滤网,用稀硝酸清洗
3	新水压力过低	调节进水口阀开度
4	过滤器进出口压力表故障	仪表维修或更换

413. 如何提高离子交换速度?

影响离子交换速度的因素产生于离子在膜层扩散和在树脂孔隙内扩散两个过程。

提高离子穿过膜层速度的措施:

① 提高溶液的过流速度,以降低树脂表面的膜层厚度;

② 提高溶液中的离子浓度;

③ 增大交换剂的表面积,即减小树脂的粒度;

④ 提高交换体系的温度,以加快扩散速度。

加快离子在树脂孔隙内扩散速度的措施:

① 降低树脂表面膜层厚度,增加树脂之间的孔隙,以此提高树脂的孔隙率、孔度和深度,有利于离子的扩散;

② 提高交换体系温度,以加快扩散速度;

③ 离子在孔隙内的扩散速度还与离子自身性质有关,离子价数越低或离子半径越小,则其扩散速度越快。

414. 钠离子交换器流量下降的原因是什么? 如何处理?

钠离子交换器通过制水将新水转化为软水进入循环水池,之后供给系统各个工序的用水,所以交换器要有一定的流量。流量过高,会造成树脂有效利用率下降，甚至会将钠离子交换器的树脂层冲散；流量过低，会造成原水只与树脂层表面离子进行交换，水不能进入树脂内部，使系统用水供应不足，影响生产。因此，制水时的瞬时流量须按照设计流量进行严格控制。

钠离子交换器流量下降的原因及处理措施见表 9-2。

表 9-2 钠离子交换器流量下降的原因及处理措施

序号	原　因	处 理 措 施
1	新水压力过低	提高新水压力
2	制水阀门卡死或堵塞	联系自动化处理或疏通制水阀门
3	树脂层结块或管道由于杂物堵塞	冲洗树脂层，疏通管道

415. 软化水硬度用什么方法检测？

EDTA 络合滴定法是国际规定的软化水硬度检测的标准分析方法。具体检测方法：用量杯量取 50ml 软水于 250ml 三角烧瓶中，用小量杯加入氨水缓冲溶液 2.5ml，摇匀后，再加入少许 K-B 指示剂，充分摇匀后呈酒红色，用滴定管向烧杯中缓慢加入 EDTA 标准溶液 1～3 滴（1.5ml），并不断地轻微晃动烧杯，若溶液变为纯蓝色，则表明软水硬度合格（≤0.03mmol/L），若超出 3 滴变为纯蓝色，则表明软水硬度不合格。

416. 软化水硬度不合格是什么原因？如何处理？

软化水硬度不合格的原因及处理措施见表 9-3。

表 9-3 软化水硬度不合格的原因及处理措施

序号	原　因	处 理 措 施
1	钠离子交换器制水时流量过高	检查树脂层和交换器进水流量
2	盐液泵故障	检查盐液泵
3	再生阶段中盐水浓度过低，再生不充分	调整再生时间
4	反洗和正洗不充分，树脂层板结	调整冲洗时间
5	原水水质硬度大	增加树脂填充量
6	原水和盐水中 Fe^{3+}、Al^{3+} 含量高，树脂中毒	更换树脂
7	长期运行后阳离子树脂填装量不足	增加树脂填充量
8	做软化水硬度检测的化验试剂失效	更换指示剂

417. 为什么钠离子交换器内树脂需要再生？

当硬度较高的新水通过钠离子交换器内树脂层时，水中的钙、镁离子与树脂中钠离子发生离子交换反应释放钠离子制备软水，当树脂吸收一定量的钙、镁离子后钠离子树脂失活。失活后的树脂将不会对水起到软化作用，所以需要对树脂进行再生。对于失活后的树脂，可使用一定浓度的食盐水（主要成分是氯化钠）进行冲洗，可将树脂内的钙、镁离子置换出来，树脂恢复活性可再次制水。因此钠离子交换器内树脂需要再生。

418. 离子交换器的再生原理是什么？

当交换柱内钠型树脂的钠离子逐渐被钙、镁离子所代替达到饱和时，出水的硬度就超出使用规定数值，此时树脂失效需再生。再生时将 5%～10%的盐水由上而下通过交换剂层，盐液中的钠离子又置换出交换剂树脂吸附的钙、镁离子，使交换剂树脂得到再生恢复其交换能力。再生过程化学反应方程式为：

$$CaR_2+2Na^+\longrightarrow Ca^{2+}+2NaR \tag{9-3}$$

$$MgR_2+2Na^+\longrightarrow Mg^{2+}+2NaR \tag{9-4}$$

419. 钠离子交换器的再生工艺是什么？

钠离子交换器的再生常用的有两种工艺，分别如图 9-1（a）和（b）所示。

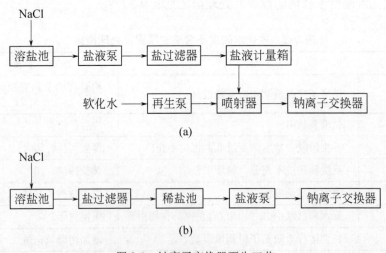

(a)

(b)

图 9-1　钠离子交换器再生工艺

420. 钠离子交换树脂的再生操作是什么？

（1）反洗

在再生前进行反洗，较彻底地清除树脂层的污物及疏松树脂层。流速为 $10\sim15m^3/h$，时间为 $10\sim15min$，也可用树脂层的反洗膨胀高度作为反洗流速的控制指标，以排水清晰透明为反洗终点的控制指标。打开反洗排水阀、反洗进水阀，反洗结束后，关闭反洗进水阀、反排阀。

（2）排除积水

通过正洗排水阀排除树脂层以上的积水。打开反洗排水阀、正洗排水阀，待树脂层以上的水排干即可，时间为 $5\sim6min$。

（3）进盐液

以树脂层不扰动为控制标准，以额定再生剂用量为再生终点。进盐液的浓度在 $5\%\sim8\%$ 左右、流速 $\leqslant5m^3/h$。打开再生液阀，再生液由交换器底部进入，再生废液由中排管排出。

（4）浸泡

当盐水进入钠离子交换器后关闭盐液计量箱出液阀，再生泵运行 5 min 后，停再生泵，关闭钠离子交换器的进盐阀与中排阀，让盐液在再生的钠离子交换器中浸泡树脂 30 min。

（5）置换清洗

钠离子交换器置换终点，出水硬度 $<0.5mmol/L$，时间约 $40\sim50min$（调试确定），流速 $\leqslant5\ m^3/h$。

（6）充水

流速为 $10\sim20m^3/h$，时间 $4\sim6min$。打开进水阀、排气阀，水从交换器上部进入，气从排气阀排出，使交换器内充满水。

（7）正洗

流速一般为 $10\sim20m^3/h$，以出水水质符合运行控制指标为终点，即出水硬度 $\leqslant0.03mmol/L$，时间约 $10\sim20\ min$，在调试后确定。打开正排阀，关闭排气阀，至出水合格后，打开出水阀，关闭正排阀转入运行。

421. 钠离子交换器再生的操作步骤是什么？

① 运行：先开出水阀，再开进水阀。

② 反洗：关闭运行阀门，开启反洗进水、反洗排水阀和排气阀，反洗至排出水清澈为止。

③ 排水：关闭反洗进水阀与排水阀，打开反洗排水阀和正洗排水阀，将

交换器中的液体排尽为止。

④ 进盐：关闭反洗进水阀并打开中排阀，开启进再生液阀，开启盐计量箱进液阀、出液阀，启动再生泵。

⑤ 静置：当盐水进完后，停再生泵、盐液泵，关闭钠离子交换器的进盐阀与中排阀，让盐液在再生的钠离子交换器中浸泡树脂。

⑥ 置换：打开再生的钠离子交换器的中排阀和进盐阀，开启再生泵继续运行 30min 后，停再生泵，关闭钠离子交换器的进盐阀，关闭中排阀。

⑦ 充水：打开排气阀和正洗进水阀，当排气管道中有水大量流出时，迅速打开正洗排水阀进行正洗。

⑧ 正洗：开启正洗排水阀——进水阀。以排出的水达标为正洗终点，转入备用。

422. 为何要控制钠离子交换器进盐水的浓度？

钠离子交换器累计流量达到设定值时，钠离子交换器自动进行再生。再生时为使与再生剂结合力较强的一价钠离子能替换结合力较弱的二价钙镁离子，应采用浓度较高的 NaCl 溶液。但浓度过高时，再生液体积过小，树脂活性基团被过分压缩，再生反应不均匀而影响再生效果，同时消耗大量的原盐造成浪费。盐水浓度低，再生时盐水（NaCl 溶液）无法将树脂中由于制水时富集的钙、镁离子全部置换出来，降低再生效率，从而降低正常制水过程中树脂的离子交换能力，最终导致软化水硬度不合格，所以盐水浓度必须要控制在合理范围内。

423. 钠离子交换器加不进去盐的原因是什么？如何处理？

钠离子交换器加不进去盐的原因及处理措施见表 9-4。

表 9-4　钠离子交换器加不进盐的原因及处理措施

序号	原　因	处理措施
1	钠离子交换器中排过滤网堵塞	反冲洗中排滤网或更换过滤网
2	中排自动阀故障	处理或更换中排阀
3	排气阀打不开造成气堵	处理或更换排气阀
4	盐水管道结晶，堵塞，断裂	疏通和修复管道
5	再生泵不运行	开启备用泵，处理故障泵
6	再生泵进、出口阀门故障	处理或更换排气阀
7	钠离子交换器进再生液阀门失灵	处理或更换再生液阀门
8	盐计量箱或稀盐池液位计显示故障	检查处理盐计量箱或稀盐池液位计

424. 软水站钠离子交换器在中控室的操作主要有哪些?

每套钠离子交换器的再生过程是由程序控制而自动进行,在系统阀门、液位的信号出现异常时,需进行手动操作,具体操作如下。

① 停用:钠离子交换器在需要停止制水的状态下,在 DCS 系统上将该台钠离子交换器的自动、手动按钮切换到"手动"状态,可停用该台钠离子交换器。

② 运行:钠离子交换器在需要制水的状态下,在 DCS 系统上将该台钠离子交换器的"自动、手动"按钮切换到自动状态,该台钠离子交换器将正常制水。

③ 强制再生:钠离子交换器正常制水过程中,若在没有达到设定的制水累计流量而出水检测不合格时,应在 DCS 系统画面上操作"强制再生"按钮,该钠离子交换器将自动进行再生。

④ 故障复位:钠离子交换器制水和再生过程中,若自动阀门的状态在 DCS 画面上出现故障(黄色)时,可在 DCS 画面上操作故障"复位按钮"消除故障。

⑤ 手动再生:钠离子交换器不能自动再生时,可通过 DCS 系统画面上的按钮操作,手动进行再生。具体操作按照"钠离子交换器再生手动操作步骤"进行。

425. 为什么要定期对钠离子交换器树脂进行置换和清洗? 如何对钠离子交换器树脂进行置换、清洗操作?

在钠离子交换器长时间运行过程中,树脂会吸附新水和盐水中的杂质,导致树脂表层出现大量的杂质而影响树脂的吸附能力,而且杂质的存在可能堵塞中排过滤网和反洗排水过滤网,降低进盐再生效果和反洗松床效果。另外,部分树脂在长期运行时,出现破损而失去吸附能力,使树脂板结或堵塞管道,因此,需要对钠离子交换器树脂进行定期置换和清洗。

清洗步骤:

① 开钠离子交换器上的人孔。

② 开反洗进水阀,当树脂高度接近人孔下边沿时,用手动阀调节进水量,观察人孔排放液体中的杂质量,液体中有少量的树脂带出为最佳进水量;排水3~5min 后,关闭反洗进水阀,开正洗排水阀,排空钠离子交换器中的液体;

③ 当人孔排放液清澈且没有破损树脂时,树脂置换、清洗完成;

④ 在钠离子交换器中无液体的状态下,观察树脂的量,适当地进行补充;

⑤ 封人孔，冲水试漏，人孔密封盖无漏液时，该钠离子交换器可正常运行。

426. 为什么钠离子交换器要定期更换树脂?

① 树脂是生产消耗品，有使用寿命。当树脂达到使用寿命时，钙镁离子的置换能力下降，无法达到软化水正常生产指标。所以要对钠离子交换器树脂进行定期更新。

② 原水的水质差，使树脂中毒。例如，原水中 Fe^{3+}、Al^{3+} 含量高，这时树脂颜色变深呈暗红色，从而引起树脂与水中钙、镁离子交换量降低，此时也需要更新交换树脂。

427. 盐液计量箱补不上盐液的原因是什么? 如何处理?

盐液计量箱补不上盐液的原因及处理措施见表 9-5。

表 9-5　盐液计量箱补不上盐液的原因及处理措施

序号	原　　因	处 理 措 施
1	盐液泵叶轮结晶	用水冲洗叶轮
2	盐液泵电动机故障	更换电动机
3	盐液池无液位	补充盐液池液位
4	进盐液管道堵塞	疏通盐液管道
5	阀门故障	处理或更换相关阀门
6	过滤器堵塞	清洗过滤器
7	液位计故障	仪表维修

428. 软水站钠离子交换器在正常进盐过程中出现盐液计量箱冒罐的原因及处理措施是什么?

软水站钠离子交换器进盐过程中出现盐液计量箱冒罐的原因及处理措施见表 9-6。

表 9-6　软水站钠离子交换器进盐过程中出现盐液计量箱冒罐的原因及处理措施

序号	原　　因	处 理 措 施
1	钠离子交换器进盐管路不畅通	疏通管路
2	钠离子交换器中排管道滤网结垢	清洗过滤网
3	钠离子交换器中排阀故障	处理或更换阀门
4	进盐管道上进再生液阀门故障	处理或更换阀门

429. 软水站污水池液位不降的原因及处理措施有哪些?

软水站污水池液位不降的原因及处理措施见表 9-7。

表 9-7 软水站污水池液位不降的原因及处理措施

序号	原 因	处 理 措 施
1	再生排水量过大	软水站钠离子交换器错开再生时间(多系统共用污水池)
2	污水泵吸入口堵塞	清理污水池及泵入口杂物
3	污水泵故障	检修故障泵并手动切换备用泵
4	液位计失灵	处理液位计

三、循环水

430. 制酸系统软化水与循环水之间有什么联系,系统为什么要使用循环水?

软化水作为循环水的补充水使用。因全国各地水质不同,循环水处理工艺也不同,金川地区生水硬度大,新水中钙、镁离子浓度较高,循环水系统直接使用新水容易使换热器及管道结垢,导致换热器堵塞。因此,需要将新水进行软化处理,降低钙、镁离子浓度后才能作为循环水使用。

循环水在制酸系统中的主要作用是冷却降温,通过换热器带走系统中多余的热量,以保证系统按工艺指标运行。净化工序利用循环稀酸给高温烟气降温,如不及时将稀酸中的热量带走,净化出口烟气温度将持续上升;干吸工序的干燥、吸收过程均为放热过程,如不及时将热量带走,循环酸的温度将持续上升;风机、泵等运转设备在运行中会因机械能转换成热能而持续放热,如不及时冷却,将导致轴承温度过高而跳车或损坏设备。

循环水系统虽然使用软化水,但由于运行过程中蒸发量大,会导致循环水中钙、镁离子浓度升高,因此需要对循环水进行定期置换。

431. 循环水在制酸系统中哪些工序使用?

使用循环水的工序主要有净化工序、干吸工序及 SO_2 鼓风机系统。

净化工序:循环水通过稀酸板式换热器给冷却塔内的稀酸降温。

干吸工序:循环水通过阳极保护浓酸冷却器给干燥塔、吸收塔内的高温浓酸降温。

SO_2 鼓风机:循环水通过油冷却器给 SO_2 鼓风机润滑油降温。

循环水需要不断进行置换来确保水质,此部分置换水可以代替新水作为净化工序、尾气吸收工序塔内补水使用。

432. 循环水冷却系统中立式斜流泵如何操作?

开车操作:

① 检查补充泵吸水池液位至启泵要求;

② 检查确认系统冷却设备、循环水管路阀门畅通,电机油位正常,具备通水条件;

③ 打开泵和电机冷却水阀门,调整好流量;

④ 风冷电机启动电机冷却风扇;

⑤ 打开排气阀;

⑥ 将泵出口阀开至 30%位置,回流阀开度在 60%左右;

⑦ 检查起动控制器是否有电源显示;

⑧ 接到启动指令,启动循环水泵;

⑨ 检查泵、电动机运转是否正常,循环水池及泵池液位是否正常;

⑩ 调节泵出口阀至全开状态,逐渐关闭回流阀;

⑪ 给冷却风扇盘车、检查油位,若正常则起动冷却风扇。

停车操作:

① 接中控室指令停循环水泵;

② 先将泵出口阀关至 30%;

③ 按停车按钮停泵,泵完全停转约 5min 后,再停冷却水和电机冷却风扇。

433. 开干吸泵之前为什么要先开启循环水泵?

在制酸系统开车之前,一般需要先开启循环水泵,后开干吸泵。先开启循环水泵是为了给阳极保护浓硫酸冷却器先通入循环水,其主要目的是为了保护阳极保护浓酸冷却器,使阳极保护浓酸冷却器换热管内具有一定压力,之后开启干吸泵时,阳极保护浓酸冷却器内部换热管的管内外压力均衡,防止换热管由于仅受外压发生抖动,减弱换热管与折流板摩擦而损伤换热管或引发换热管与管板焊缝拉裂的现象,避免设备事故的发生。

434. 为什么要对 SO_2 鼓风机的电动机轴承箱进行冷却? 如何冷却?

因为 SO_2 鼓风机是高速运转设备,在运转过程中传动部位由于摩擦会产生大量的热,这些热量使得风机轴承温度及电动机轴承温度不断上升,轴承温度过高对轴承本身造成一定损伤，缩短轴承使用寿命甚至造成轴承损坏，引发设备事故。一般风机轴承温度与跳车信号连锁，均设定一定跳车温度，当轴承温度达到设定值时风机自动跳车，避免设备事故的发生。风机连锁跳车，虽实现了对风机本体的安全保护，但造成生产突发性中断，对系统连续稳定生产带来极大影响，严重时将导致环保事故的发生。所以，要对风机及风机电动机轴承等运转部位进行冷却。

风机电动机轴承箱的冷却方式为润滑油冷却。油箱中的润滑油通过油泵输送到风机电动机轴承箱，在对轴承润滑的同时也起到冷却作用。风机在运行过程中油温会持续上升，所以要通过油冷却器，利用循环水将润滑油中的热量带走。

SO_2鼓风机是制酸系统的核心设备，属长周期连续运转设备，因此需要不间断地冷却。当风机循环冷却水系统出现故障无法正常提供循环冷却水时，新水自动阀自动开启，为风机提供新水进行冷却。新水自动阀不能自动切换时，则需要紧急手动切换，以避免油温过高或轴承温度过高而引发风机跳车。

435. 循环水工序有哪些设备设施？循环水冷却水塔是由什么构成的？

循环水工序的设备设施有：循环水冷却水塔、SO_2鼓风机循环水冷却水塔、循环水立式斜流泵、SO_2鼓风机循环水泵、循环水管道。

循环水冷却水塔常采用塔池一体式结构，主要由循环水池、冷却水塔和风筒三部分组成。循环水池位于底部；冷却水塔位于水池上方，由钢结构或钢混结构支撑，四周由塔体围护系统保护，内部装有填料，填料上部配置喷淋装置，喷淋装置上部安装收水器；风筒位于冷却水塔顶部。循环水池处于地面以下，水池与冷却水塔之间设有进风窗，配置隔离防护网，上、下塔水管道及化冰管道。循环水泵入口通过吸水池与循环水池相连接。

436. 循环水冷却风扇的作用是什么？电流低是什么原因造成的？如何处理？

冷却水塔冷却风扇的作用是将冷风通过下部进风窗抽入塔内，为填料换热部分提供冷介质，通过填料层与循环水换热，将循环水的热量移出，通过导风筒带出冷却塔，达到降低循环水温度的目的。

电流低的可能原因：

① 电动机变频器频率过低；

② 电动机出现故障；

③ 传动轴脱开，电机空转；

④ 进风通道不畅，进风量减小；

⑤ 填料堵塞，通风量变小。

处理方法：

① 调节变频器的频率，使电流恢复到正常范围内；

② 检查修理电机；

③ 处理连接传动轴；

④ 清理疏通进风通道；

⑤ 检修清理填料淤泥，疏通填料流道。

437. 哪些原因会导致循环水温差变小？如何处理？

循环水温差变小的原因：

① 系统各工序的换热设备换热效率降低；

② 换热设备热介质循环量减小；

③ 通过换热设备循环水流量偏小；

④ 热介质基础温度降低；

⑤ 循环水冷却水塔的冷却能力降低。

处理措施：

① 检查系统各个冷却设备的进出口温差指标，若温差变小则证明该冷却设备管道有可能堵塞，应立即孤立该设备，进行反冲洗或停用疏通。

② 检查输酸泵运行状况，流量是否降低？检查管路阀门，是否调小或关闭？热介质通道堵塞，进入换热设备热介质量减小，如净化稀酸板式换热器酸道积泥堵塞等情况。检查处理输酸泵及管路阀门；检修换热设备，清理疏通介质通道。

③ 循环水流量偏小或没有流量，检查处理循环水管路阀门或检修疏通换热设备循环水通道。

④ 由于工艺条件变化，进入换热设备的热介质温度较低，如烟气浓度降低、系统停烟气等状况，调整并提高烟气浓度或系统通烟气，提高热介质基础温度。

⑤ 循环水冷却塔上塔水温与下塔水温温差变小。a. 上塔水温较小，检查生产系统是否正常和满负荷生产；b. 检查冷却水塔冷却风扇的运行状况和通风情况并调整正常；c. 检查循环水冷却水塔内部，对堵塞或损坏、掉落的喷头疏通或更换安装，检查清理填料层，将破损的填料补充或更新。

438. 循环水 pH 值下降的原因是什么？应如何处理？

循环水的 pH 值正常范围是 7～9，导致 pH 值下降的可能原因有以下三条。

（1）循环水 pH 计失灵

处理方法：联系自动化仪表检查处理。

（2）阳极保护浓硫酸冷却器内部腐蚀渗漏

阳极保护浓硫酸冷却器的主体为列管式换热器，阳极保护浓酸冷却器内若有漏点，浓硫酸会渗入水道内，与循环水混合在一起，并最终回流至循环水池，使得循环水的 pH 值下降。

处理方法：检查判断阳极保护浓硫酸冷却器是否内漏，如果内漏，则关闭阳极保护浓硫酸冷却器循环水进出口及浓酸进出口阀门，排空，打开阳极保护，查找漏点并补漏、堵漏。

（3）净化稀酸板式换热器渗漏

净化稀酸板式换热器主要由框架、板片和垫片三部分组成，稀酸和循环水分别走换热器酸道和水道，若板式换热器薄矩形通道发生渗漏，酸道的稀酸渗入到水道内，与循环水混合在一起，并最终回流至循环水池，使循环水的 pH 下降。

处理方法：检查判断稀酸板式换热器是否渗漏，如果渗漏，关闭板式换热器循环水进出口及稀酸进出口阀门，孤立故障板式换热器，系统维持生产，排空故障板换热器液体，拆解板式换热器，查找原因并组织处理。

439. 循环水池液位下降过快的原因是什么？如何处置？

液位下降过快的可能原因：

① 泵出口管道漏水。处理方法：联系相关人员紧急处理。

② 回水未进入循环水池。处理方法：检查处理回水管线故障，同时打开新水加水阀给水池加水。

③ 新水过滤器堵塞。处理方法：手动清洗过滤器，若过滤器未正常运行，开启过滤器旁路阀。

④ 新水供应不正常。处理方法：检查新水管道有无异常，若有异常及时处理。

⑤ 钠离子交换器故障。处理方法：可短时间不经过钠离子交换器，直接加入循环水池，尽快恢复钠离子交换器并投入运行。

440. SO$_2$鼓风机循环水池在氮气气源故障后为什么会造成液位快速下降?

SO$_2$鼓风机的冷却应急水自动控制阀是气关阀,若气源故障后应急水阀门将自动全开,此时冷却水经过应急水回水管道大量外排,从而造成水池液位快速下降。

441. 循环水池内的循环水一直溢流是什么原因? 如何处理?

循环水溢流的原因:

① 水池内加水量过大,钠离子交换器运行的台数过多或流量太大,使得循环水池的进水量大于出水量,造成液位持续上涨,液位达到溢流口后开始溢流;

② 立式斜流泵不上水或出口流量过低,使循环水无法送出,造成循环水池溢流;

③ 立式斜流泵跳车,管道内的存水返回至循环水池导致循环水溢流。

处理措施:

① 停掉所有钠离子交换器,直到循环水池液位降至溢流口以下,再相应少量开启,并且把开启的钠离子交换器出水流量调节在规定范围(80~120m^3/h)之内;

② 检查立式斜流泵不上水或流量低的原因,若泵故障则切换备用泵,联系维修人员处理故障泵;

③ 立即切换备用斜流泵。若备用泵短时间内无法开启,则联系上游冶炼降低投料量或停料,孤立系统直至停车。同时组织人员处理故障泵,待处理好或备用泵开启正常后系统恢复生产。

442. SO$_2$鼓风机循环水池液面发现有油污是什么原因造成的? 如何处理?

SO$_2$鼓风机循环水通过油冷却器给润滑油换热,当油冷却器换热列管出现漏点,油压大于水压时,润滑油就会进入循环水中,随着回水进入SO$_2$鼓风机循环水池,使循环水池液面出现油污。

处理方法:

① 加大SO$_2$鼓风机循环水池补水量,将液位加至溢流口上部,使得水池液面漂浮的油随循环水一起从溢流口排出。

② 检查SO$_2$鼓风机油冷却器漏油情况(观察油箱液位变化),并查找漏点的确切位置,联系冶炼降料量,系统停产、停SO$_2$鼓风机。给油冷却器打压试

漏,确保无漏点,并更换 SO_2 鼓风机油箱中的润滑油。

③ 漏点处理好后,开 SO_2 鼓风机,观察 SO_2 鼓风机是否还有漏油现象,水池是否还有油污出现,若一切正常,系统通烟气,恢复生产。

443. SO_2 鼓风机循环水池出现大量填料的原因是什么?

循环水池出现大量填料的原因:

① SO_2 鼓风机循环水冷却塔内的填料老化变脆,被水长时间冲刷后部分填料碎裂掉入循环水池内;

② 钠离子交换器或树脂捕集器泄漏,树脂随着软水流进循环水池内。

444. 循环水冷却塔喷头掉落对填料有何影响?

喷头掉落会使循环回水上塔后喷淋不均匀,降温效果不理想,循环水未经喷洒泄压,而直接高压喷向填料,造成填料局部塌陷、损坏,影响降温效果,严重时填料破碎堵塞换热设备。

445. 为什么循环水需要置换?

循环水中含有一定量的钙离子、镁离子、氯离子,在循环过程中因为循环水池蒸发量较大,会导致循环水中钙、镁离子浓缩,因此需要对循环水进行置换,一方面防止钙、镁离子浓度过高导致循环水池水质不合格,而钙、镁离子超标会导致换热设备内结垢,传热效率降低;另一方面,防止氯离子富集超标造成阳极保护浓硫酸冷却器腐蚀渗漏。

446. 冬季生产过程中,循环水冷却塔上塔水量越小越容易结冰,为什么?

因为冷却塔的进风量是一定的,上塔水量越小,水温下降幅度越大,当水温下降至冰点时循环水就会结冰,所以上塔水量越小越容易结冰。

447. 立式斜流泵的工作原理是什么?

当叶轮快速旋转时,叶轮中的水受离心力和推力的作用从叶轮四周射出,使得叶轮中心处形成真空区,即此处压力远低于大气压,而下游水面上作用着大气压力。下游的水在压力差的作用下,由下游流向叶轮中心,达到吸水的目的。斜流泵泵入口的泵坑与循环水池相连,由此实现循环水的连续输送。

448. 循环水立式斜流泵的开车程序是什么？

① 根据水泵电动机上油槽油温情况，判断是否需要开启电动机润滑油加热器，必须保证电动机润滑油温在 5℃以上；

② 开启电动机冷却风扇；

③ 打开水泵出口阀约 30%，开启水泵冷却水及电动机冷却用新水，同时关闭循环冷却水转换阀门；

④ 打开水泵出口管道上的排气阀；

⑤ 中控室联系厂调接线送电后，巡检人员现场启动水泵；

⑥ 待水泵启动后，再匀速地打开出口阀直到全开为止，同时关闭水泵出口管道上的排气阀；

⑦ 水泵启动正常后，检查水泵的运行电流、温度、声音以及水池液位等是否在控制指标范围之内；

⑧ 打开水泵的冷却润滑水及电动机循环冷却水转换阀门，关闭水泵的润滑水及电动机冷却用水新水阀；

⑨ 详细填写水泵开车操作记录。

449. 立式斜流泵开停车操作的注意事项有哪些？

由于立式斜流泵电动机均采用高压电源，为了保证设备与人员的安全，需采取以下安全措施：

① 启泵前，需要检查确认泵吸水池液位是否正常，是否在最小淹没深度以上，若小于规定值，则应给泵吸入池补水，增加泵的淹没深度；

② 开立式斜流泵之前，检查净化工序板式换热器、干吸工序阳极保护浓酸冷却器循环水管道的阀门是否全开、是否有盲板，检查确认水路是否畅通；

③ 水泵停、送电，必须通过调度室联系电工到变电所送电；

④ 正常送电后，如果在 15min 内未开启，为保证安全，变电所将自动断电；

⑤ 正常停车后，如果需要再次启动，必须重新送电后方可再次启动；

⑥ 开泵前首先检查立式斜流泵冷却水管道是否畅通，将循环水冷却阀门关闭，打开新水冷却水阀，查看冷却水管道视镜是否有水流过，冷却水管道压力表是否有压力，开泵前必须确保冷却润滑水供水 5min 以上；

⑦ 检查确认排气阀在工作状态；

⑧ 启泵前先将出口阀开至 30%位置，主泵启动，阀门继续开启到全开状态；

⑨ 循环水泵运行正常后打开循环水冷却水阀门，关闭新水冷却水阀，观察立式斜流泵每个监控温度点，如果没有异常就正常运行；

⑩ 正常生产期间，必须保证循环水路畅通；

⑪ 停立式斜流泵时先将泵出口阀关至30%后再停泵；

⑫ 冬季停泵后必须将冷却水管道内的水排干净，避免管道结冻甚至冻裂，长时间停车或冬季长时间停泵，应排空循环水管路的余水，将进水位降低到泵体以下。

450. 停立式斜流泵时为什么要将泵出口阀关至30%再停泵？

为了使泵体中的水不被抽干，同时也起到保护泵进口处底阀的作用，其次立式斜流泵出口安装了逆止阀，如果停泵之前不关闭电动阀至30%，将泵停完后管道内的回水形成水锤可将逆止阀卡死。因此，斜流泵停车作业时，先逐渐关小泵出口阀至开度30%，再按停车按钮停泵，减小回流对出口阀和逆止阀的冲击，造成不必要的损伤。

451. 为什么循环水泵开车时循环回水先不上塔？

因为循环水泵刚启动时管道内的空气没有全部排出，若空气随着循环回水一起上塔，会损坏喷头。

452. 循环水立式斜流泵开车前为什么要进行排气？

循环水泵停车后，管道内会积存部分空气，起泵时管道内的空气被挤压随液体排出。如果循环水泵开车时循环会水直接上冷却塔，管道内的空气将随着循环回水一起上塔，以循环冷却水喷头为出口排出，受循环水和空气的冲击，会造成喷头损坏。一般循环水泵开车时，先开启下塔阀门，循环水回水先下塔，再逐渐关闭下塔阀门，使循环水缓慢上塔，以减轻对喷头的冲击，有效保护冷却塔喷头。

453. 立式斜流泵不出水，流量、压力低是什么原因造成的？如何处理？

立式斜流泵流量和压力低的原因：

① 泵出口阀卡死或者未全开；

② 循环水池液位低，泵不上水；

③ 流量压力表坏；

④ 发生气蚀现象；

⑤ 循环水池内漏入大量填料，这些填料将循环水斜流泵的泵入口堵住；

⑥ 管道断裂或泵叶轮故障。

处理方法：

① 检查出口阀并全开；

② 给循环水池补水；

③ 联系自动化仪表处理流量压力测点；

④ 开水泵前要先打开排气阀进行排气；

⑤ 用长铁丝或者长铁棍将大面积的填料捞出，待检修时排干循环水池内的水，将所有填料掏出；

⑥ 开启备用斜流泵，停故障泵，联系组织电工、钳工检查斜流泵故障原因，并及时处理作为备用。

454. 立式斜流水泵电动机温度整体上升的原因是什么？如何处理？

立式斜流泵电动机温度整体上升的原因及处理措施见表 9-8。

表 9-8　立式斜流水泵电动机温度整体上升的原因及处理措施

序号	原　　　因	处　理　措　施
1	立式斜流泵冷却水断开	检查冷却水是否断流，并及时处理
2	电动机缺油	给电动机补充润滑油
3	电动机冷却风扇故障停运	开启电动机冷却风扇
4	仪表失灵	联系仪表专业维检处理

第十章

硫酸成品库单元

一、概述

近年来，随着国内硫酸需求量的不断增加，多数硫酸厂家需要新建硫酸库以满足硫酸产量的增长。浓硫酸作为化工产业的重要产品，在经济建设中得到广泛的应用，硫酸库虽然工艺配置简单，却是储存、转运及装卸硫酸的重要场所，使用不当将会给工厂造成重大损失。同时硫酸储罐作为硫酸库的存储设备，其安全使用要遵循严谨的工艺设计及布置。本章重点对硫酸库中单个酸罐安全容积的确定、硫酸库区的布置、硫酸库围堰的容积、硫酸库防护装置的配置等进行简要阐述与分析，在此基础上，对硫酸库区管理方式和管理措施的科学化进行论述，对有效防止事故发生、提高酸罐使用期限，确保浓硫酸库区安全运行具有一定的理论指导和实践意义。

二、基本内容

455. 硫酸成品库区如何管理？

① 硫酸成品库区储罐质量管理应符合国家相关规范管理要求，定期检验储罐筒体、内部骨架支撑，并出具检验报告，严禁储罐带缺陷使用。

② 硫酸成品库场地符合规范，有防火、防雷、液位报警及处置泄漏的设施。

③ 硫酸成品库区防火、防雷、液位报警、处置泄漏的设施，要定期检查、保养。

④ 管理人员及库区从业人员要经过危险化学品安全培训合格，熟知危险品性质和安全管理常识。

⑤ 辖区管理人员每天不少于两次对硫酸成品库区进行巡检，并做好记录，

发现跑、冒、滴、漏等隐患，要及时联系处理，对重大隐患要及时启动应急处置预案。

⑥ 安全管理部门每周组织检查 1 次，发现隐患，及时下达整改通知书，责成库区管理部门限期整改。

⑦ 夜班值班人员对硫酸成品库区的巡视不少于 2 次，发现异常，及时汇报。

456．硫酸库区有哪些应急处置设施？

硫酸库区内应设有应急水源、应急沙箱、应急排污储槽等应急设施；在库区四周应建有耐酸围堰，以阻挡漏酸流失，并设有安全警示牌。硫酸库区外应设有应急抢险室，并配备足够数量的扳手、铁锹、管钳、防毒面具、耐酸防化服、防酸面罩、耐酸手套、耐酸雨鞋、棉被、水盆等应急抢险器材。

457．硫酸成品库顶取样口为什么有时候会"冒白烟"？

为了随时取样、抽查硫酸成品库内产品品质，在硫酸库顶都设有取样口，不定期地抽取酸库酸样进行检测分析。由于浓硫酸具有很强的吸水性，当高浓度硫酸暴露于空气中时，挥发出来的 SO_3 和空气中的水蒸气结合形成硫酸的细小露滴而冒烟。

458．发烟硫酸为什么要在负压环境下储存？

高浓度发烟硫酸挥发性强，SO_3 气相分压高，如果 SO_3 烟气逸散至大气环境中，则会造成环境污染，对人体健康、动植物生长以及相关设备造成危害。为此，发烟硫酸应尽可能在微负压状态下储存，保证脱除的挥发气体回收至生产系统。

459．硫酸成品库区设置应具备哪些条件？

① 硫酸成品库，除了要遵循消防和危险品的管理规定外，还应考虑设在工厂的下风方向，离生产区域或离人员密集的地方 200m 以上。

② 要将硫酸与其他化工产品分开储存。

③ 建筑物要用耐酸砖、耐酸混凝土和钢铁等构筑。耐酸砖要用耐酸胶泥砌筑和勾缝，避免泄漏，耐酸混凝土地面施工要经过耐酸处理，钢材需要用耐酸涂料加以保护或用耐酸非金属材料。

④ 硫酸库区地面要有一定斜度，并在地面以下设有积酸储槽。有浓硫酸

泄漏时，及时启用储槽积酸，并使用应急泵将泄漏硫酸回用至地下槽或其余成品库，较少积酸时应经稀释、中和后排至后续处理工序。**注意：**未经石灰、电石渣或碱等中和处理的浓硫酸，不得排至后续工序。

⑤ 在硫酸储存处附近要备有应急水、石灰、电石渣或应急沙，以便在硫酸流出时能及时地进行处理。

⑥ 93%浓硫酸、98%浓硫酸、104.5%发烟硫酸储罐材质要根据硫酸的性质来适当选择，并根据不同地区浓硫酸结晶点的不同设计保温方案。

⑦ 硫酸成品库应设有计量装置，储酸时不宜装得太满，应按设计安全存储量储存。

⑧ 硫酸储存地点要设置明显的安全警示标志。

460. 硫酸成品储罐使用注意事项有哪些？

① 硫酸成品储罐要密封加盖，避免空气进入。

② 硫酸成品储罐应设有计量装置，储酸时要留有安全空间。储酸时间不宜太长，否则会使硫酸残渣含量和浑浊度升高，硫酸成品质量受到影响。

③ 硫酸成品储罐设有漏酸的处理设施。

④ 其他化学产品不得靠近酸罐附近堆放。

⑤ 储酸罐要每隔2～3年进行一次清理和大修。

461. 酸库装酸人员在充装汽车、火车槽车的操作过程中应注意哪些事项？

① 充装操作人员上岗前要经过危险化学品安全培训，取证合格持证上岗。操作时要穿戴好防护用具，车辆乘务人员必须携带必要的防护用具。

② 为保证运输安全，槽车必须进行定期的检查和修理，不合格槽车不得投入运输。

③ 硫酸槽车长时间运输，罐内可能含有氢气，拆封槽盖时严禁明火或工器具敲击产生火花。拆盖时，螺栓应慢慢松开，排出槽车内的气体，再进行充装作业。

462. 硫酸库泄漏后有哪些注意事项？其焊接作业的步骤是什么？

制酸系统的工业产品有93%浓硫酸、98%浓硫酸、104.5%的发烟硫酸。储存设备主要采用碳钢材质的储罐，是由于浓硫酸具有氧化性质，在储罐内壁会形成一层氧化层，防止浓硫酸对碳钢的进一步腐蚀。由于98%浓硫酸、104.5%

发烟硫酸的结晶温度较低，所以在北方地区，储罐要考虑保温措施，一般采用蒸汽伴热保温。但是，伴热蒸汽管道极易泄漏，由于蒸汽管道泄漏点温度高，在蒸汽管道泄漏点的浓硫酸储罐会由于高温腐蚀而泄漏。另外，由于硫酸是一种活泼的二元无机强酸，浓硫酸与空气中的水蒸气反应生成少量稀硫酸，稀硫酸与硫酸储罐碳钢材质中的铁反应会产生少量氢气。

$$H_2SO_4(稀) + Fe == H_2\uparrow + FeSO_4 \qquad (10\text{-}1)$$

常温常压下，氢气是一种极易燃烧，无色透明、无臭无味的气体，在燃烧时产生水，且遇到火源，可引起爆炸。

$$2H_2 + O_2 == 2H_2O \qquad (10\text{-}2)$$

硫酸储罐内气体为氧气、氢气等气体混合物，遇明火会发生爆炸。为确保安全操作，在进行焊接补漏作业前需置换硫酸储罐内气体，待硫酸储罐内部氢气全部置换后方可进行焊接作业。

硫酸储罐出现泄漏时要及时进行修复焊接处理，进行焊接作业时的步骤如下。

（1）排空硫酸泄漏的储罐

在硫酸储罐区域内，找出一个放酸管道与泄漏储罐连通，液位远低于泄漏储罐的备用空储罐作为应急储罐，全开应急储罐底排阀，缓慢开启泄漏储罐底排阀，利用虹吸原理和液位差，将高液位的泄漏储罐向低液位的应急储罐压酸。待两储罐液位平衡后，全关应急储罐底排阀，全开酸库地下槽入口管道阀门，将泄漏储罐余酸放入酸库地下槽，由泵将余酸打入应急储罐。

（2）置换空气

由于硫酸储罐内气体为氧气、氢气等气体混合物，而氢气是一种无色无味、易燃易爆的气体，遇明火会发生爆炸，为确保安全操作，在进行焊接补漏作业前需置换硫酸储罐内气体，待硫酸储罐内部氢气置换完全后，经检测合格方可进行焊接作业。

（3）处理余酸

利用纱布的强吸附性，将硫酸大库内余酸清理干净。

（4）打磨硫化层

浓硫酸与碳钢中的铁发生钝化反应会在硫酸储罐内部表层产生一层硫化层，硫化层主要由具有层状六方晶体结构的 FeS 及一定量的具有正交结构的 FeS 组成，具有固体润滑性能，易形成硫化颗粒，对焊缝造成影响，在焊缝处存在夹渣，影响焊接质量。因此，进行焊接作业前需对硫化层进行打磨处理。打磨处理后，在切割漏点处制作与切口处大小相符的堵板，进行内外部双面焊接。最后在储罐内部焊接一块面积是堵板面积 2 倍的加强板，对堵板的焊口隔离保护。

（5）探伤

采用磁粉探伤的方法对焊缝进行检测。浓硫酸与碳钢会发生钝化反应，为确保焊缝长久耐用、不被腐蚀，探伤合格后需在内部焊缝上层焊接加强板，包裹焊缝，延长焊缝耐酸寿命。

463. 碳钢在硫酸中的腐蚀随温度、浓度变化趋势是怎样的？

铁容易被稀硫酸腐蚀，而对浓硫酸而言一般比较稳定。也就是说硫酸对铁的作用随浓度不同而不同，在低浓度时酸的作用是引起 H^+ 激烈的置换反应；浓度高时 H^+ 的反应逐渐减弱，不会与铁直接作用产生金属盐类，但浓硫酸有氧化作用，温度增高时，氧化作用趋于激烈。储存浓度 70% 以上硫酸的设备可采用碳钢和铸铁，在浓度达 95% 以上时，在高温下也能使用。

普通碳钢可以广泛用作浓度 70% 以上的硫酸储存设备材料，钢制储槽、管道、槽车等一般可用作浓度 78% 以上的浓硫酸及发烟硫酸等高浓度硫酸。低浓度硫酸对钢的腐蚀速率极快，钢对于浓度 65% 以下的硫酸在任何温度下都是不适用的；而对于浓度 70%~100% 的硫酸，在 80℃ 以下可以使用。图 10-1 示出了硫酸的浓度和温度与钢在硫酸中的腐蚀速率的关系。图 10-2 示出了常温下钢在硫酸中的腐蚀速率。

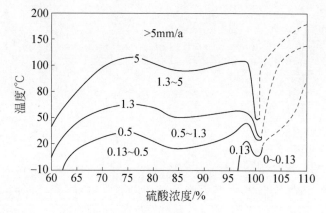

图 10-1 硫酸的浓度和温度与钢在硫酸中的腐蚀速率的关系

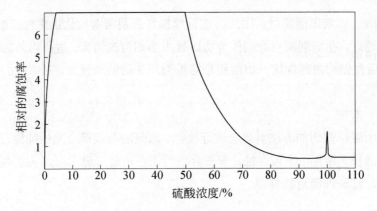

图 10-2 常温下钢在硫酸中的腐蚀速率

第十一章

通用单元

一、概述

通用单元部分主要是面向制酸系统各作业工种，介绍了通用类设备、专用类设备、常用材料、通用类备品备件及硫酸生产系统中金属焊接工艺和关键设备等。并对通用、专用设备的分类方法，润滑常识及常见故障的诊断、判断等，生产系统不同型号、形式、材质、用途的阀门及其使用范围、工况条件、适用介质、操作维护方法等进行了阐述。

二、通用类

（一）离心泵

464. 离心泵的工作原理是什么?

离心泵在工业生产中应用较为广泛。其工作原理是：离心泵电动机带动泵叶轮高速旋转，使液体产生离心力，由于离心力的作用，液体被甩入侧流道排出泵外，或进入下一级叶轮，从而使叶轮进口处压力降低，与作用在吸入液体的压力形成压差，压差作用使液体被吸入泵内，由于离心泵不停地旋转，液体就源源不断地被吸入或排出。

465. 离心泵的构成部件及作用有哪些?

离心泵由泵体、泵盖、托架（轴承箱、轴承）、泵轴、叶轮、联轴器、电动机、泵座等部件构成。

① 泵体：俗称蜗壳，是放置叶轮使液体进、出的部件。

② 泵盖：密封泵体的前后端盖，前泵盖与进口管连接，后泵盖与轴封连接。

③ 托架：泵的支撑部件，连接泵体，安装轴承箱，支撑主轴。

④ 泵轴：传动旋转动力的重要部件，前端在泵体内与叶轮连接，后端与联轴器连接，后泵盖处使用轴封作为密封，轴承箱内固定轴承。

⑤ 叶轮：通过主轴高速旋转，使液体形成离心力并将液体甩到泵体外缘通道排出，是使液体形成动力的关键部件。

⑥ 联轴器：电动机与泵轴传输动力的连接部件。

⑦ 电动机：提供旋转动力的来源。

⑧ 泵座：用来固定托架、电动机，并通过地脚螺栓与基础紧密固定。

466．什么是离心水泵的气蚀现象？

叶轮入口处的压力低于离心泵流通介质的饱和压力时，会引起一部分液体蒸发（即汽化）。蒸发后气泡进入压力较高的区域时，受压突然凝结，于是周围的液体就向空穴冲击，造成局部水力冲击，这种现象称为气蚀。这个连续的局部冲击负荷会使叶轮表面逐渐疲劳损坏，引起叶轮、泵体表面的剥蚀，进而出现大小蜂窝状蚀洞。气蚀过程的不稳定会引起泵发生振动、噪声及介质温度升高，同时由于气蚀时气泡堵塞叶轮过流通道，所以此时流量、扬程均有所降低，运行效率下降，因此应防止发生气蚀现象。

467．怎样判别气蚀现象？

准确判断气蚀现象，及时有效排除气蚀，减轻对设备的损伤和系统生产影响极为有利。离心泵发生气蚀现象以后，泵内出现激烈响声，出口压力会出现较大波动，严重时泵的流量减少，泵体和进出口管道振动，流通介质温度升高。

468．发生气蚀的原因有哪些？

① 离心泵吸入口液面下降（超过泵自身允许吸上真空高度）；

② 大气压力降低；

③ 离心泵过流介质温度升高，饱和蒸汽压加大（指易于汽化的介质）；

④ 离心泵吸入管阻力大；

⑤ 离心泵吸入管进入空气；

⑥ 液体进入叶轮流速增高；

⑦ 离心泵出口管阻力损失加大。

469.　为防止泵气蚀，应做哪些工作?

为防止泵发生气蚀，在前期安装配置、启动和运行过程中，尽量考虑以下几点:

① 在离心泵前期安装时要尽可能地降低吸入真空度;

② 在工艺管线配置上，应尽量减少离心泵吸入管和出口管道阻力损失，使液体流入泵入口处的压力较液体的饱和蒸汽压大;

③ 在离心泵开泵前应排净泵内的残余气体，并保持离心泵进口阀全开;

④ 尽量降低离心泵过流介质温度;

⑤ 降低液体进入离心泵叶轮的冲击速度;

⑥ 选用抗气蚀能力较强的材料制作叶轮。

470.　离心泵的出口管道上为什么要安装止回阀?

止回阀又称单向阀，它只允许液体向一个方向流动，阻止反向流动。一般在配置管道时，在泵的出口管道安装止回阀，可以防止离心泵突然跳电等突发性故障时，泵出口阀来不及关闭，出口液体倒流而引起泵的高速反转，导致叶轮、锁紧螺母、密封垫等零件的松动、脱落，致使离心泵损坏。

471.　为什么离心泵的入口管径大于出口管径?

离心泵是靠压差吸入液体的，泵进出口管道直径相同或出口管径大于入口管径时，泵吸入的量小于排出的量，即离心泵入口吸入的液体少于出口排出的液体，离心泵会出现抽空现象。泵在设计时入口略大于出口，配置管道时相应入口管径大于出口管径，这样可以减小吸入阻力，增加泵的吸入能力。例如:一台离心泵入口为 DN100，其出口一般为 DN80。

472.　启动离心泵前应做哪些准备工作?

启动离心泵前应首先检查泵体及出口管道、阀门、法兰是否紧固，地脚螺栓有无松动，联轴器（对轮）是否装配合格，压力表、温度计是否灵敏好用，对离心泵盘车 2~3 圈，检查转动是否灵活，有无异常声音;并检查润滑油质量是否合格，油量是否保持在视镜的 1/2~2/3 之间。其次打开进口阀、关闭出口阀（或开 30%），打开压力表手阀及各个冷却水阀、冲洗油阀等;最后通知电工到低压配电室送电，启动泵电源，现场启动控制箱开关或按钮，启泵。

473. 如何切换离心泵?

生产工序为保障安全稳定生产,一般配置有备用泵,为检查备用泵是否完好,及时发现并处理问题,确保备用泵始终处于良好状态,随时起到应急备用作用,需定期对备用泵进行倒换运行,切换备用泵可以在生产期间进行,无需系统停车。

切换离心泵前应首先做好开泵前的各项检查和准备工作,如泵的出入口阀、视镜油位检查、盘车等。原则是先启动备用泵,全开泵入口阀,开出口阀约 30%开度(泵不倒转),开启备用泵,待备用泵各部位正常后,匀速全开出口阀,备用泵运转正常,各运行参数稳定后,停被切换泵,关闭泵出口阀和入口阀,在低压配电室断开被切换泵电源。在切换过程中,操作平稳快捷,尽量避免因切换引起的流量等参数的波动。

474. 泵在正常运行时,冷却水如何调节?

离心泵在正常运行过程中,冷却水开启大小以排水温度为 30℃左右最为合适。特别是机械密封的冷却水不能在冬天开得太大,以防止动、静环的密封圈因水温太低而弹性减弱,使密封失效导致泄漏。

475. 离心泵为什么不能反转、空转?

反转和空转都会造成离心泵不必要的功率损失,更为严重的是反转会使泵的叶轮锁紧螺母松动、脱落,造成设备事故。空转时无液体进入和排出泵,使液体在泵内摩擦引起发热振动,零部件遭到破坏,密封烧损,严重时会引起叶轮主轴损坏或抱死,液下泵空转还会引发叶轮和轴套干磨损坏。因此,应尽量避免离心泵反转或空转。

476. 离心泵忽然电流下降的原因是什么?

① 叶轮叶片断裂或闭式叶轮被异物堵塞;
② 吸入管内有杂物堵塞或入口阀关小;
③ 出口管路阻力突然增大或出口阀关小;
④ 叶轮脱落;
⑤ 主轴断裂;
⑥ 管路出现大量泄漏;
⑦ 液位偏低。

477. 离心泵断轴的常见原因有哪些?

① 设计强度不够,原轴存在应力裂纹;

② 材质不匹配,腐蚀断轴;

③ 加工退刀槽太深,造成应力集中而扭断;

④ 泵发生气蚀也可导致断轴;

⑤ 操作和使用不当(如频繁带负荷启动等);

⑥ 突然停泵,液体倒流,产生水锤现象,泵反转扭断泵轴。

478. 离心泵震动的原因是什么?

① 叶轮转子不平衡;

② 联轴器不同心或间隙太小;

③ 弹性联轴器弹性胶圈老化或磨损,刚性联轴器连接螺栓断裂或脱落;

④ 轴承或密封环磨损过多,形成转子偏心;

⑤ 泵抽空或泵内有气体,吸入压力过低,使液体汽化或近于汽化造成泵气蚀;

⑥ 轴向推力变大,引起串轴;

⑦ 轴弯曲;

⑧ 叶轮损坏、局部堵塞;

⑨ 出口管路不畅或附属管线振动;

⑩ 泵基础刚度不够或地脚螺栓松动。

479. 离心泵联轴器减震胶圈损坏是什么原因?

① 泵轴与电动机轴不同心;

② 弹性胶圈质量差或老化,磨损严重;

③ 轴承磨损,泵振动导致胶圈磨损加剧;

④ 设备基础螺栓松动,导致联轴器端面间隙变化;

⑤ 轴向窜动较大。

480. 离心泵密封填料冒烟烧损是什么原因?

① 填料压得太紧或填料结块;

② 冷却水断流或冷却不良;

③ 泵空转时间过长。

481. 离心泵不上液是什么原因?

① 泵内或吸入管内留有空气;

② 液位过低,超过允许吸入真空度;

③ 进口管路漏气、给水压力小或接近于汽化;

④ 泵转速过低或反向转动;

⑤ 介质密度与黏度不符合原设计要求;

⑥ 泵内或管路内有杂物堵塞;

⑦ 叶轮损坏或腐蚀严重;

⑧ 主轴断裂或叶轮脱落;

⑨ 进口或出口阀门关闭。

482. 离心泵轴承箱体温度过高是什么原因?

① 润滑油(脂)过多或过少,油(脂)变质;

② 甩油环破碎或跳出固定位置;

③ 轴向推力增大;

④ 轴或轴承座磨损,轴承跑内圆或跑外圆;

⑤ 轴承磨损,间隙过大;

⑥ 其他原因造成机泵振动也会使轴承箱体温度升高。

483. 离心泵电流过高是什么原因?

① 电动机选型功率较小,与泵的扬程、流量不匹配;

② 介质发生变化,黏度和密度增大;

③ 流量增大,泵运行负荷增大;

④ 其他原因引起电流过高,如轴承损坏、机械摩擦等。

484. 离心泵(净化稀酸泵)轴封漏液的故障应如何处理?

净化稀酸泵的密封形式为副叶轮及填料密封。泵运行时副叶轮可使泵腔内轴封处形成微负压,避免填料过多接触稀酸,轴封处使用填料密封,因此运行时液体不易外漏。若发现轴封处漏液,说明轴封可能出现损坏,应及时更换密封,避免泄漏加剧,进一步腐蚀设备。

轴封漏液故障的处理措施:

① 更换副叶轮。运行时发现轴封漏液严重,说明副叶轮腐蚀磨损,需更换。

② 更换轴套。轴封安装在轴套上，如果轴套被腐蚀、磨损，出现麻点或沟痕，轴封也很难形成密封面，不能有效封堵稀酸，因此需及时更换受损的轴套。

③ 更换轴封。轴封损坏，稀酸会腐蚀主轴，泄漏的稀酸会造成设备其他部位腐蚀，因此需及时更换损坏的轴封。

④ 选用耐腐耐磨材质的轴套及轴封，及时调整填料压盖松紧度。

485. 离心泵轴承异响的原因有哪些？如何判断？

① 润滑油（脂）品种选得不对；

② 润滑油（脂）不足；

③ 油脂不干净，有铁屑或砂粒等杂质，起到研磨剂作用；

④ 轴承座加工误差（座孔的圆度不好，或座孔扭曲不直）；

⑤ 轴承滚子的端面或钢球打滑；

⑥ 轴承的游隙太大或保持架损坏；

⑦ 油脂中混入水分、酸类或油漆等污物，润滑不良；

⑧ 轴承受到额外载荷（轴承受到轴向整紧，或一根轴上有两只固定端轴承）；

⑨ 轴承与轴的配合太松（轴的直径偏小或紧定套未旋紧）；

⑩ 轴承座孔内有杂物（残留有切屑、尘粒等）；

⑪ 轴承的游隙太小或紧定套旋紧得过头；

⑫ 轴的热伸长过大（轴承受到静不定轴向附加载荷）；

⑬ 轴承座底面的垫铁不平（导致座孔变形甚至轴承座出现裂纹）。

486. 离心泵轴承安装时，为什么要增加预紧力？

所谓预紧，就是在安装时用某种方法在轴承中产生并保持一轴向力，以消除轴承中的轴向游隙，并在滚动体和内、外圈接触处产生初变形。预紧后的轴承受到工作载荷时，其内圈的径向及轴向相对移动量要比未预紧的轴承大大地减少。在装配向心推力球轴承或向心球轴承时，如果给轴承内外圈以一定的轴向负荷，这时内、外圈将发生相对位移，消除了内、外圈与滚动体间的间隙，产生了初始的弹性变形，进行预紧能提高轴承的旋转精度和寿命，减少轴的振动。

487. 离心泵轴承有哪些装配方法？

离心泵轴承的装配方法有冷装法、加热法和液压法3种。

488. 离心泵油封的无损装配方法有哪些?

（1）骨架油封在轴承孔的安装方法

油封装配对轴承孔表面粗糙度、表面质量尤为重要。在装配时应检查其内壁有无碎屑、划痕、灰尘和铸造砂粒等,应使用专用工具将骨架油封平稳地推入壳体座孔内。

（2）骨架油封在轴上的安装方法

油封的内径通常小于轴径,形成一定的过盈力,在装配油封时易造成唇部损坏。为防止油封唇部损坏,一般要使用圆锥形轴肩或圆锥工具进行装配。轴上带有螺纹、沟槽、花键时,使用圆锥形轴肩装配无效,需要用专用的装配工具来保护油封唇部,即在螺纹、沟槽、花键处套一保护套,避免油封唇部被轴上的尖角、螺纹、沟槽和花键等损伤。

489. 离心泵叶轮损坏主要有哪些原因?

① 泵体内发生气蚀;

② 叶轮腐蚀、流体冲刷磨损;

③ 入口管内进入硬物冲击;

④ 叶轮反转导致锁紧螺母脱落。

490. 离心泵轴承使用周期短的原因是什么?

① 轴承质量差;

② 装配质量差,没按要求装配;

③ 联轴器同心度差;

④ 润滑油质量差或缺油;

⑤ 其他原因造成泵振动导致轴承损坏。

491. 离心泵（净化稀酸泵）泵轴被酸水腐蚀的原因及处理措施有哪些?

净化稀酸泵长期在稀酸环境下运行,由于受酸浓度和温度影响,同时介质中存在腐蚀性离子,如氯离子和氟离子。若稀酸泵叶轮锁紧螺母、密封垫等被腐蚀破坏,稀酸会串入与主轴接触,造成主轴腐蚀。因此要尽可能阻断介质与轴的接触,尽量使用耐酸材质的轴套与胶垫床。在生产中一旦出现离心泵轴封漏酸,应立即切换备用泵,及时检修泄漏泵,避免设备遭到进一步腐蚀损坏。

492. 制酸系统净化稀酸泵泵体腐蚀的原因有哪些？如何处理？

稀酸泵是制酸系统净化工序的主要动力设备，其稳定运行是保证净化工序除尘降温作用的前提。由于净化工序处理制酸烟气，稀酸中含有大量的 F^-、Cl^-，同时酸度、酸温都会造成稀酸泵泵体腐蚀，致使稀酸泵运转周期降低，检修频次增高。一旦稀酸泵故障跳车，直接影响制酸系统稳定运行，严重时还会造成环境污染，其中：

① 制酸系统要求氟离子控制≤400mg/L、氯离子≤1g/L，因其带入系统中，会造成含硅材料、碳钢及不锈钢等合金材料的腐蚀；

② 制酸系统酸度一般控制<80g/L，酸度高会造成稀酸泵叶轮锁帽、密封垫、轴套腐蚀；

③ 酸温过高会加速稀酸腐蚀设备。

处理措施：

① 制酸系统中氟、氯离子超标，酸度高。一方面通过提高净化系统玻璃水加入量控制酸水中氟离子含量，另一方面可以通过加大酸水置换量减少超标离子影响和降低酸度。

② 净化工序酸度过高会造成稀酸泵叶轮锁帽、密封垫、轴套等部件的腐蚀，生产中常通过使用氟橡胶密封垫、钢衬聚四氟乙烯叶轮锁帽、904L 合金轴套来提高稀酸泵耐腐蚀性能。

③ 通过调节循环水、降低循环水温度以及对净化稀酸板式换热器检修等措施，降低循环酸温度，减缓稀酸对设备的腐蚀。

493. 浓硫酸液下泵不上液或达不到额定流量的原因及处理措施有哪些？

在生产运行过程中，时常发生浓硫酸液下泵不上液或流量较低的情况，应准确分析判断，及时有效处置，避免对系统生产造成较大影响。主要原因及处理措施见表 11-1。

表 11-1 造成浓硫酸液下泵不上液或达不到额定流量的主要原因及处理措施

序号	主 要 原 因	处 理 措 施
1	设计流量或扬程达不到工艺要求	改造泵或电动机
2	叶轮流道、吸入管、出口管堵塞	检查泵吸入口或出口管道，清理叶轮或管道内堵塞物
3	叶轮脱落或腐蚀	检修、更换叶轮
4	泵出液管泄漏或出液管密封泄漏	停泵检修，更换泵出液管，处理密封

续表

序号	主 要 原 因	处 理 措 施
5	液位过低	停泵、串酸或倒酸，提高液位达到要求
6	泵发生气蚀	采取停泵再开泵或排气等措施尽快消除气蚀
7	电动机反转	停泵，及时改变电动机相序

494. 浓硫酸液下泵有噪声或强烈振动的主要原因及处理措施有哪些？

表 11-2　造成浓硫酸泵噪声或泵体振动的主要原因及处理措施

序号	主 要 原 因	处 理 措 施
1	轴承缺油、磨损	更换轴承轴承及油脂
2	叶轮流道堵塞或泵出口路堵塞	检查泵出入口管道，及时清除堵塞物
3	轴套磨损	及时更换轴套
4	口环磨损	检修更换口环
5	叶轮腐蚀，动平衡破坏	检修更换叶轮
6	主轴与电机轴联轴器装配不到位	重新调整联轴器
7	液下紧固部件松动，泵体漏液	检查泵体液下部分，及时紧固液下部分螺栓，更换腐蚀泄漏部件
8	液下泵气蚀	停泵消除气蚀
9	槽内液位低	及时补充槽内液位
10	主轴弯曲	检修更换主轴

495. 离心泵在运行过程中异常发热的常见原因有哪些？

① 伴有杂音的发热，通常是轴承滚珠隔离架损坏；

② 轴承箱中的轴承挡圈松动或前后压盖松动，因摩擦引起发热；

③ 主轴与轴承结合部分磨损，轴径变小，轴径跑内圆；

④ 轴承座磨损，孔径变大，轴承跑外圆；

⑤ 泵体内有异物；

⑥ 转子振动大，转子不平衡或密封环磨损；

⑦ 泵抽空或泵的负荷太大；

⑧ 润滑油太多或太少及油质失效；

⑨ 联轴器磨损，刚性摩擦或冲击；

⑩ 其他机械摩擦等原因引起发热。

496．泵在冬天为什么要防冻？

液体一般在一定温度下会结冻，发生体积膨胀，如果留在泵体内的液体不清理出去或采取有效防冻措施，低温下的体积膨胀产生的力量会使泵体胀裂，造成泵体损坏。如水和稀酸，在零度即可结冻。

离心泵常见的防冻方法有以下几种。

① 排液法：排净停用泵内的积液。

② 保温法：使用伴热带、蒸汽管、保温毡对离心泵入口管道、阀门泵体进行保温、伴热。

③ 回流法：配置备用泵的系统，在备用泵停车期间，采取将出入口阀开一定开度，以泵不倒转为宜，确保始终有液体回流。

对于长期停用的泵，最好的办法是将液体排空，定期盘车即可。

497．泵结冻后如何处理？

发现泵已结冻，决不能用火或蒸汽直接解冻，以防因泵体热胀不均导致泵体、内衬破裂或内城损坏。正确的做法是使用伴热带或灌注冷水，缓慢化冻，待泵可盘动后，可以再用蒸汽、热水浇淋。

498．备用泵为什么要定期盘车？

为检查备用泵完好状态，异常情况下能够顺利开启，真正起到备用作用，需要定期对备用泵进行盘车操作，特别是在冬季低温天气，定期盘车更为必要。

定期盘车的主要作用有以下几点：

① 防止泵壳内剩余介质结晶，叶轮抱卡；

② 防止叶轮结垢，泵体板结；

③ 有利于及时掌握离心泵待机状况；

④ 定期盘车可以阶段性将润滑油带到各润滑点，有利于在紧急状态下马上开车。

499．离心泵盘不动车时为什么不能启动？

离心泵盘不动车，说明离心泵发生异常或故障，此时严禁强制性盘车，以免对泵造成更大的损伤，应检查分析原因，采取有效措施，尽快处理异常或故障。

泵盘不动车的原因一般有以下两点：①叶轮被异物卡住，或泵体内介质结晶；②离心泵或电机轴承损坏。

此时如果在盘不动车的情况下强行启动，启动负荷高，引起电动机跳车甚至烧损电动机；强大的扭矩带动泵轴强行旋转，会造成内部机件损坏，如：泵轴磨损、扭曲，叶轮撞击、破碎，电动机电源控制跳闸等。

500. 浓硫酸液下泵电动机过热不易被发现的原因是什么？

浓硫酸液下泵配套电动机线圈绕组过热的原因主要有：

① 电机轴承缺油或损坏；

② 液下泵轴承缺油或损坏，扭矩增大；

③ 负荷过高；

④ 电动机冷却风扇叶片损坏；

⑤ 电动机挡雨罩过低，通风不畅；

⑥ 电动机冷却风道积灰、结垢、通风不畅。

在工作实践中，因为浓硫酸液下泵电动机是立式安装，位置又较高，使巡检人员不易发现电动机风扇是否工作或完好，风扇罩透风网如被灰尘积垢堵塞通风不畅，也会造成冷却效果不好。

501. 膜片式联轴器的膜片频繁损坏的原因是什么？

卧式泵、立式泵均可使用膜片联轴器，一般造成膜片频繁损坏的原因有：

① 泵体主轴与电动机主轴联轴器同心度差；

② 联轴器装配过紧；

③ 联轴器螺栓松动、脱落；

④ 电动机或泵体地脚螺栓松动，长时间振动造成膜片联轴器损坏。

502. 旋转机械联轴器的找正方法与注意事项有哪些？

联轴器找正的方法很多，常用的有直尺塞规法、单表法、双表法、三表法、激光对中仪等方法。在日常的安装检修工作中，常用的是直尺塞规法、单表法和双表法。

（1）直尺塞规法

直尺塞规法一般用于转速较低、精度要求不高的机器。简单的测量方法是用直尺和塞尺测量联轴器外圆各方位的径向偏差，用塞尺测量两个联轴器端面间的轴向间隙误差，通过测量、分析、调整主动轴（电动机），实现两轴联轴器的对中。联轴器径向与轴向端面上都应该平整、光滑、无锈、无毛刺。在机器设备的安装与检修中，一般用直尺和塞尺的直观校验和积累的工作经验来加减垫片、位移、扭转电动机的左右位置等工作来进行设备找正工作。每次加减垫片都应考虑电动机螺栓的松紧状况。对于最终测量值，电动机的地脚螺栓应该是完全紧固，无一松动。找正时先找左右径向偏差和轴向偏差、再找上下径向偏差和轴向偏差。左右偏差使用锤击或千斤顶推或螺栓顶推电动机，上下偏差使用合适厚度的钢垫片垫在电动机底部地脚螺栓周围即可，但要考虑电动机紧固后的尺寸变化，需要在紧固电动机地脚后再做一次偏差测量，以防止电动机地脚螺栓紧固而产生的偏差变化，使用这种方法往往需要做几次反复的找正工作才能达到偏差要求。

（2）单表法

该方法只测量联轴器外圆的径向读数，不测量端面的轴向读数，测量操作时仅用一个百分表，故称单表法。用此方法测量时，需要特制一个找正用表架，其尺寸、结构由两半联轴器间的轴向距离和外圆尺寸大小而定。表架自身质量要小，并有足够的刚度。也可以使用磁性表座吸附在泵联轴器端合适的位置，但其缺点是不稳固，容易挪移，会造成测量数据不真实。测量时，表架以及百分表均要求稳固，不允许有松动现象，联轴器径向端面上都应该平整、光滑、无锈、无毛刺。否则，测量误差较大。

单表法对中精度高，适用于联轴器外圆直径小而轴端距比较大的主轴找正，用这种方法找正还可以消除轴向窜动对找正精度的影响，操作方便，计算调整量简单，是一种比较好的轴找正方法。

单表测量的方法是在两个联轴器上各做间隔90°的四个等分点，先在一个联轴器上架设百分表，表架设要尽可能地稳固，以防止测出的数据是假值，使百分表的触头接触在另一联轴器外圆面上的一点处，然后将百分表盘对到"0"位，按照设备的运转方向转动架设表架的联轴器，分别测量另一联轴器上四个点中其他三点的数值（第一个点已调为 0）。为准确可靠，要复测几次，然后再用同样的方法将表反过来架设在另一个联轴器上，测量三点的数值，并且把数值区分记录下来。单表法测量其实就是两个联轴器的中心线在垂直和水平方向上的相对位置的状况。实际工作中往往稍作计算就可通过增减垫片厚度和左右挪移电动机找正，使之达到规定的偏差值之内，但一定要注意回到原来的起点表的读数要显示"0"，否则之前测得的数据不准确。

（3）双表法

双表法一般用于采用滚动轴承且轴向窜动量较小的中小型机器。在联轴器的轴向和径向各设一块百分表，安好后先各自调零再盘车 360°，如果可以回零则说明联轴器已经找正，若不能则应看联轴器的偏向角度和方向，进行检修或者更换。实际找正过程中先装好找正表架以及百分表，使百分表首先位于上方垂直的位置"0"，然后将两个联轴器同时顺次转到 90°、180°、270°三个位置上，分别测得 8 个数据记录下来，联轴器的径向和轴向间隙测量完毕后，即可根据偏移情况进行调整。在调整时，一般先调整轴向间隙，使两联轴器平行，然后再调整径向间隙，使两联轴器同心。找正调整计算的理论依据是相似三角形原理。

此方法应用比较广泛，可满足一般机器的安装精度要求，主要缺点是对有轴向窜动的联轴器，在盘车时其轴向读数会产生误差。

503. 联轴器找正时有哪些注意事项？

① 百分表测得的数据均为相对值，在测量过程中，要对数据做出正确判断，如数据相对基准的大小、数值的正负性等。在找正过程中一定要保证准确的记录数据、正确的分析数据。

② 找正调整的是电动机支脚的垫片时，一般是先高低、再左右，反复调整，找正之前首先要保证两个半联轴器间的轴向距离控制在 2～5mm 范围内。

③ 电动机 4 个地脚的垫铁都要放在同一水平面上，否则会对找正工作带来困难，影响工作的准确性，最常见的就是翘腿、虚腿现象，大部分是由底座不平整或垫铁厚度不一致造成的。

④ 垫片的数量要控制在 3～5 层，尽可能减少数量，数量太多容易造成误差。

⑤ 测量数值时，应同时转动两轴以提高测量的准确性。

⑥ 用百分表测量时，表架以及百分表均要求稳固，不允许有松动现象，联轴器径向端面上都应该平整、光滑、无锈、无毛刺。否则，测量误差较大。

⑦ 用百分表测量时，盘车一周回到"0"位置时，表的读数要回零，否则数据测量为不准确的数值，要查找原因后再测量。

⑧ 两个设备在找正时，一般选择一方为固定端，该设备轻易不调整，另一方为电动机的方可调。但遇到特殊情况时，可以适当对固定方进行调整。

联轴器找正工作是一个复杂的过程，需要耐心、细致，要按程序、步骤，不断在实践中摸索和总结，才能使设备找正工作更加快捷和准确。

504. 离心泵轴失效的常见原因是什么?

离心泵主轴失效常见的原因:①主轴中的非金属夹杂物严重超标;②主轴的键槽底部表面处发生截面尺寸的突变,键槽根部为尖角并有蚀坑存在。这些缺陷在交变的旋转弯曲载荷作用下,将产生严重的缺口效应,形成了很高的局部应力集中,从而导致了主轴在缺陷处发生疲劳断裂而失效。

505. 立式斜流泵出口为什么要安装止回阀?

立式斜流泵出口管道布置一般采用地埋或架设在桁架上部两种方式。当立式斜流泵停泵时,由于上水管道在桁架上部,出口介质具有很高的势能,介质倒流,不仅会使叶轮反转,而且较大的冲击力会直接造成叶轮叶片损坏,因此必须在立式泵出口安装止回阀,起到防止介质倒流,避免斜流泵叶轮遭受水锤液击的作用。但就止回阀本身而言,设置不当,会造成水锤所产生的阀瓣对阀座的突然撞击,损伤止回阀密封面。因此,应采取以下几点保护措施:

① 对于泵出口管径 DN500 以上的管道,止回阀设置应采用水平安装方式,以减弱阀瓣回座及产生的撞击;

② 泵出口止回阀前后应设置泄压旁路,起到对回流介质的排放作用;

③ 立式斜流泵出口管径 DN500 以上的管道应安装具有缓开缓关作用的止回阀。

(二)制酸生产系统中常用阀门

506. 化工生产常用阀门的种类有哪些?

① 闸阀 Z;　　　　　　　　② 截止阀 J;

③ 节流阀 L;　　　　　　　　④ 球阀 Q;

⑤ 蝶阀 D;　　　　　　　　⑥ 隔膜阀 G;

⑦ 旋塞阀 X;　　　　　　　　⑧ 止回阀 H;

⑨ 安全阀 A;　　　　　　　　⑩ 减压阀 Y;

⑪ 疏水阀 S。

507. 阀门型号七个单元的意义是什么?

阀门型号七个单元的意义如图 11-1 所示。

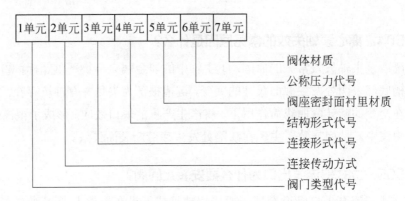

图 11-1　阀门型号七个单元示意图

508. 制酸系统常用阀门如何分类?

（1）依阀门的用途和作用分类

可分为：切断阀类，调节阀类，止回阀类和分流阀类。

① 切断阀类：其作用是接通和截断管路内的介质，如球阀、闸阀、截止阀、蝶阀和隔膜阀。

② 调节阀类：其作用是用来调节介质的流量、压力等参数，如调节阀、节流阀和减压阀等。

③ 止回阀类：其作用是防止管路中介质倒流，如止回阀和底阀。

④ 分流阀类：其作用是用来分配、分离或混合管路中的介质，如分配阀、疏水阀等。

（2）依驱动形式分类

可分为：手动阀，动力驱动阀（如电动阀、气动阀），自动阀（此类无需手动外力驱动，而利用介质本身的能量来使阀门动作，如止回阀、安全阀、自力式减压阀和疏水阀等）。

（3）依公称压力分类

可分为：①真空阀门（工作压力低于标准大气压）；②低压阀门（公称压力小于或等于 1.6MPa）；③中压阀门（公称压力为 2.5MPa、4.0MPa、6.4MPa）；④高压阀门（公称压力 10~80MPa）；⑤超高压阀门（大于 100MPa）。

（4）依温度等级分类

可分为：①超低温阀门（工作温度低于-80℃）；②低温阀门（工作温度介于-40~-80℃）；③常温阀门（工作温度高于-40℃，而低于或等于 120℃）；④中温阀门（工作温度高于 120℃，而低于 450℃）；⑤高温阀门（工作温度高于 450℃）。

（5）依阀体材料分类

可分为：非金属材料阀门和金属材料阀门。非金属材料阀门包括：陶瓷阀门、玻璃钢阀门、塑料阀门。金属材料阀门包括：铜合金阀门、铝合金阀门、铅合金阀门、钛合金阀门、碳钢阀门、低合金阀门、高合金钢阀门。

通常分类法既考虑工作原理和作用，又考虑阀门结构，此为国内通常分类法，可分为：闸阀、蝶阀、截止阀、止回阀、旋塞阀、球阀、夹管阀、隔膜阀、柱塞阀等。

509. 制酸系统主要使用的阀门有哪些？

制酸系统应用的阀门较多，主要作用是来调节管路介质的流量、压力等参数。常用的阀门有：截止阀（J）、球阀（Q）、蝶阀（D）、止回阀（H）、安全阀（A）和疏水阀（S）。

① 截止阀主要应用在干吸、酸库等工序的浓酸管线上，阀体材质常选用316 或 316L 不锈钢材质，其作用是用来调节介质的流量、压力等参数。

② 球阀主要应用在制酸系统水管道，其作用是接通和截断管路内的介质。

③ 蝶阀主要应用在烟道净化、转化、干吸等工序的烟气、酸及水管线上，应用较为广泛，其主要作用是通过阀板的转动角度来调节管线介质的流量、压力等参数。

④ 止回阀主要作用是防止管路中介质倒流，应用相对较少，但作用较为重要，如干吸工序吸收塔上酸管道、立式斜流水泵泵出口等。

⑤ 安全阀主要应用在余热锅炉和氮气储罐，其主要作用是当锅炉蒸汽压力或氮气储罐内压力大于安全阀设定压力时，基于压力平衡，安全阀内部阀瓣会被此压力推开，其压力容器内的气（液）体会被排除，以降低该压力容器的内压力，起到泄压和安全保障的作用。

⑥ 疏水阀主要应用在蒸汽管道上，其主要作用是将蒸汽系统中的冷凝水、空气和二氧化碳气体尽快排出，同时最大限度地自动防止蒸汽的泄漏。

510. 制酸系统主要应用阀门选用特点及缺陷有哪些？

（1）闸阀（图 11-2）

特点：密封性能较好，流体阻力小，开启关闭力较小，适用比较广泛，闸阀也具有一定的调剂流量的性能并可从阀杆高低看出阀门开度的大小。闸阀一般适用于大口径的管道上。可用作调节或节流。

缺陷：该阀结构比较复杂，外形尺寸比较大，密封面易磨损。对于高速流动的介质，闸板在局部开启状况下可以引起闸门的振动，振动又可能损伤闸板和阀座的密封面，而节流会使闸板遭受介质的冲蚀。

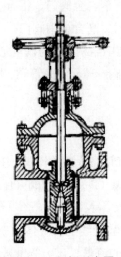

图 11-2　闸阀示意图

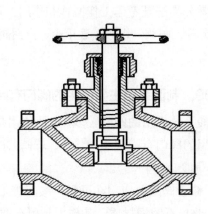

图 11-3　截止阀示意图

（2）截止阀（图 11-3）

特点：截止阀的结构比闸阀简单，制造、维修方便，主要用于截断流动的介质，其阀杆轴线与阀座密封面垂直，通过带动阀芯的上下升降进行开断。因可以调节流量，故应用广泛。

缺陷：流体阻力较大时，调节性能差，开启和关闭时所用的力较大，不适用于带颗粒和黏度较大的介质。

（3）球阀（图 11-4）

特点：只需要旋转 90°角的操作和很小的转动力矩就能关闭严实。结构简单、体积小、零件少重量轻、操作方便、流体阻力小、制作精度要求高。

缺陷：由于密封结构及材料限制，目前生产的阀不宜用在高温介质中。

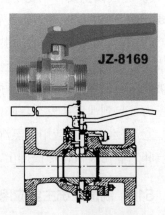

图 11-4　球阀示意图

（4）蝶阀（图 11-5）

特点：蝶阀的阀板安装于管道的直径方向，调节时旋转角度为 0°～90°之间，旋转到 90°时，阀门属全开状态。蝶阀结构简单、外形尺寸小、重量轻、组成零件少，适合制造较大口径的阀。

缺陷：由于密封结构及材料限制，该阀只用于低压、低温条件。

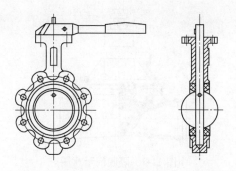

图 11-5 蝶阀示意图

（5）止回阀（图 11-6）

特点：一般适用于清净介质，对有固体颗粒和黏度较大的介质不适用。升降式止回阀的密封性能较旋启式的好，但旋启式的流体阻力又比升降式的小，一般旋启式的止回阀多用于大口径的管道上。

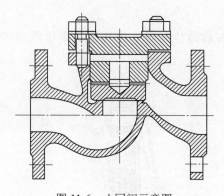

图 11-6 止回阀示意图

（6）隔膜阀（图 11-7）

特点：用一个弹性的膜片连接在压缩件上，压缩件由阀杆操作上下移动，当压缩件上升，膜片就高举形成通路；当压缩件下降膜片就压在阀体上，阀门关闭。该阀适用于输送有腐蚀性、有黏性的流体。因操作机构不暴露在介质中，所以不被污染，阀杆部分不会泄漏。

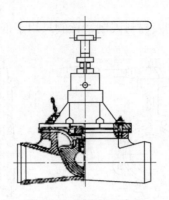

图 11-7　隔膜阀示意图

511. 什么是安全阀?

安全阀按其机理主要分为弹簧式安全阀和杠杆式安全阀,按照排泄量可分为微启式安全阀和全启式安全阀。安全阀示意图见图 11-8。

安全阀的作用是基于力平衡,一旦阀瓣所受压力大于弹簧设定压力,阀瓣就会被此压力推开,其压力容器内的气(液)体会被排除,以降低该压力容器的内压力。

安全阀的主要参数是排泄量,此排量决定于阀座的口径和阀瓣的开启高度。

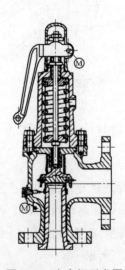

图 11-8　安全阀示意图

512. 安全阀的选择需考虑哪些因素?

① 由操作压力决定安全阀的公称压力;

② 由操作温度决定安全阀的使用温度范围；

③ 由计算出的安全阀的定压值决定弹簧或杠杆的调压范围；

④ 根据操作介质决定安全阀的材质和结构形式；

⑤ 根据安全阀泄放量决定安全阀的喷嘴截面积或喷嘴直径。

513. 手动阀门如何进行关闭？

① 手动阀门是按照普通人的手力来设计的，不能用长杠杆或长扳手来扳动；

② 启动阀门，用力应该平稳，不可冲击；

③ 当阀门全开后，应将手轮倒转少许，使螺纹之间严密；

④ 操作时，如发现操作过于费劲，应分析原因，若填料太紧可适当放松。

514. 烟气管网阀门阀板阀轴抱死是什么原因？如何处理？

烟气管网阀门经常出现抱死的现象，给系统正常生产带来极大影响。烟气管网阀门抱死多发生在长时间停送烟气或阀门不动作的情况下。常见的阀门抱死原因有以下几种：

① 高温烧结；

② 阀门内外温差过大；

③ 阀门前后温差过大，阀板和阀体形变不一致；

④ 阀轴间隙进酸泥，阀轴被酸泥等物质腐蚀结死；

⑤ 阀门长时间不活动、锈蚀等原因易造成阀门阀板阀轴抱死。

对烟道阀要有效保温，定期盘车；停送烟气时，应定期全开全关阀门；即使在生产时段，送烟气过程中，也要在不影响烟气输送的前提下，定期动作阀门；阀门定期盘车对防止阀门抱死非常有效。处理时多采用降温、加热、加入润滑剂等方法配合手动加力盘车。

515. 烟气管网阀门密封盘根的选择方法有哪些？

阀门密封盘根常用种类大致有：石棉盘根、陶瓷盘根、油浸盘根、橡胶盘根、芳纶盘根、石墨盘根、四氟盘根、碳纤维盘根、高水基盘根、苎麻盘根、牛油盘根等。应根据使用条件合理选用密封盘根，由于烟气管网输送烟气温度较高，含有烟灰和酸泥，烟气管网阀门一般选用耐高温以及耐腐蚀材质的盘根，例如石棉盘根、石墨盘根、碳纤维盘根等。

516. 电动阀门常见机械故障有哪些？如何处理？

（1）故障现象：电动装置上的手动/电动切换手柄不起作用，手动无法盘车。

故障原因：手柄所连接的凸轮（位置装在减速箱内部）上的传动键被磨损，凸轮不能被手柄带动；手动/电动切换机构内的直立杆弯曲变形，当手柄自动复位时，中间离合器因没有直立杆的支撑而掉下，无法实现与手轮的啮合；中间离合器由于主轴变形造成啮合不良而无法手动。

故障处理：此类情况需根据装置所连接阀门的重要性进行酌情处理。如果由于工艺条件限制无法进行解体检修，则可仅仅利用电动进行阀门的启闭操作，但要注意不宜频繁操作，以免造成不必要的大面积停机故障。装置内部机构或元件的损坏一般在现场无法就地解决，需拆下后进行解体检修，所需时间较长，如果有备件可直接将备件换上。但无论是修复后重新安装还是将备用装置直接换上，除了要保证接线无误外，一般行程均要求重新调整并试车正常方可交付运行方使用。

（2）故障现象：阀门手动盘车较重甚至无法盘动。

故障原因：阀杆盘根干结抱死，使阀杆无法正常动作；电动装置内部输出轴弯曲变形，造成涡轮蜗杆锁死。

故障处理：先将装置与阀体分开，通电试车，若装置动作正常，则故障点在阀体一侧，可采用加热阀门前后轴套的方式和加力杆手动盘车两至三周，待各部位松动后，再进行电动操作，但需重新调整或更换新盘根并调整盘根压盖螺栓，还要在阀杆螺纹上涂抹润滑脂，防止阀杆自锁造成过大转矩损坏蜗轮蜗杆；若确定为电动装置内部故障，则需对电动装置解体检修。

517. 硫酸成品大库放酸截止阀为什么不能反向安装？

截止阀正确安装应该按液体流通方向，低进高出配置安装。如果逆向安装，势必会造成管道阻力增大，流通不畅，能量损失，影响系统生产；同时会对阀门本体造成一定损伤，易发生泄漏，存在一定安全隐患。特别是硫酸成品库放酸截止阀，更应正确安装使用，主要是考虑开阀操作方便和安全性因素。

开阀操作方便：浓硫酸从阀瓣下方流入阀瓣，可以使阀门开阀阻力减小，符合操作习惯；另外若高进低出，会造成开阀困难，浓硫酸长期浸泡阀杆，阀瓣承受大库液位压力，会造成阀瓣脱离阀杆。

安全性：若反装，即高进低出，浓硫酸入口压力对阀杆中间填料部分施压，长期使用会造成浓硫酸从阀门压盖处漏酸，且由于生产过程中不能进行填料更换，维修困难；同时硫酸大库储存危险化学品——浓硫酸，若反装，易造成浓硫酸喷溅，使用较危险（见图 11-9）。

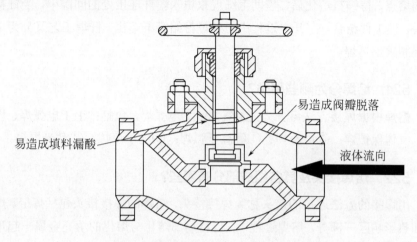

易造成阀瓣脱落

易造成填料漏酸

液体流向

图 11-9 截止阀"高进低出"安装的危害

（三）硫酸生产系统中金属焊接工艺

518. 什么是焊接？

焊接是通过加热或加压或两者并用，并且用或不用填充材料，使工件达到结合的一种方法。

519. 根据焊件所获能量来源不同，把焊接方法分为几类？

焊接方法的种类有很多，按焊接过程的特点不同，可分为熔焊、压焊和钎焊三大类。

① 熔焊是将焊接接头局部加热到熔化状态，随后冷却凝固成一体，不加压力进行焊接的方法。

② 压焊是通过对焊件施加压力，加热（或不加热）进行焊接的方法。

③ 钎焊是采用低熔点的填充材料（钎料）熔化后填充焊件接头的间隙，通过钎料的扩散而实现焊件连接的焊接方法。

520. 熔焊、压焊和钎焊各有什么特点？

熔焊是利用局部加热方法，将焊件的接合部位加热到熔化状态，冷凝后形成焊缝，使两块材料焊接在一起。如气焊、焊条弧焊等。

压焊是在焊接时施加一定的压力，使焊件的两个结合面紧密接触，从而将两个材料焊接起来。如电阻焊、摩擦焊等。

钎焊是对焊件和填充用的钎料进行适当加热,由于钎料的熔点低于焊件母材的熔点,待钎料熔化后,借助毛细现象填入焊件连接处的间隙中,当钎料凝结后,使工件结合。在钎焊过程中工件母材始终不熔化。钎焊工艺又分为烙铁钎焊和火焰钎焊。

521. 熔焊分为哪些种类?

熔焊根据焊接方法可分为:①气焊;②电弧焊,包括:手工电弧焊、埋弧焊、气体保护焊;③电渣焊;④等离子弧焊;⑤电子束焊;⑥激光焊等。

522. 熔焊接头及其各组成部分有哪些?

用焊接的方法连接的接头称为焊接接头,熔焊的焊接接头包括焊缝、熔焊区和热影响区三部分。熔焊过程中,母材局部熔化与熔化的填充金属一起形成熔池,熔池金属冷却凝固后形成焊缝。母材受焊接加热和冷却的影响而发生组织和性能变化的区域称为热影响区,焊缝与热影响区之间的区域称为熔合区。熔焊焊接接头各部分名称如图 11-10 所示。

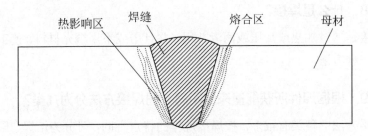

图 11-10　熔焊焊接接头示意图

523. 硫酸生产系统中金属焊接主要采用哪类焊接工艺,为什么?

硫酸生产系统中金属焊接主要采用熔焊焊接工艺。因为熔焊适用于所有同种金属、部分异种金属及某些非金属材料的焊接。目前硫酸生产系统中金属焊接主要采用气焊、焊条电弧焊和等离子弧焊。

524. 什么是气焊?

气焊是熔焊的一种,是利用可燃气体与助燃气体混合燃烧的火焰,熔化金属与焊丝,达到金属间牢固连接的方法。最常见的是氧乙炔焊,但近来液化气或丙烷燃气的焊接也迅速发展,如图 11-11 所示。

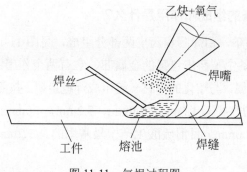

图 11-11 气焊过程图

525. 什么是焊条电弧焊?

焊条电弧焊是熔焊的一种,是用手工操作焊条进行焊接的电弧焊方法。焊接时与焊件之间产生的电弧热能将母材及焊条加热及熔化,形成焊接接头。由于电弧的温度较高、热量集中、操作方便、设备简单、焊接质量优良等特点,广泛应用于碳钢、合金钢、耐热钢、不锈钢、铸铁以及非铁金属的焊接,适用于金属材料不同厚度、不同位置的焊接以及用于异种金属的焊接。

焊条电弧焊示意图如图 11-12 所示。

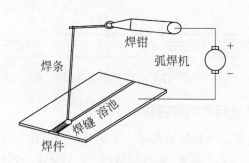

图 11-12 焊条电弧焊示意图

526. 焊条按其用途可分为哪些种类?

焊条按其用途可分为十大类:

① 结构钢焊条 J;　　② 钼和铬钼耐热钢焊条 R;

③ 低温钢焊条 W;　　④ 不锈钢焊条 G 或 A;

⑤ 堆焊焊条 D;　　⑥ 铸铁焊条 Z;

⑦ 镍基镍合金焊条 Ni;　　⑧ 铜及铜合金焊条 T;

⑨ 铝及铝合金焊条 L;　　⑩ 特殊用途焊条 TS。

527. 电焊条的组成和作用是什么?

电焊条简称焊条,由焊芯和药皮两部分组成,见图 11-13。

① 焊芯是焊条中被药皮包覆的金属芯,它有两个作用:一是作电弧的电极;二是作填充金属,与熔化的母材一起组成焊缝金属。按照国标 GB/T5117—1995 规定,焊条的直径有 1.6mm,2.0mm,3.2mm,4.0mm,5.0mm,5.6mm,6.0mm,6.4mm,8.0mm。目前硫酸生产中最常用的是 3.2mm,4.0mm,5.0mm焊条。

② 药皮是压涂在焊芯表面上的涂料层,它由矿山粉、铁合金、有机物和黏合剂按一定比例配制而成。

药皮具有以下作用:

a. 利用药皮在高温分解时放出的气体和熔化后形成的熔渣起机械保护作用,防止空气中氧、氮等气体浸入焊接区域;

b. 通过药皮在熔池中的冶金作用去除氧、氢、硫、磷等有害杂质,同时补充有益的合金元素,改善焊缝的质量,提高焊缝金属的力学性能;

c. 药皮使电弧容易引燃并保持电弧稳定燃烧、易脱渣。

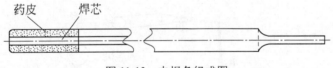

图 11-13 电焊条组成图

528. 焊条的选用原则有哪些?

焊条的种类繁多,每种焊条都有一定的特性和用途,为了保证产品质量,提高生产效率和降低生产成本,根据经济性、施工条件、焊接效率和劳动条件,要正确选用焊条。

焊条选用总原则:强度原则、条件原则、同性原则等。

具体原则:

① 根据产品设计对于焊接接头的力学性能、工作条件的要求选用;

② 根据焊件材料的焊接性、焊件形状、母材厚度及杂质含量等方面综合考虑;

③ 根据焊接接头形式、坡口形状、焊接位置、焊接电源等综合考虑选用焊条;

④ 对于须经热加工或焊后需经热处理的焊接件,应选择能保证热加工或热处理后焊缝强度及韧性的焊条;

⑤ 在保证接头综合性的前提下，应当尽量选用高效率、低尘低毒、经济性好的焊条。

529. 怎样选择焊条直径的大小？

焊条直径的选择应按照焊件板厚、接头形式、焊接位置、热输入量、焊工熟练程度而定。薄板及小直径管子焊接选用较细焊条，建议采用直径 2.5～3.2mm 焊条；立焊、仰焊及焊管时也尽量选用较小直径焊条，建议采用直径 3.2～4mm 焊条；平面对焊或平角焊时，可选用直径较大的焊条，建议采用直径 4～5.6mm 焊条。

530. 常见的熔焊焊接缺陷有哪些？

常见缺陷：①焊缝外形尺寸及形状不符合要求；②咬边；③焊瘤；④弧坑；⑤气孔；⑥夹渣；⑦未焊透；⑧裂纹。

531. 在金属焊接中为什么会出现外部缺陷？如何预防？

焊接坡口角度不当或装配间隙不均匀、焊口清理不干净、焊接电流过大或过小、焊接运条速度过快或过慢、焊条摆动幅度过大或过小、焊条施焊度选择不当等。

预防措施：焊件的坡口角度和装配间隙必须符合标准，坡口打磨清理干净；加强焊接练习提高焊接水平，选择合理焊接电流参数、施焊速度和焊条施焊角度。

532. 在金属焊接中为什么会出现内部缺陷？如何预防？

母体金属接头较钝未完全熔合；焊接过程中金属内的气体或外界侵入的气体残留在焊缝内部形成空穴或孔隙；焊接时冷却速度过快容易产生裂纹。

预防措施：选用适宜的焊接材料，严格控制焊接截面形状，缩小结晶温度范围，确定合理的焊接工艺参数，减缓冷却速度。

533. 金属焊接过程中为什么会出现咬边？如何预防？

咬边指焊件表面上焊缝金属与母材交界处形成凹下的沟槽。

咬边的形成有工艺因素和结构因素两类。其中，工艺因素及预防措施见表 11-3。

表 11-3　金属焊接过程中出现咬边现象的工艺因素及预防措施

序号	工 艺 因 素	预 防 措 施
1	焊接电流小或焊速过快	选择适当电流，保持运条均匀
2	焊条角度不对或运条方法不当	角焊时，焊条采用适当的角度
3	电弧太长或电弧吹偏	保持一定的电弧长度

结构因素：立焊、仰焊时易产生咬边。

534. 金属焊接为什么会出现焊瘤？如何预防？

焊瘤指焊缝边缘或焊件背面焊缝根部存在未与母材融合的金属堆积物。

焊瘤的形成有工艺因素和结构因素两类。其中工艺因素及预防措施见表 11-4。

表 11-4　金属焊接过程中出现焊瘤的工艺因素及预防措施

序号	工 艺 因 素	预 防 措 施
1	焊接参数不当、电压过低、焊速不合适	选择适当电压、降低运条速度
2	焊条角度不对或电极未对准焊缝	焊条采用适当的角度，电极对准焊缝
3	运条不正确	正确推送焊条

结构因素：坡口太小。

535. 金属焊接为什么会出现气孔？如何预防？

气孔指存在于焊缝金属内部或表面的空穴。

金属焊接中出现气孔的原因有材料因素、工艺因素和结构因素多方面影响。

材料因素：

① 熔渣的氧化性增大时，由 CO 引起的气孔倾向增加，当熔渣的还原性增大时，由 H_2 引起的气孔倾向增加；

② 焊件或焊接材料不清洁，有铁锈、油类、水分等杂质；

③ 与焊条、焊剂、水分及保护气体的特性有关；

④ 焊条偏心，药皮脱落。

工艺因素：

① 当电弧功率不变，焊接速度增大时，增加了产生气孔的倾向；

② 电弧电压太高、电弧过长；

③ 焊条、焊剂在使用前未烘干；

④ 使用交流电源容易产生气孔；

⑤ 气体保护焊时，气体流量不合适。

结构因素：仰焊、横焊易产生气孔。

预防措施：

① 焊件或焊接材料铁锈、油类、水分等杂物必须清除干净，避免雨雪天气露天焊接；

② 焊条、焊剂在使用前烘干，剔除受潮、药皮开裂、剥落的焊条；

③ 避免电压过高、电弧过长。

536. 金属焊接为什么会出现夹渣？如何预防？

夹渣指焊接中残存在焊缝中的块状或弥散状非金属杂物。

金属焊接中出现夹渣的原因有材料因素、工艺因素和结构因素多方面影响。

材料因素：

① 焊条和焊剂的脱氧脱硫效果不好；

② 渣的流动性差；

③ 在原材料的夹渣中硫量较高。

工艺因素：

① 电流大小不合适，熔池搅动不足；

② 焊条药皮成块脱落；

③ 多层焊时层间清渣不够；

④ 电渣焊时焊接条件突然改变，母材熔深突然减小；

⑤ 操作不当。

结构因素：立焊、仰焊易产生夹渣。

预防措施：

① 选择脱氧脱硫效果良好的焊条；

② 正确选择焊接电流；

③ 焊接时认真清除焊接区内的脏物，如有脏物和铁水分离不清时，应适当将电弧拉长，使脏物吹走或再次熔化吹走，直到形成清亮熔池为止；

④ 正确操作，选择合理的焊接顺序和合适直径的焊条。

537. 金属焊接中为什么会出现裂纹？如何预防？

裂纹指存在于焊缝或热影响区内部或表面的缝隙。

裂纹可分为热裂纹和再热裂纹。热裂纹细分为结晶裂纹、液化裂纹和高温失塑裂纹。冷裂纹细分为氢致裂纹、液化裂纹和层状撕裂。

裂纹的种类虽多，但形成的原因主要有两方面：

① 钢材化学成分及物理约束；

② 钢材的合金含量越高和杂质越多，越有可能形成具有裂纹倾向的显微组织，构件在应力下能膨胀或收缩时，比能自由移动的更容易产生裂纹。

预防措施：

① 应选择质量符合要求的钢材焊条；

② 选用合理的焊接参数和焊接次序；

③ 两端不能同时焊接，以免产生过大的内应力；

④ 低温焊机时应预热，尽量避免强行组对后进行全位焊；

⑤ 全位焊后，尽快焊满整个焊接处，不得停顿。

538. 焊接过程中为什么会发生脆断？如何预防？

脆断也是一种裂纹。材料的韧性不足，塑性变形能力差，焊接结构的缺口存在裂纹断裂，总是从材料缺陷处开始，以裂纹最危险。

脆断的原因：不正确的设计和不良的制造工艺会产生较大的焊接残余应力，应力过大时则导致结构脆性断裂。

预防措施：

① 正确选用材料，既要保证结构的使用安全，又要考虑经济效果，应使用钢材和焊接用填充金属材料，保证在使用温度下具有合格的缺口韧度；

② 采用合理的焊接结构设计，尽量减少结构或焊接接头部位应力集中，减少结构刚度，满足使用条件，重视次要焊缝的设计，减少焊接残余应力，必要时应进行消除应力的热处理。

539. 焊接变形的基本类型有哪些？如何预防？

焊接应力的存在会引起焊件的变形，焊接变形的基本类型如图 11-14（a）。具体的焊件会出现哪种变形，与焊件结构、焊缝布置、焊接工艺及应力分布等因素有关。一般情况下，结构简单的小型焊件，焊后仅出现收缩变形，焊件尺寸减小。当焊件坡口横截面的上下尺寸相差较大或焊缝分布不对称，以及焊接次序不合理时，则焊件易发生角变形、弯曲变形或扭曲变形。对于薄板焊件，最容易产生不规律的波浪变形。

焊件出现变形将影响使用，过大的变形量将使焊件报废，因此必须加以防止和消除。当对焊件的变形有较高限定时，在结构设计中采取对称结构或大刚度结构、焊缝对称分布结构，都可减小或不出现焊接变形。施焊中，采用反变形措施［如图 11-14（b）］或刚性夹持方法，都可减小焊件的变形。但刚性夹持法不适合焊接硬度大的钢结构。正确选择焊接参数和焊接次序，对减小焊接变形也很重要。它可以使温度分布更加均衡，开始焊接时产生的变形可被后来焊接部位的变形所抵消，从而获得变形量小的焊件。对于焊后变形小但已超出允许值的焊件，可采用机械矫正法或火焰加热矫正法加以消除。

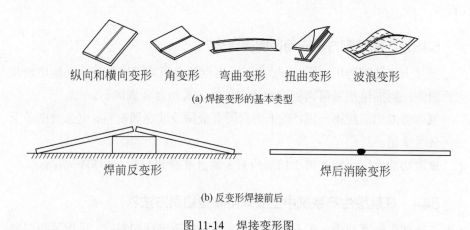

纵向和横向变形　角变形　弯曲变形　扭曲变形　波浪变形

(a) 焊接变形的基本类型

焊前反变形　　　　　　　　　焊后消除变形

(b) 反变形焊接前后

图 11-14　焊接变形图

540．在焊接合金时为什么要打磨清洁表面？

焊接合金时，需要提前对焊接区域表面打磨清洁。焊前打磨清理合金表面是因为合金表面有氧化膜，不清理容易产生气孔、夹渣和裂纹等焊接缺陷，影响焊接质量，所以焊接合金前要打磨清洁金属表面。

541．什么是切割？切割方法有哪些？

切割是利用热能使材料分离的加工方法。切割主要可分为气体火焰切割、气体放电切割和束流切割三大类。

气体火焰切割可细分为：气割、氧溶剂切割、火焰气刨、火焰表面清理、火焰净化和火焰穿孔。

气体放电切割可细分为：等离子弧切割、电弧-压缩空气气刨、电弧-氧切割。

束流切割可细分为：激光切割、电子束切割、水射流切割。

另外对于易燃不宜动火的材料，采用机械刀具切割。

542. 切割的原理是什么？

气体火焰切割原理：利用火焰把金属表面加热到燃点，打开切割氧，使金属燃烧并放出热量，同时将氧化熔渣从切口吹掉，从而实现金属的切割。

气体放电切割原理：利用电弧或等离子弧迅速熔化金属，借助氧或空气立即吹掉形成切口，以实现金属切割。

束流切割原理：利用束流能源排除被切物以形成切口，从而实现材料的切割。

543. 不同切割方法应用范围是什么？

气体火焰切割应用范围：凡燃点低于熔点的金属均可用氧进行火焰切割及表面清理；附加溶剂后可切割不锈钢、铸铁、其他合金或矿石。

气体放电切割应用范围：适于切割所有金属及非金属材料，电弧气刨适于清理各类缺陷。

束流切割应用范围：适于切割所有金属及非金属材料，切口精度高。

544. 在硫酸生产系统中主要采用哪些切割方法？

在硫酸生产系统中，在不同区域，对不同材质进行切割时，采用不同切割方法。一般有气体火焰切割、气体放电切割、电弧焊切割和机械刀具切割。

气体火焰切割：气割、火焰表面清理、火焰净化和火焰穿孔。适用范围较广，一般金属均适用。

气体放电切割：等离子弧切割。适用于不锈钢、合金类材料。

电弧焊切割：利用电焊进行金属切割。一般用于气体火焰难以切割的金属，如铸铁、不锈钢及合金类。

机械刀具切割：利用机械切割机、砂轮片进行机械切割。主要适用于不宜动火和非金属易燃材料。

545. 气割一般包括哪些方法？

气割一般包括氧-乙炔切割、氧-丙烷切割、氧-天然气切割等，目前最常用的为氧-乙炔切割方法。

546. 何为等离子弧切割？

等离子弧是电弧经机械压缩、热压缩和电磁压缩效应而形成。等离子弧切割所要求的电弧功率和压缩程度都比焊接时强，能量更集中，温度更高，并具有很强的吹力。

547．按照《焊接与切割安全》规定，从事焊接与切割操作者应尽的责任是什么？

（1）在金属焊接（切割）过程中，必须严格遵守国家法律法规、规章标准和技术规范；

（2）严格执行工艺过程和操作规程；

（3）认真对作业现场进行安全检查，发现异常及时上报；

（4）在焊接工作场所不得存有煤油、汽油和其他易燃易爆品；

（5）有权制止、纠正他人的不安全行为，有权拒绝违章指挥、冒险作业；

（6）工作结束时，立即切断电源，清扫场地，仔细认真地检查确认安全后方可离开；

（7）在焊接切割工作场所，要求配备消防器材；

（8）正确佩戴和使用劳动防护品。

548．氧气瓶和乙炔瓶为什么要保证安全距离？

为避免动火作业的火星飞溅到气瓶引发爆炸，氧气瓶与乙炔瓶之间必须保证规定安全距离。氧气瓶和乙炔瓶垂直间距不得小于 5m，水平间距不得小于 10m，因工作场地限制不能达到规定距离的应当采取安全措施与明火距离不得小于 10m。

549．为什么高空作业时，安全带要高挂低用？

安全带是高处作业人员预防坠落伤亡事故的个人防护用品，系安全带是高空作业最基本也是最必要的防护措施。高空作业时，安全带的正确挂扣应该是高挂低用，高就是高过身体来挂挂钩，低就是工作时身体在挂钩以下作业。正确使用方法是：腰部安全带应系的尽可能低些，最好系在髋部，不要系在腰部，肩部安全带不能放在胳膊下部，应斜挂胸前，并保持安全带拉平，不要扭曲、打结。一般安全带的长度限制在 1.5～2.0m，使用 3m 以上的长绳应加缓冲器。生产过程中每条安全带都要求校验合格后才能使用，所以其承受的冲击力有一定的局限。

若安全带低挂高用，不仅妨碍高空作业安全施工，而且安全带冲击距离延长，当安全带拉伸到极限时，重力势能作用会产生很强的冲击力，容易造成人员伤害，同时安全带坠落太长，还会发生摆动，给使用者带来生命危险。

550. 硫酸生产中不能进行焊接、切割动火的非金属防腐材料有哪些？

硫酸生产系统由于其介质的腐蚀特性，经常采用耐腐蚀性的非金属材料制作设备和配置管道，如净化工序塔槽罐、电除雾器、净化烟气输送管道及稀酸管道、盐水输送管道等常采用玻璃钢、聚氯乙烯（PVC）系列非金属材料制作和配置。这类材料燃点比较低、易燃。所以，对类似材料在焊接和切割作业时，要防止燃烧发生火灾事故。

硫酸系统经常采用的非金属防腐材料主要包括玻璃钢、PVC 系列材料、聚丙烯（PP）及聚乙烯（PE）材料等，主要使用在净化工序、酸性下水管道和软化水工序。玻璃钢不能焊接，只能用树脂和玻璃丝布进行粘接；PVC 类材料可以使用塑料焊或粘接，PP、PE 材料可进行非金属焊接或热熔等工艺连接，非金属材料均不能施行电焊和火焊；不可动火切割，只可利用砂轮片或切割刀具施行切割。

551. 制酸系统生产期间，管道渗漏如何应急处置？

制酸系统转化器、外热交换器、转化烟道、SO_2 输送烟道、水管道、蒸汽管道、碱管道、盐水管道、硫酸管道等，基本都在腐蚀性介质条件下运行，腐蚀和老化速度快，经常会发生泄漏，给系统正常稳定生产带来极大影响。发生泄漏致使介质外流，造成物料损失，影响现场环境，酸、碱等腐蚀性介质外漏，对周边设备设施造成腐蚀，甚至会对人员带来伤害；烟气泄漏影响周边环境，严重时会造成一定的环境污染。生产中常用的应急焊接补漏方法如下。

（1）转化烟道及转化器泄漏

由于泄漏点金属层受 SO_2、SO_3 烟气冲刷、硫化、腐蚀严重，因此补漏时需打磨金属表面硫化层，使用角钢配合螺栓、螺母运用螺栓补漏法进行补漏，焊接时采用 506 或 507 焊条进行焊接。具体操作如下：选择合适的螺母，将螺母表面及管道表面打磨贴齐，在防烫伤或其他伤害的保护下，将角钢焊接在裂缝处，如图 11-15 所示。待角钢焊接完成后，利用螺栓锲和作用对漏点进行补漏。

图 11-15　螺栓补漏法

（2）冶炼 SO_2 烟气输送烟道泄漏

主要是由于烟道内防腐层破坏，烟气直接腐蚀钢体所致。受高温烟气及 SO_2 气体腐蚀影响，普通补漏方法难以有效解决腐蚀泄漏问题，因此补漏方法应侧重于防腐。SO_2 输送烟道泄漏常用的补漏方法是夹套补漏法，即先在漏洞表面处扩大范围进行打磨，对漏洞加弧板补漏，之后漏点适度放大范围焊制方盒，在方盒内灌注 KPI 耐酸胶泥进行填充，再焊补胶泥加注口，目的是扩大防腐面积，延缓泄漏处金属腐蚀速度，如图 11-16 所示。

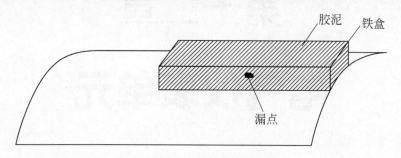

图 11-16 夹套补漏法

（3）水管道泄漏

由于泄漏介质对人体伤害较小，因此补漏时可以利用引流补漏法或木楔补漏法。引流法［见图 11-17（a）］是在确定管道表面泄漏点后，在漏洞上焊接一套可以作为引流管的阀门短节，制作短节时使用一段管径大于漏洞的管道，焊接在漏洞外缘，并在焊接时打开阀门进行泄压，待引流管道焊接完成后，关闭阀门，补漏完成；或在漏洞处焊接较漏洞直径大的螺母，将螺母与管道焊接后，带上螺栓，紧固好螺栓。有时为保险起见，上好螺栓后，切掉外露螺栓杆，再将螺栓与螺母焊接。木楔补漏法［见图 11-17（b）］适用于压力较低、腐蚀性不大的介质输送管道，如水管道或蒸汽管道，切削制作大小合适的木楔，砸实楔在漏洞处。

(a) 引流补漏法　　　　　　　(b) 木楔补漏法

图 11-17 引流补漏法和木楔补漏法图示

（4）在正常生产期间，强酸、强碱管道小面积滴漏时，由于所泄漏的液体对人体伤害较大，且泄漏管道带压运行，所以堵漏仅作为临时处理方法，应讲求快速、有效。常用的堵漏方法是管夹封堵法，即在泄漏处，制作管夹临时进行封堵。但这种方法，有它的局限性，特别是强酸、强碱管道管壁腐蚀变薄或出现喷漏时，应及时申请检修时间，停泵、排空管内酸碱后再施行补焊或更换，禁止管夹封堵作业。

第十二章

电气仪表单元

一、概述

电气和仪表属通用类单元，如变配电、控制、电动机制造、电动机拖动、DCS 控制系统等在各行业均通用。本章仅对制酸系统生产、检修过程中遇到的一些问题进行了总结，对制酸系统和电气原理不做过多介绍，但对制酸系统使用的特殊设备的电气原理做了详细描述。

二、基本内容

552. 制酸系统电压等级有哪些？

制酸系统的供电电压等级为 12V～10kV。

检修照明电压：12V、24V、36V；

低压系统电压：380V、220V；

高压系统电压：3kV、6kV 或 10kV。

553. 制酸系统有哪些变配电方式？

（1）低压变电所

（2）SO$_2$ 鼓风机配电

（3）高压电动机配电

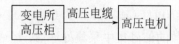

554. 制酸系统自动化采用什么控制系统?

制酸系统自动化采用 DCS（Distributed Control System）控制系统，即分散控制系统。由中控室操作上位机、现场控制总站（包括 I/O 站）、通信总线和现场执行机构组成，各个部分以微处理器为基础，具有记忆、逻辑、判断和数据运算等功能，将现场分散的控制功能集中显示在中控室上位机界面上，统一操作，实现集中显示、集中控制、综合协调、智能连锁等，替代过去线路繁杂、仪表众多、落后非智能的控制系统。结构图见图 12-1。

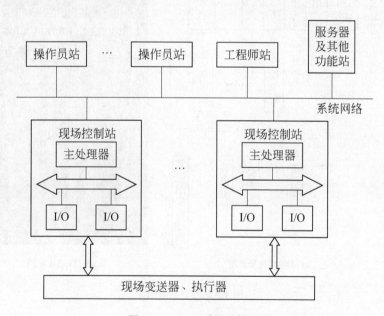

图 12-1　DCS 系统结构图

555. 为什么 DCS 程序下装必须选择制酸系统全面停车时方可进行?

DCS 系统是工艺、设备的控制核心。在程序修改后下装时，很容易引起初始化下装。正常生产时，执行机构按实际生产要求设定好的参数会被重新赋予初始设定值，当初始值与实际生产设定值不一致时，很可能会造成设备的连锁动作、失控等。如果在线程序下装，可能引起系统停车，存在极大的安全隐患，为避免事故的发生，在程序下装时应当在制酸系统全面停车时进行。

556. 什么是I/O站?

I/O 即为信号的输入/输出通道,I 为 INPUT(输入),O 为 OUTPUT(输出),是 DCS 控制系统的一部分。I/O 站将分散的信号集中采集处理后,经通信模块与控制站交换数据完成控制任务,具体结构及工作原理如下:由图 12-2(a)所示,虚线框即为 I/O 站,将其电源模块、通信卡、I/O 卡、端子板、控制模块通过导轨集中安装在同一机柜内。

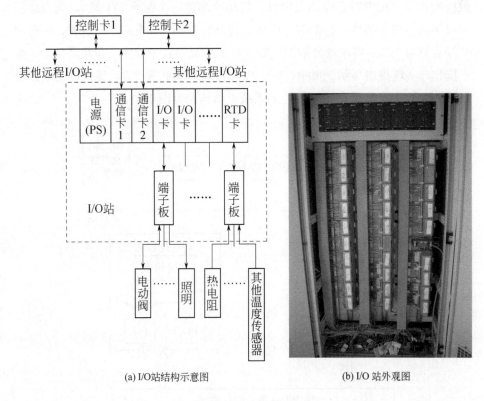

(a) I/O站结构示意图   (b) I/O 站外观图

图 12-2 I/O 站图示

① 电源模块:内部电源模块可输出 5V、24V 两种直流电压给卡件提供电源,一般要求卡件电源冗余配置。

② I/O 卡件:分为模拟信号输入/输出卡、电平型开关量输入/输出卡、热电阻信号输入卡(RTD)等,和端子板一起完成数据采集处理。

③ 接线端子:除一些专用端子板可实现信号转接、现场侧与系统侧的隔离外,多数普通端子板布有接线端,便于信号电缆线接入。

④ 控制模块:是 I/O 站的软硬件核心,负责协调 I/O 站内所有软硬件关系和各项控制任务,如完成控制运算、上下网络通信控制处理、冗余诊断等。

工作时，分散信号引入端子板经线性化、滤波等调理后送入相应 I/O 卡件处理，再经通信模块送入控制模块，控制模块运算判断等处理后将数据送入中控室上位机，同时经通信模块将控制信号送入相应的 I/O 控制通道，从而完成数据采集及控制。图 12-2（b）中的"通信卡 1"、"通信卡 2"和"控制模块 1"、"控制模块 2"为冗余配置，对于一些关键 I/O 卡件也可以进行冗余配置以保证制酸系统可靠连续运行。

I/O 站的设置是根据生产需要，按就近原则设置，方便现场电动阀等执行器的控制和热电偶、压力变送器等测量模块数据的采集。

557. 什么是 UPS?

UPS（Un-interruptible Power Supply）是不间断供电电源的简称。当电网电压正常时，UPS 内部的整流器模块将交流电转换成直流电给 UPS 蓄电池充电储存电能，当电网电压处于异常（欠压、过压、掉电、干扰等）断电时，无扰动切换电网电源，由蓄电池给控制站、I/O 站或其他重要直流设备提供稳定、不间断的电力供应，使设备维持正常工作。

558. 制酸系统哪些设备使用 UPS 电源?

制酸系统中使用 UPS 电源的设备有以下几种。

① DCS 控制系统：各 I/O 站单独配置冗余 UPS；控制室配置冗余 UPS，给控制室上位机及紧急通道照明提供电源；

② 电气 PLC 控制柜：配电室 PLC 柜内配置冗余的 UPS，给电气控制系统提供电源。

③ SO_2 鼓风机房后台监控：配置非冗余 UPS 直流屏，给 SO_2 鼓风机 6kV 配电系统的高压柜提供控制直流 220V 电源和合闸直流 220V 电源；为后台监控上位机提供紧急备用电源。

④ SO_2 鼓风机房紧急油泵直流电源：SO_2 鼓风机房配置 UPS 直流屏，SO_2 鼓风机紧急油泵电动机采用直流电动机，电源由 UPS 直流屏提供。

559. SO_2 鼓风机紧急供油采用直流泵和高位油箱的区别是什么?

（1）SO_2 鼓风机的供油装置（有 3 套）

① 主油泵：随 SO_2 鼓风机轴转动，通过 SO_2 鼓风机轴的离心力供油的泵叫主油泵。在 SO_2 鼓风机启动前和停止后，由于 SO_2 鼓风机轴处于静止状态，SO_2 鼓风机主油泵是不工作的，只有 SO_2 鼓风机在运转正常后，SO_2 鼓风机的

润滑油和工作油都是由 SO_2 鼓风机的主油泵提供。

② 辅助油泵：顾名思义，指辅助主油泵工作的油泵，油泵电动机采用交流电动机，交流电源由车间级配电室提供。和 SO_2 鼓风机运行/停止、油压连锁，SO_2 鼓风机启动前，辅助油泵切换到手动控制，启动辅助油泵，SO_2 鼓风机的润滑油和工作油都是辅助油泵提供。SO_2 鼓风机运行正常后辅助油泵控制切换到自动位置，由于油压高于设定值，辅助油泵自动停止，SO_2 鼓风机的润滑油和工作油由主油泵提供。SO_2 鼓风机停止后，由于主油泵转速下降，油压低到辅助油泵设定值时，辅助油泵自动启动。

③ 紧急油泵：在 SO_2 鼓风机故障跳车且辅助油泵自动启动失败时，启动辅助油泵，保障 SO_2 鼓风机连续供油，和油压辅助油泵连锁。紧急油泵采用管道泵，安装于供油管道，电动机采用直流电动机，电源由 UPS 直流屏供电。

（2）直流泵和高位油箱的区别

高位油箱放油管道和供油管道相连，悬挂式高位油箱供油装置是早期保障 SO_2 鼓风机安全运行的设备，在 SO_2 鼓风机正常运行时，SO_2 鼓风机主油泵将润滑油从油站输出，经油冷却器、油过滤器后，少部分由 SO_2 鼓风机高位油箱底部进入，从顶部溢流口排出直接回油站，大部分进入 SO_2 鼓风机各润滑点后回油站。一旦发生停电等紧急故障，辅助油泵不能及时启动供油，SO_2 鼓风机高位油箱的润滑油在重力作用下，势能转化为动能，将沿进油管路，倒流至 SO_2 鼓风机各润滑点后返回油站（油过滤器出口配有止回阀，润滑油不会流至泵出口，如示意图 12-3 所示），确保 SO_2 鼓风机在事故或紧急停车时，机组对润滑油的短时间需要。

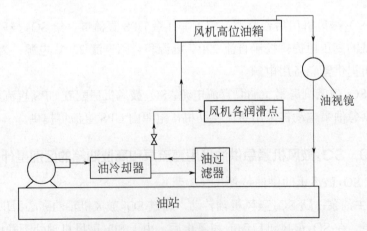

图 12-3　悬挂式高位油箱供油装置示意图

高位油箱供油的缺点：①高位油箱体积较大，安装及维护较为复杂；②高位油箱的润滑油具有不连续性，供油时间较短。

随着技术进步，SO_2鼓风机在断电等紧急情况下改用为紧急油泵供油，紧急油泵由 UPS 供电，正常情况下，直流屏给 UPS 蓄电池充电，当 UPS 检测到主油泵和辅助油泵电压异常或不能启动时，紧急油泵启动，为 SO_2鼓风机各润滑点供油。UPS 在紧急情况下供油时间长于高位油箱，主要取决于 UPS 直流屏的电池数量多少；安装于供油管道，管线短，相应速度高于高位油箱；故障率低于高位油箱；润滑油可以循环利用。紧急油泵相比于悬挂式高位油箱供油装置具有明显的优点。

560. 制酸系统 I/O 站 UPS 电源为什么采用双电源供电？

制酸系统 I/O 站作为重要的供电负荷，中断供电时，不仅会对生产造成重大影响和经济损失，严重时会使制酸系统瘫痪，生产秩序混乱，造成人员伤亡事故。对 SO_2鼓风机等重要大型用电设备可以采用双路电源自动切换开关完成电源切换，但一般存在数百毫秒的真空断电期，这对 I/O 站会造成数据丢失等致命影响，一般采用 UPS 电源维持对负荷稳定不间断的供电，但 UPS 供电时长有限，所以一般采用双电源（两套供电线路）为 UPS 供电，来保证 UPS 电源的可靠持久。

561. 什么是 PLC？

PLC（Programmable Logic Controller）是可编程逻辑控制器的简称，本应简称为 PC（Programmable Controller），区别于个人计算机（Personal Computer）的简称 PC，是一种数字运算操作的控制系统，专为适应工业环境应用而设计，具有通用性强、使用方便、适应面广、可靠性高、抗干扰能力强、编程简单等特点。PLC 是工业控制的核心，根据工艺控制要求编写程序（执行逻辑运算、顺序控制、定时、计数和算术运算等操作的指令）下载到 PLC 的程序存储器，然后 PLC 根据外部检测信号、定时要求或中控室命令等按编写的程序输出控制信号，控制各种类型的机械或生产过程来达到预定的控制要求，保证生产设备或系统按设计程序顺利进行。PLC 控制柜外观图见图 12-4。

PLC 的程序编写采用梯形图，控制逻辑结构类似于继电控制原理图，电工学习及编写简单，人机界面采用手操器（手持式编程器）或触摸屏或上位机。

PLC 产品系列化，根据不同的设备和工艺系统可以采用不同的型号产品。制酸系统的 SO_2鼓风机采用 PLC 控制，完成油温、油压、温度、前导向、液力耦合器、辅助油泵、紧急油泵等的信号采集、连锁控制，可以下挂于 DCS 系统，和 DCS 通过 Profibus-dp，TCP/IP Modbus 等协议通信。中控室集中显示，也可在现场触摸屏控制调节。SO_2 鼓风机电动机的启动装置(磁控软启动器或水电阻等)的控制也采用 PLC，完成启动条件、启动过程切换、6kV 配电柜切换等控制功能，和 SO_2 鼓风机的后台监控系统通信。

电气控制系统也可采用以 PLC 为中心的现场总线控制方式。采用分体结构、智能性、带通信功能的成套配电柜，每个配电柜分成若干个配电、控制单元，采用现场总线结构，单台设备回路是一个控制单元（MCC）或控制中心，即每台电动机配电回路是一个控制单元，完成电动机的控制、保护、显示。每个控制单元通过现场总线串联在一起（有别于电气的串联电路）形成设备网，每台设备所有数据以通信方式上传至 PLC，在 PLC 级形成电气设备管理网，完成单台电动机的保护、控制、显示，PLC 数据再上传至工艺、仪表管理网（DCS），目的是读取、显示每台电动机的电流指示、运行指示，另一路上传至厂管理网，以便厂调读取有关运行参数。该控制方式可以大型化，和 DCS 控制系统基本没有区别。控制器和电源可以冗余，输入/输出可以模块化，具有通信功能，可以满足不同的通信协议。

图 12-4　PLC 控制柜外观图

562. 现场仪表传输的信号是什么?

现场仪表广泛应用 4～20mA 直流电流信号传输。其优点如下:

① 直流信号在传输过程中易于和交流感应干扰相区别,且不存在相移问题,不受传输线中电感、电容和负载性质的限制。

② 电流信号首先可以不受传输线及负载电阻变化的影响,适于信号远距离传输,其次由于电动单元组合仪表很多是采用力平衡原理构成的,使用电流信号可直接与磁场作用产生正比于信号的机械力。此外,对于电压输入的仪表和元件,只要在电流回路中串联电阻便可得到电流信号,使用比较灵活。

③ 4mA 作为起始值,不与机械零点重合,有利于识别断电和断线等故障。常取 2mA 作为断线报警值,20mA 电流通断引起的火花不足以引燃瓦斯,符合防爆要求。

563. 电流变送器、压差变送器、温度变送器等仪表二次输出什么信号?

电流变送器、压差变送器、温度变送器等仪器仪表二次输出 4～20mA 的直流电流信号。

(1)电流变送器

将被测回路交流电流或直流电流转换成 4～20mA 直流电流信号的转换装置。电流变送器的输入端来自于电流互感器的输出端,电流互感器将被测回路的大电流变换成 0～5V 的直流电压信号,即电流变送器的输入信号是 0～5V 的直流电压信号,通过该装置变换,输出与被测回路电流成线性比例的 4～20mA 的直流电流信号,0V 对应 4mA,5V 对应 20mA。例如:SO_2 鼓风机的电动机 5750kW,额定电流 633A,在控制室检测该电流信号,先通过安装于 6kV 配电柜内的电流互感器,将 0～633A 的电流信号变换成对应的 0～5V 的电压信号,送入电流变送器,电流变送器将 0～5V 的电压信号变换成对应的 4～20mA 的直流电流信号,再送至 DCS 控制系统的 I/O 站的模拟量输入模块,最后上传至控制室上位机显示。

(2)压差变送器

用来测量变送器两端的压力之差,最终输出 4～20mA 的直流电流信号。压差变送器一般有两个接口,分为正压端和负压端。一般情况下,压力变送器的正压端压力大于负压端压力才能正常工作。工作时,压力传感器采集介质压力变化,将采集的信息经分析后送入变送器内转换成与压差成线性比例变化的 4～20mA 电流信号。例如:测 SO_2 鼓风机出口压力,用 $\phi32mm$ 的管道将 SO_2

鼓风机出口烟道和压差变送器的入口相连接,则 SO_2 鼓风机出口烟道和压差变送器的正压端压力一样。制酸系统的 SO_2 鼓风机入口前和 SO_2 鼓风机出口后压力相反,入口前是负压,出口后是正压,所以压差变送器的压力接口不同。

(3)温度变送器

采用热电偶、热电阻作为测温元件,从测温元件输出信号送到变送器模块,经过稳压滤波、运算放大、非线性矫正等电路处理后,转换成与温度呈线性关系的 4~20mA 电流信号输出。制酸系统中,转化器各层温度都在 350℃ 以上,采用测量范围广的热电偶;高压电动机、立式斜流水泵电动机等的绕组温度一般在 150℃ 以下,一般采用测量精度较高的铂热电阻,且两者均采用一体化热电阻温度变送器,采用固体模块形式将热电偶、铂热电阻测温探头直接安装在接线盒内,体积较小、更换方便。

564. 自动化信号传输为什么要使用屏蔽电缆?

自动化传输的信号部分是模拟量,部分是数字量,模拟量的电流及电压偏低,极易受到电磁干扰。干扰源主要是电气电缆,该电缆电压等级高(6kV 或 380V 或 220V),电流大,最高可达 630A,高电压及高电流在电力电缆周围产生强的电磁场,该电磁场作用于不带屏蔽层的自动化电缆,自动化电缆受电磁感应产生感应信号,自动化传输的信号比较弱,受感应信号影响,极易失真。

制酸系统车间级电缆敷设方式一般采用桥架敷设或电缆沟敷设。在设计上,仪表电缆有单独的仪表电缆桥架,但是,仪表电缆桥架和电气电缆桥架在同一管网上,二者间距有限,空间位置不能做到完全隔离,只能采用带屏蔽层的仪表电缆来屏蔽干扰。

屏蔽电缆是使用金属网状编制层或铝箔把信号线包裹起来的传输线,包裹的导体叫做屏蔽层,接线时将屏蔽层接地,以抵抗外部干扰,将内部的线路和外界隔离开,避免外部电磁干扰,引起传输信号失真。

565. 自动定量装酸装置的优点有哪些?

硫酸销售的运输方式一般有三种:火车槽车运输、汽车罐车运输、管道输送。对于火车槽车运输、汽车罐车运输的硫酸充装方式一般采用定尺测液位法及自动定量。图 12-5 所示为自动装酸现场图示。

(1)定尺测液位法

按照槽车和罐车的充装量,加工一标尺,悬挂于槽车或罐车的人孔口,通过观察槽车或罐车内硫酸的液面到达标尺的刻度线,即视为充装到位。该方法从开始充装，充装人员要在人孔口观察，劳动强度大，不安全，充装量不准确。

（2）自动定量

自动定量装酸装置的组成：每个鹤位（对应于每台槽车或罐车的充装口）安装电磁流量计用来测量流量、高位防溢液位开关用来控制液位、两段式切断阀用来开关、定量装车控制仪及控制箱、上位机用来管理和统计装车数据。充装前，根据槽车或罐车的吨位在现场定量装车控制仪及控制箱设置对应的充装量，然后现场启动充装。到达充装量或充装液位后，通过两段式切断阀来缓慢关闭，完成充装操作，同时启动现场定量装车控制仪及控制箱的声光报警装置，提醒充装人员，该操作已完成，充装的数据上传至控制室上位机，控制室人员配合现场摄像头监控，也可利用上位机的数据统计分析。该装置具有通过流量控制充装量和通过液位控制充装量两种控制方式，充装精度高。该自动定量装置可实现流量设置、定量值、防溢、安全连锁、现场装车量监视、与管理计算机通信等功能。完成参数设置、数据采集、定量控制、程序操作、防溢连锁控制、运行监视、报表打印等各项工作。采用自动定量装酸装置，减少职工室外工作强度，确保充装准确和安全。

图 12-5　自动装酸现场

566. 什么是工艺连锁控制、设备连锁跳车？

工艺连锁控制指控制设备在达到设定的工艺条件时，按编写的控制逻辑执行，使工艺指标达到系统所要求的参数。例如：转化系统一层出口烟气温度高于设定值 600°时，和Ⅰ号热热交换器并联的冷激线自动阀门逐渐打开，将一部分烟气短路Ⅰ号热热交换器后直接进入转化器二层，达到降低一层出口温度，避免Ⅰ号热热交换器因温度高于设计值而拉裂。

制酸系统的连锁跳车一般用于设备本系统的连锁控制。例如：SO_2 鼓风机系统，当 SO_2 鼓风机的油温高于设定值、电动机绕组温度高于设定值、油压低于设定值时，SO_2 鼓风机 PLC 控制柜发出故障信号，给 6kV 配电柜故障跳车信号，使 SO_2 鼓风机自动跳车，达到保护设备的目的。

567. 什么是调节型电动阀门？

电动阀门由电动执行机构和阀体组成；电动阀门的控制方式有阀头现场控制、中控室远程控制、阀头现场手动控制三种，三种控制方式的切换在现场阀门的电动执行机构。

调节型电动阀门（图 12-6）指阀门开度在 0%到 100%之间连续调节的电动阀门，可以根据生产要求远程控制，远程给定阀门开度信号，由电动装置驱动阀杆，使阀板产生 0°到 90°回转运动，使得偏转角度得以精确控制，再将阀门实际开度反馈至远程操作上位机。

图 12-6 调节型电动阀门

568. 什么是开关型电动阀门？

开关型电动阀门只能起到开关作用，远程操作阀门，或全开或全关，在 0%到 100%之间不能连续调节，没有反馈信号。

569. 开关型电动阀门和调节型电动阀门有什么区别？

无论哪种电动阀门，都具有阀头现场控制、中控室远程控制、阀头现场手动控制，开关型和调节型电动阀门的阀头现场控制和阀头现场手动调节都是一样的，区别在于远程控制。

① 开关型：采用开环控制，远程给以打开或关闭信号，阀头开始动作，执行的终止信号是现场阀头内的限位器，到达调整好的位置时，串联在控制回路的限位开关切断电动机电源。完成开或关。

② 调节型：采用具有反馈信号的闭环控制，远程给以调节信号，伺服模块又称阀门控制器，根据给定值调节阀门开度，比较反馈值和给定值，当反馈值和给定值相等时，则该次调节完成。完成调节的核心部件是伺服模块（见图12-7），伺服模块接受的远程信号和反馈信号都是 4～20mA 模拟量。

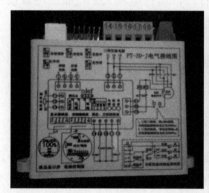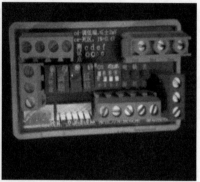

图 12-7　调节型电动阀门伺服模块

570. 4～20mA 对应调节型电动阀门开度分别是多少？

4mA 对应开度为 0%，20mA 对应开度为 100%，给定电流 I 和阀门开度百分数 Y 之间的关系：

$$Y = \frac{I - 4\text{mA}}{20\text{mA} - 4\text{mA}} \times 100\% \tag{12-1}$$

571. 中控室人员在上位机界面如何远程操作调节型电动阀门？

根据工艺要求，中控室操作人员在上位机界面上输入相应电动阀门的给定值，阀门开度的百分数（例如 50％），电动阀门伺服模块接受到给定信号（大小介于 4～20mA 之间的直流电流）后，按给定信号驱动阀门驱动电动机，带动阀门阀板转动。阀门阀头内的控制系统采用闭环控制，在驱动过程中检测驱动反馈信号，当该信号和给定值相等时，则驱动电动机停止运行，阀板到达设定的位置，同时阀头又给出反馈信号至 I/O 站，上传至控制室上位机，数值显示阀门执行后的位置，即设定值。

572. 电动阀门有哪些电气保护？

① 过力矩保护：阀门转动轴力矩远远大于电动机转动轴的输出力矩，转矩开关动作，切断电动机电源。

② 电动机温度保护：电动机绕组内埋有热电阻，当电动机温升过高时，给出信号切断电动机电源。

③ 限位保护：阀门行程控制器随输出轴转动到设定好的位置时，行程控制器的凸轮将转动 90°，迫使微动开关动作，切断电动机电源。

④ 过载保护：当电动机过负荷运行时，运行电流大于过载继电器设定值（热继电器），热继电器动作，实现过负荷保护（也可理解为过流保护）。

573. 气动阀门和电动阀门有哪些相同和不同？

相同点：气动阀门和电动阀门所驱动的设备都是阀门，二者没有区别，根据有无反馈信号，分为开关型和调节型。

不同点：

① 动力源。气动阀门的动力源是氮气，在企业容易获取，干燥洁净，作为惰性气体，不会对仪表产生氧化和腐蚀作用，气压稳定。电动阀门的动力源是电，执行设备是电动机。

② 工艺管线。气动阀门的执行机构小，所输出的动力小，适用于小口径管道，控制精度高，如干吸的自动串酸阀门，采用气动阀门；电动阀门的执行机构是电动机，功率大，适用于大口径管道，如烟气管网阀门和转化工序阀门。

574. 电除雾器的电气有哪些组成部分？其作用是什么？

制酸系统的电除雾器和冶炼的电收尘器有本质区别，按工艺原理区分，电除雾器采用湿法除雾，电收尘器采用干法收尘。但是，按电气原理区分，又有相同点，都是产生几万伏的直流电压，通过介质的电离后再吸附，电收尘器通过振动来收集烟气中的尘，电除雾器用水通过冲洗来除尘、除雾、脱水。按电气控制原理不同，电除雾器又分恒流源［见图 12-8（a）］和稳压源，不论哪种，如框图 12-8（b）所示，组成都有以下几部分：外接单相 380V 交流电源、控制柜、直流高压发生器（升压变压器和整流两部分组成）、现场高压隔离开关柜、电除雾器本体。

（1）外接单相 380V 电源

为电除雾器提供电源，带接地保护的单相电源，而不是三相电源。

(a) 恒流高压直流电源柜

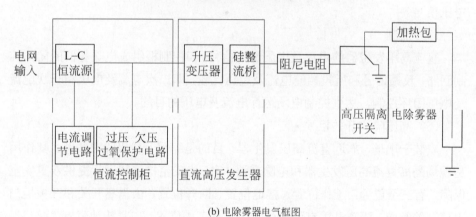

(b) 电除雾器电气框图

图 12-8　电除雾器恒流高压直流电源柜内部结构及电气图

（2）控制柜

控制、调节外接电源的电压或电流，为直流高压发生器提供电压或电流，根据负荷可调节的电源，输出电压小于或等于电源侧单相电压 380V。控制柜的运行电流和电压称一次电流和电压，是交流信号，有别于二次电流和电压，二次电流和电压是直流信号。一次电流和电压的显示、控制柜的调节和控制，既可在现场控制柜面板操作，也可通过通信，在中控室上位机显示、调节、控制。分为恒流源和稳压源。

① 稳压源：根据负荷变化，加在电除雾器电场的电压按照设定值运行，始终不变，通过调整加在电场的电流，改变电除雾器的功率。总之，二次电压不变，二次电流变化。通过可控硅移相控制。

② 恒流源：根据负荷变化，加在电除雾器电场的电压按照设定值运行，始终不变，通过调整加在电场的电压，改变电除雾器的功率。总之，二次电流不变，二次电压变化，简称 L-C 电源。电流的变化通过投入或切除控制柜内的电抗器和电容器的组数实现。

（3）直流高压发生器

安装于靠近电除雾器的现场，制酸系统一般叫电除雾器变压器，变配电系统变压器是降压变压器，例如：将三相 6kV 电压经变压器转变为三相 380V 电压，电除雾器变压器是单相升压变压器。直流高压发生器包括，升压变压器和整流两部分，首先，将控制柜小于或等于 380V 的电压经过变压后，电压提至几万伏；然后经过单相桥式整流，输出万伏级的直流电压。油冷却系统及油干燥系统和常用的变配电变压器没有区别，内部有反馈至控制柜的电流和电压信号。

（4）控制

直流高压发生器的电流及电压反馈信号，和控制柜组成电除雾器的闭环控制回路，反馈信号和所投挡的电流及电压比较，即二次电流及电压和一次电流及电压闭环控制，达到控制电场运行电流及电压的目的。

（5）高压隔离开关柜

安装于现场，靠近直流高压发生器，目的是缩短万伏级输电线路。其作用是现场隔离直流高压发生器和电除雾器本体，为安全检修和运行提供双重安全保障，有三个位置：工作位置、接地位置、断开位置，由隔离开关和开关柜门限位开关组成，隔离开关有两个位置，一是工作位置，二是接地位置，都是手动操作，人的肉眼可以明显观察到隔离开关的位置，绝对不能自动或电动控制，必须手动操作，以确保安全。开关柜柜门限位开关为安全隔离设计，正常运行时，门是关的，门关不到位，存在安全隐患，机组无法投运；检修作业时，门打开，门限位开关断开机组控制回路。

① 正常运行状态：隔离开关在工作位置，开关柜柜门关，限位开关闭合。

② 检修状态：隔离开关在接地位置，开关柜柜门打开，限位开关断开。

（6）加热包

电除雾器设计 4 个加热包,内部的大梁及所有阴极线的重量悬挂于加热包内的石英管上,石英管起支撑作用;外部的万伏级电压送入电除雾器电场,经过加热包内石英管内的吊杆,石英管起电压对地的隔离作用;生产运行时,加热包内负压运行,外部空气经加热包进入电场,如果温度低,则石英管壁由于空气冷热交换而潮湿,容易引起导电线路对地放电。

加热包的作用:①加热包内石英管的支撑作用;②加热包内石英管对万伏级输电线路的和地隔离作用;③加热管干燥石英管的干燥隔离作用;④热空气对负压生产的密封作用。

(7)电除雾器本体

对烟气的电离、吸附、冲洗作用,达到烟气除雾、除尘、脱水目的。

575. 电除雾器的调试、停、送电安全操作步骤有哪些? 为什么?

电除雾器的控制方式有两种,一是恒流源,二是稳压源,恒流源不允许开路运行,稳压源不允许短路运行,都是出于安全考虑。

(1)调试

都是在现场进行,绝不允许上位直接调试。调试不带电场,主要调试的是控制部分,带电场是试运行。分带隔离开关柜调试和控制柜调试、试运行。

① 带隔离开关柜调试:恒流源控制调试时,将隔离开关位置转至接地位置,不允许开路,相当于电场接地,调试的主要参数是电流,二次电压为零,通过投挡,看二次电流是否能提至设计最高值。稳压源控制调试时,将隔离开关位置转至开路位置,不允许短路,相当于电场开路,调试的主要参数是电压,二次电流为零,通过投挡,看二次电压是否能提至设计最高值。

② 控制柜调试:摘去控制柜出线负荷电流,在负荷侧串接若干 220V 交流灯泡,作为假负载,在控制柜面板投切挡(绝不允许在控制室上位控制),观察灯泡的明暗变化及一次电流电压变化。

③ 试运行:试运行是在调试完成之后,在控制柜面板将控制方式由现场控制切换至中控室上位机控制。试运行必须具备两个安全风险防控工艺条件。

a. 空气置换。打开电除雾器上下人孔,用对流空气置换电除雾器内气体。制酸系统的烟气含有爆炸性气体(发生过类似爆炸事故),如果不置换,则爆炸性气体虽然含量不高,在系统停车后,由于这种气体富集,达到一定浓度,在高压电离作用下或接地短路放电情况下,有爆炸危险。

b. 喷淋加湿。开电除雾器喷淋水,保持电除雾器湿润。一是为了用水模拟烟气，有可电离的介质，二是为了安全。电除雾器用导电玻璃钢制作，外壳用接地线接地，玻璃钢极易点燃发生火灾（发生过火灾），所以在送电试车时开喷淋系统。

（2）停电除雾器

① 中控室逐步摘除控制挡位，然后停控制柜；

② 去现场拉下控制柜内断路器（空气开关），悬挂停电作业安全警示牌，将控制柜面板控制方式由远程控制切换至现场控制；

③ 去电除雾器现场，将高压隔离开关柜隔离开关转至接地位置，通过观察窗口观察隔离刀是否已接地，再打开隔离开关柜柜门，悬挂停电作业安全警示牌；

④ 打开电除雾器上下人孔，用 SO_2 鼓风机抽负压置换空气或通过对流置换空气。

（3）开电除雾器

① 现场确认电除雾器内部人员全部撤离，封闭人孔，再次现场确认外部无人作业；

② 开电除雾器喷淋装置，冲洗电场，增湿电场；

③ 关现场高压隔离开关柜柜门，隔离开关转至工作位置，肉眼确认隔离开关刀是否到工作位置，摘去警示牌；

④ 合控制柜内断路器，在控制柜面板，将控制开关由现场切换到远程操作，摘去警示牌；

⑤ 中控室启动控制柜，控制柜在上位自检；

⑥ 通烟气后逐步投挡，优先选择高挡位，高挡位粗调节，二次电流和电压接近控制指标时，投低挡位，精细调节低挡位，不断变换，直至工艺控制指标。

为确保人员安全，开、停操作步骤均不能颠倒，严格按照以上步骤逐步操作。

576. 阳极保护浓硫酸冷却器的电气有哪些组成部分？其作用是什么？

阳极保护浓硫酸冷却器是制酸系统干吸工序的浓硫酸冷却设备，通过排管换热，将浓硫酸的温度间接换热至循环水。如图12-9所示，浓硫酸通过壳程，冷却水通过管程，利用金属电化学钝化理论、电离原理、电解原理研制而成。插入阳极保护内的3根阴极棒是电解的阴极，循环的浓硫酸是电解质，和浓硫酸接触的阳极保护金属面是阳极，电离阴极棒（牺牲阴极），在浓硫酸接触的阳极保护金属面形成一层钝化膜（保护阳极）。目的是在壳程的浓硫酸接触面形成一层钝化膜，隔离浓硫酸对冷却设备接触面的进一步腐蚀。

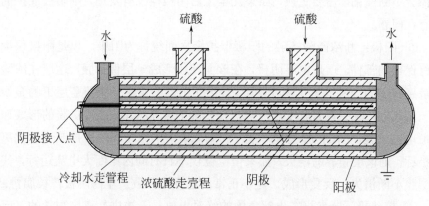

图 12-9　阳极保护浓硫酸冷却器示意图

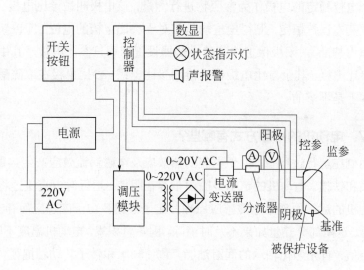

图 12-10　阳极保护电气原理图

电气原理（见图 12-10）概述如下。

① 恒电位控制仪：阳极保护的动力设备，输出直流信号，通过阴极线和阳极线，在阳极保护的阴极和阳极之间形成可调节的电解直流电压，也是阳极保护的控制设备（主要控制电流，设定值也是电流），通过控参极的反馈信号，在恒电位控制仪内部形成闭合控制，和给定值比较、计算、不断调节，最终给阳极保护以恒定的电解电压，输入稳定的直流电流。

② 阴极棒：接入恒电位控制仪的阴极，和阳极之间形成电位差。和阳极保护的换热管采用同一材质，在运行过程中不断被电离，电离的离子吸附在和浓硫酸接触的阳极保护金属面，形成一层钝化膜。所以，在运行几年以后，阴极棒会不断变细，需要更换，如果几年之后阴极棒没有变细，则阳极保护的使用存在问题。

③ 阳极：和浓硫酸接触的阳极保护金属面统称为阳极，也是阳极保护器最终保护的部件。通过电离阴极，在该面钝化形成一层保护膜，这层在浓酸中溶解度较小的金属氢氧化物或盐类，隔离了浓硫酸对保护膜覆盖层下的金属的进一步腐蚀，该层膜的厚度和恒电位仪施加的电压大小有关系，膜的形成速度和恒电位仪施加的电流大小有关系。如果浓硫酸的温度和浓度控制远远偏离控制指标，则该层膜容易消失。如果恒电位仪不长时间内不断大电流运行，代表该层膜不断消失，反复形成，是不正常的运行，导致一年内阴极棒被腐蚀断。

④ 控参极、监参极：电解质中的绝对电位是无法进行直接测量的，而必须以一个电位稳定的电极作为参照物进行测量，该电极叫做参比电极。参比电极的电位基本保持恒定，测得电位均是相对于参比电极的电位（即以参比电极的电位作为基准）。阳极保护浓硫酸冷却器设置若干只参比电极，其中一只作为控制参比电极，其余参比电极作为检测参比电极。参比电极在浓硫酸介质中应该基本上是不溶的。

577. 电动机的冷却方式有哪些？

电动机在运行过程中，由于电流的热效应及电磁涡流效应产生热量，即所谓的铜损和铁损。电动机的定子线圈由于存在阻值，运行时电流流过将产生热量；电动机的运行原理是电磁感应原理，定子硅钢片由于磁感应而存在涡流，产生热量。这两部分热量如果不及时消除，因热量积累，电动机温度不断升高，达到一定值，首先融化轴承的润滑油脂，致使轴承和转子转动轴抱死，无法运行；其次，温度达到一定值，将烧毁定子线圈的绝缘漆包线，导致电动机接地或相间短路或匝间短路等故障发生。所以，电动机的运行必须解决冷却问题。电动机常采用的冷却方式有 3 种：风冷、空-空冷和空-水冷（如图 12-11 所示）。

① 风冷式电动机电压为 380V，功率在 300kW 以下，即通常所谓的低压电动机。电动机的定子外壳采用铸钢材质，加工成有导风槽和散热片的结构。电动机定子的铜损和铁损产生的热量，通过热传导方式传导到电动机定子外壳。电机后端端盖安装风扇和风扇罩，冷空气从风扇罩吸入，通过风扇强制吹进机座外壳的导流槽（导流和增大换热面积的作用），将热量带走，达到冷却

电动机的效果。

② 空-空冷式电动机冷却时，需要将机壳内的热空气与外界的冷介质换热，常用空气作冷却介质。当用空气作冷却介质时，通常用与电动机同轴的外风扇，产生风压驱动外界空气，由外部冷空气将电动机内部空气热量带走，达到降温冷却的效果；空气在电动机内部的行走路线一般有两种：一种是轴向，冷空气从电动机一端进入，从另外一端排出；另一种是径向，冷空气从两端进入，从铁芯的径向通风道排出。空-空冷式电动机的优点是结构简单，维护方便，运行稳定可靠，安装尺寸小；缺点是冷却效率低，运行噪声大。

③ 空-水冷式电动机冷却时，需要将机壳内的热空气与外界的冷介质换热，常用水作冷却介质。当用水作冷却介质时，通常用专用水泵来驱动水在冷却水箱中循环，对机壳内的热空气进行冷却，由循环冷却水带走电动机内部空气热量，达到降温冷却的效果。空-水冷式电动机的优点是冷却效率高，运行噪声低；缺点是结构复杂，维护困难，易造成局部堵塞、短路漏电等隐患。

风冷式电动机　　　　空-空冷式电动机　　　　空-水冷式电动机

图 12-11　不同冷却方式电动机外观图

578. 磁控软启动装置的作用是什么？

制酸系统的 SO_2 鼓风机所用的电动机功率大，要解决启动问题，就要考虑电动机启动时采用降压设备，即降低启动过程中电动机的电压。磁控软启动器装置就是串入电动机定子回路的一种启动降压设备，电动机启动完成后，该启动装置退出电动机配电回路。

磁控软启动装置工作原理如下。

（1）启动过程简述

为降低电动机的启动电流，电动机定子三相绕组分别串入电抗器，通过直流励磁平滑改变电抗器的电抗值，使电抗器两端电压由大到小平滑改变。在启动过程中电动机无极平滑地从初始值上升到全压，使电动机转矩在启动中有一个匀速增加的过程，使电动机启动特性曲线变软，避免斩波调压过程中所产生的波形畸变和高次谐波，从而完成电动机平稳的启动过程。

（2）可变电抗器简述

控制电抗器阻抗值是利用饱和电抗器的原理，在电抗器铁芯上加一个直流线圈，通入直流电流使铁芯磁化，磁化使铁芯的导磁率 μ 降低。当电源频率一定时，电抗器阻抗值与导磁率 μ 成正比，通入直流线圈的直流电流越大，铁芯磁化值越大，则电抗器的阻抗值就越小，反之通入直流线圈的直流电流越小，铁芯磁化值越小，则电抗器的阻抗值越大。利用此原理，可以调节通入直流线圈的直流电流，来调节电抗器的阻抗值，限制电动机的启动电流，实现电动机的软启动，当电动机转速接近额定转速时，电抗器被旁路开关旁路，软启动结束。

（3）控制原理简述

上述过程，是由电动机磁控柜进行控制实现的，柜内 PLC 根据控制程序控制电动机电流，PLC 将输出电流与检测反馈电流比较，控制触发部分的导通脉冲信号，控制可控硅的输出电流，改变铁芯的饱和度，实现电动机软启动（见图 12-12）。

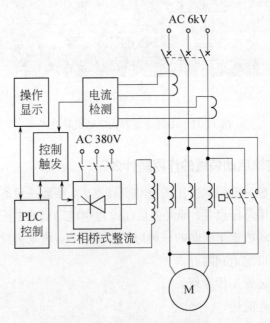

图 12-12 磁控软启动示意图

579. SO_2 鼓风机同步电机滑环磨损的原因是什么？如何处理？

SO_2 鼓风机同步电机碳刷和滑环间工作面划伤一般是由下列三种情况造成的：

① 物理磨损。碳刷和滑环工作表面接触，转子在感应磁场作用下转动，碳刷与滑环工作面相对运动，如果碳刷质量较差、碳刷安装位置高低不一、刷架弹簧预紧力不一致等因素都会造成碳刷严重磨损、大颗粒进入滑道，使滑环金属表面上易引起刮蹭，滑环滑道割伤，出现划痕。

② 大电流磨损。碳刷与滑环正常工作时，由于电弧高温放电等因素，易造成滑环金属表面一点出现高温熔化，金属结构特性出现改变，长期使用，金属表面出现麻点及损蚀。

③ 电极极化磨损。同步电机在直流电流作用下，当电流由滑环流向碳刷时，碳刷为负极、滑环为正极，滑环表面易出现"金属蒸发"，同时碳刷为负极在极化作用下，易吸附带电粒子、固体颗粒，在转子高速旋转时这些颗粒进入滑道，使滑环出现物理磨损。

处理措施：

① 同步电机出现滑环磨损，若滑环金属表面有麻点或轻微的凹槽，可使用水磨石对滑环表面进行打磨，同时需调整碳刷安装位置、刷架弹簧预紧力，及时更换材质有缺陷的碳刷；

② 同步电机滑环出现较为严重的凹槽时，应及时更换电机滑环，若转子轴头与滑环过盈配合力较大时，可利用同步电机启动后直流电压小的特点，现场架设车床车刀，做好漏点保护工作，在 SO_2 鼓风机电机正常启动运行后，现场使用车刀修复滑环滑道。

580. 什么是异步电动机？

三相异步电动机接通三相电源后，会在对称多相绕组中流过对称多相电流产生旋转磁场，即在电动机定子上产生一个旋转的磁场。根据电磁感应定律，这种旋转的磁场和转子绕组感应的电流相互作用，产生电磁转矩，驱动电动机的转子转动轴转动，且旋转磁场转速 n_s 与磁极对数 p、电源频率 f 之间满足 $n_s=f/p$（n_s 又称为同步转速）。根据电磁感应定律，若要在转子中感应出电流，转子转速必须低于同步转速才能使转子绕组和旋转磁场相对切割，且转子转速（即电动机转速）$n=n_s(1-s)$（其中 s 称为转差率）小于 1，所以三相异步电动机转子转速与同步转速是不一致的，故称为异步电动机。

三相异步电动机由静止的定子和转动的转子两部分组成，定子和转子之间有较小的气隙，转子和定子之间并无直接的电气连接。定子由定子铁心、定子绕组和机座三部分组成，三相电源接在定子绕组侧，建立旋转磁场。转子由转子铁心、转子绕组（鼠笼式转子和绕线式转子）和转动轴组成，转动轴带动驱动设备转动。具体见图 12-13。

异步电动机的优点：①结构简单、制造成本低。制酸系统常用鼠笼式异步电动机，其转子结构简单，在制造和使用时比同步电动机方便。②异步电动机因结构简单、质量轻，所以故障率低、运行可靠。

异步电动机的缺点：①调速性能差；②功率因数比同步电动机低。

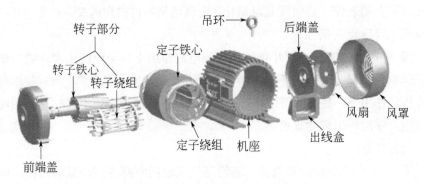

图 12-13　三相异步电动机结构

581. 什么是同步电动机？

因同步电动机转子通入直流励磁电流后，从磁效应来看，可以用电磁铁代替绕线转子，从异性相吸、同性相斥的磁场基本物理特性可以看出，无论旋转磁极与电磁铁起始位置如何，结果总是定子绕组所产生旋转磁极的 N 极和 S 极分别和电磁铁的 S 极和 N 极相吸，旋转磁极以同步转速 n_s 旋转，其必然以磁拉力拖着电磁铁，两者严格同步，即转子转速与定子旋转磁场的转速相同，其转子转速 n 与磁极对数 p、电源频率 f 之间满足 $n=f/p$。转速 n 决定于电源频率 f，故电源频率一定时，转速不变，且与负载无关，具有运行稳定性高和过载能力大等特点。同步电动机属于交流电动机，其转子旋转速度与定子绕组所产生的旋转磁场的速度是一样的，故称为同步电动机。

同步电动机由静止的定子和转动的转子两部分组成。

定子：定子结构部件和异步电动机一样，三相电源接在定子绕组侧，产生旋转磁场，二者的结构形式并无多大区别。

转子：同步电动机转子都是绕线式，转子磁极上套有励磁绕组，且在励磁绕组中通入直流励磁电流，使相邻磁极的级性呈现 N 与 S 交替排列，如

图 12-14 所示。

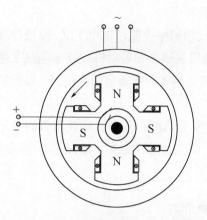

图 12-14　同步电动机转子示意图

励磁：励磁用的直流电流一般由一台同轴或非同轴的直流发电机提供，也可以用整流电源来提供。

同步电动机的优点：

① 同步电动机功率因数高；

② 通过转子励磁电流向电网馈送感性无功功率，有利于提高电网的功率因数；

③ 转速不随负载变化，同步电动机在正常运行过程中，只要定子原频率不变，其转速不随负载的大小而改变；

④ 运行稳定性高，如果同步电动机的励磁电流不受电网电压的硬性要求，其转矩与电网电压平方成正比，当电网电压下降到额定值的 80%～85% 时，同步电动机的励磁系统一般均能自行调节，实行强励磁，以保证运行的稳定性。

同步电动机的缺点：

① 启动困难，同步电动机不能自行启动，需异步启动后牵入同步运行；

② 结构复杂，同步电动机的转子绕组需通入直流励磁电流，造成电动机结构复杂；

③ 故障率高，转子通入直流励磁电流，要通过电动机轴的滑环和接触碳刷完成，滑环和碳刷接触摩擦，滑环表面易产生麻点，导致碳刷磨损加快，易产生电火花；

④ 价格高，和同容量的异步电动机相比价格昂贵。

582. 同步电动机励磁原理是什么？

SO_2 鼓风机的电动机设计可以采用异步电动机，也可采用同步电动机，进口 SO_2 鼓风机配套的电动机基本采用异步电动机，但是，国产 SO_2 鼓风机配套的电动机也有采用同步电动机的。同步电动机的转子都是绕线式，转子需要外部励磁电源，采用直流励磁，保证同步电动机的同步运行。采用同步电动机后结构复杂，启动时，定子回路需要考虑降压启动设备，同时转子回路通过滑环和碳刷也要外接直流励磁电源。

同步电动机转子直流励磁原理：如图 12-15 所示。交流 380V 励磁电源先经整流变压器整流，整流后经三相桥式全控整流形成直流励磁电流，直流励磁电流通过碳刷和转子轴上的滑环接入电动机转子。

直流励磁电流控制：控制由同步电动机励磁柜控制，柜内 PLC 根据控制程序控制励磁电流的大小，PLC 读取母线电压互感器和电动机接线端电流互感器的检测信号，经计算和逻辑判断产生整流晶闸管的导通角脉冲信号，以控制可控硅的输出电流。

同步电动机励磁柜的作用：①完成同步电动机的异步启动并牵入同步运行；②牵入同步以后励磁电流的调节控制；③监控系统故障，确保同步电动机安全运行。

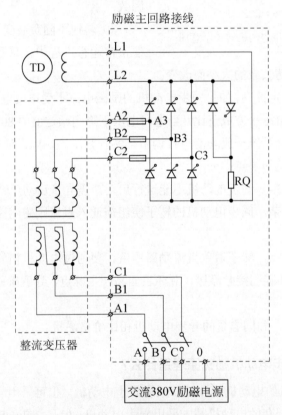

图 12-15　励磁电气原理图

583. 接触器配电的电动机如何控制？

接触器配电的电动机配电回路及控制方式如图 12-16 所示。

启动：首先在低压配电室合空气断路器（空气开关）QS，现场控制箱按启动按钮 SB₁，低压配电柜内的接触器 KM 线圈得电，接触器吸合，接触器的主触点闭合，电动机运行，同时接触器的辅助触点-常开点（接触器线圈失点闭合）闭合，短路启动按钮，启动按钮自锁，保持接触器线圈带电。

停止：按停止按钮 SB_2 时，接触器线圈 KM 失电，接触器主触点断开，电动机停止运行。其中 KH 为热继电器，FU 为熔断器。

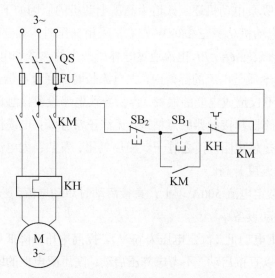

图 12-16　电动机起停的控制线路

584. 高压电动机的使用条件是什么?

高压电动机是指额定电压在 3kV 以上的电动机，电压等级有 3kV、6kV 或 10kV，一般用于负荷大的设备。

电动机及配电回路故障大多是由于发热引起的，热源是电流的热效应。当电动机的功率达到 300kW 以上时，若采用 380V 电源，则电动机运行电流在 500A 以上，大电流容易造成电动机温升高、配电柜内接触元件容易发热、电动机接线盒桩头容易发热，故障率高。最有效的办法是提升电动机电压等级，降低运行电流。电动机额定功率和额定电压的关系如表 12-1 所示。制酸系统中 SO_2 鼓风机、立式斜流水泵、干燥和吸收泵均采用高压电动机。

表 12-1　电动机额定电压和额定功率的对应关系

序号	电动机额定功率 P_N	电动机额定电压
1	$P_N < 200kW$	380V
2	$200kW \leqslant P_N < 1000kW$	3kV
3	$P_N \geqslant 1000kW$	6kV 或 10kV

585. 干燥泵和吸收泵的电动机为什么逐步改造为高压电动机?

高压电动机是指额定电压在 3kV 以上的电动机,常使用的是 6kV 或 10kV 电压等级,高压电动机具有电压高、电流低等优点。

制酸系统干吸泵电动机逐步改造为高压电动机的原因如下:

① 干吸泵电动机功率在 280kW 左右,采用低压时,额定电流在 500A 以上,根据电流的热效应 $Q=I^2Rt$,电流通过导体所产生的热量和电流平方成正比,电器设备发热的本质是电流的热效应,大电流长时间通过电器元件、输电导线和用电设备时,不仅造成电能的浪费,容易导致电器设备接触部分由于大电流而发热。空气断路器和接触器触点粘接,无法正常分断;电缆接头处温度过高加剧氧化,增大热触电阻,使之进一步加热氧化、发热;大电流增加电动机铜损和铁损致使其温度升高。

② 电动机额定电流 500A 以上,直接启动时启动电流为额定电流的 3～7 倍,需要增加启动设备。

③ 采用高压电动机(额定电压为 6kV),提高电压,降低电流,额定电流在几十安培,可以直接启动,不考虑降压启动;高压配电柜的断路器采用真空断路器,其灭弧迅速、开断时间短,灭弧室的机械寿命和电气寿命高、运行维护简单、灭弧室不需要检修。干吸泵高压电动机见图 12-17。

图 12-17　干吸泵高压电动机

586. 大功率电动机的启动方式有哪些？

制酸系统的 SO_2 鼓风机、循环水立式斜流水泵、干吸循环酸泵等设备采用大功率高压电动机，电动机的启动要选用不同的启动方式，不允许直接启动。例如，SO_2 鼓风机的电动机功率 5750kW，电压 6kV，上一级变电站的容量是 63MVA，若该电动机不采取降压或变频方式而直接启动，启动时，6kV 供电母线的电压会降至 80.7%以下，造成和该电动机同一母线下的用电设备因欠压保护跳车，造成生产系统大面积故障，严重时导致事故发生。制酸系统的大功率电动机启动方式有 4 种：水电阻软启动方式、磁控软启动方式、变频软启动方式和软启动器软启动方式。结构示意图见图 12-18。

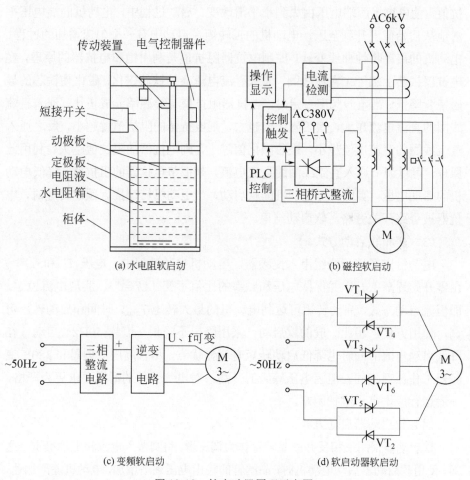

(a) 水电阻软启动　　(b) 磁控软启动

(c) 变频软启动　　(d) 软启动器软启动

图 12-18　软启动器原理示意图

（1）水电阻软启动方式

串联在电动机三相定子绕组的水电阻是靠溶解在水中的离子（电解质）导

电的，电解质充满于两个平行极板（即水电阻的两个电极）之间，构成阻值可调的电阻器，能够限制电流的流通、自身压降小、无感性元件，从而启动电流低、电动机端获得较高的端电压、提高启动时的功率因数。极距可调的水电阻软启动装置，由 PLC、拖动电动机、机械传动装置、伺服系统组成，水电阻值的改变，通过改变两个极板间的距离来实现，当电动机转速接近额定转速时，水电阻旁路开关闭合，软启动结束。水电阻软启动属于降压启动，具有启动电流小、启动平稳、电网冲击小、性价比高、启动转换为运行时无二次冲击电流等优点。

（2）磁控软启动方式

电动机定子三相绕组分别串入电抗器，通过直流励磁平滑改变电抗器的电抗值，使电抗器两端电压由大到小平滑改变。启动过程中，电动机的端电压平滑地从初始值上升到全压，电动机的轴转矩在启动中有一个匀速增加的过程，电动机的启动特性曲线变软。控制电抗器阻抗值是利用饱和电抗器的原理，在电抗器铁芯上加一个直流线圈，通入直流电流会使铁芯磁化，磁化使铁芯的导磁率 μ 降低。当电源频率一定时，电抗器阻抗值与导磁率 μ 成正比，通入直流线圈的直流电流越大，铁芯磁化值越大，则电抗器的阻抗值就越小，反之通入直流线圈的直流电流越小，铁芯磁化值越小，则电抗器的阻抗值越大。利用此原理，可以调节通入直流线圈的直流电流，来调节电抗器的阻抗值，降低电动机的启动电压，实现高压电动机的软启动，当电动机转速接近额定转速时，电抗器被旁路开关旁路，软启动结束。

（3）变频软启动方式

电动机定子三相绕组串入变频器，电动机启动过程中，电压 U 和频率 f 由零开始逐渐上升，并保持电压和频率的比值不变（$U/f=C$），实现电流恒定，即恒流启动方式，启动转矩可达到电动机的最大转矩 T_{max}，时间和启动转矩可调，使用方便，相比一般的软启动，采用降压不降频（恒频 50Hz）启动，在降低启动电流的同时也降低启动转矩有明显优点，尽管高压变频器和 380V 变频器工作原理相同，但因电压等级的升高，对电气元件的耐压要求更为严格，一般运行成本高、维护困难。

（4）软启动器启动方式

软启动器采用三相反并联晶闸管作为调压器，将其接入电源和电动机定子之间。使用软启动器启动电动机时，晶闸管的输出电压逐渐增加，电动机逐渐加速，直到晶闸管全导通，电动机工作在额定电压的机械特性上，实现平滑启动，降低启动电流，避免启动过流跳闸。待电动机达到额定转数时，启动过程结束，软启动器自动用旁路接触器取代已完成任务的晶闸管，为电动机正常运转提供额定电压，以降低晶闸管的热损耗，延长软启动器的使用寿命，提高其工作效率，又使电网避免了谐波污染。软启动器同时还提供软停车功能，软停车与软启动过程相反，电压逐渐降低，转数逐渐下降到零，避免自由停车引起的转矩冲击。软启动器和变频器一样，尽管和 380V 软启动器工作原理相同，但因电压等级的升高，对电气元件的耐压要求更为严格，一般运行成本高、维护困难。

587．SO_2 鼓风机启动的方式有哪些？

SO_2 鼓风机是制酸系统的核心设备，其电动机功率大，启动困难，启动时对上级电网影响低，主要是启动时会导致上级电网电压下降，由于系统电压降低，影响到上级电网所带设备的正常运行，会因为低电压而动作；在启动过程中，启动电流是额定电流的 3 倍以上，启动时间的延长及大电流的作用使电动机的温度上升很快，高温长时间运行，会加速电动机定子线圈老化。所以，SO_2 鼓风机必须有效解决启动问题。

电动机启动的主要参数：启动电网电压降、启动电流和额定电流的倍数、启动时间。这三项主要参数和 SO_2 鼓风机系统的转动惯量 GD^2 有关，而转动惯量的决定因素是转动设备的质量。对 SO_2 鼓风机系统，转动惯量的组成有三部分：电动机转子转动惯量、电动机转子到 SO_2 鼓风机叶轮的转动轴及增速器的转动惯量、SO_2 鼓风机叶轮的转动惯量。在这三部分中，由于 SO_2 鼓风机转子的质量与直径，决定了 SO_2 鼓风机转子的转动惯量最大。

$$GD^2 = DG_d^2 + \frac{DG_z^2}{(n/n_z)^2} \tag{12-2}$$

式中　GD^2——折算到电动机轴上的总飞轮惯量；

DG_d^2——电动机自身飞轮惯量；

DG_z^2——负载飞轮惯量；

n——电动机轴转速；

n_z——负载转速。

所以解决 SO_2 鼓风机启动问题，就是减小启动过程中转动惯量的问题。减小转动惯量的措施如下：

① 加装液力耦合器。最有效的方式是在设计时加装液力耦合器，启动时将 SO_2 鼓风机叶轮的转动惯量切换出去，启动完成后通过调节液力耦合器逐渐增加负荷。增加液力耦合器不但能解决 SO_2 鼓风机启动问题，也有利于正常生产过程中的负荷调节，也是 SO_2 鼓风机调节负荷节能的有效方式。液力耦合器的最佳使用方案是 SO_2 鼓风机加装前导向配合使用。

② 降压启动。通过降低启动时作用于电动机的电压来解决启动问题。采用电抗器、水电阻、磁控软启动器。这 3 种方式都是在启动过程中，在电动机定子回路串入一个降压设备，利用分压原理，降低电动机的启动电压，降低启动电流、缩短启动时间、降低启动电压降。

③ 采用绕线式电动机。绕线式电动机启动转矩较同功率的鼠笼式电动机启动转矩大，也可解决启动问题。

④ 采用变频器或软启动器。和 380V 电动机的供配电方式一样，采用变频器或软启动器，对于 SO_2 鼓风机调节节能，该方式是最有效的。但是，由于电压等级的提高，导致变频器或软启动器的技术问题不是最成熟的，并且投资费用较高。

588. 什么是变频器?

变频器主要用于交流异步电动机的调速，交流异步电动机的转速 n 为

$$n = \frac{60f}{p}(1-s) \qquad (12\text{-}3)$$

式中　f——交流电源频率；

　　　p——电动机磁极对数；

　　　s——转差率。

当转差率变化不大时，n 基本上正比于 f。通过平滑调节变频器的输出频率，可达到平滑调节交流异步电动机转速的目的。变频器是应用变频技术与微电子技术，通过可控整流电路将电压和频率固定不变的工频交流电整流成直流电，再将直流电经逆变电路转变成电压或频率可变的交流电，这种通过改变电动机工作电源频率方式来控制交流电动机的电力控制设备装置称作变频器。变频器工作原理及外观见图 12-19。

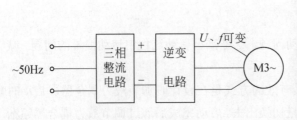

(a) 原理图　　　　　　　　　　　(b) 外观图

图 12-19　变频器工作原理图和外观图

589. 电动机采用变频器的优点有哪些?

① 变频节能:变频器节能主要表现在 SO_2 鼓风机、水泵的应用上。为了保证生产的可靠性,各种生产机械在设计配用动力驱动时,都留有一定的富余量。当电动机不能满负荷运行时,除达到动力驱动要求外,多余的力矩增加了有功功率的消耗,造成电能的浪费。SO_2 鼓风机、泵类等设备的传统调速方法是通过调节入口或出口的挡板、阀门开度来调节风量和流量,其输入功率大,且大量的能源消耗在挡板、阀门的截流过程中。当使用变频调速时,如果流量要求减小,通过降低泵或 SO_2 鼓风机的转速即可满足要求。

② 功率因数补偿节能:无功功率不但增加线损和设备的发热,更主要的是功率因数的降低导致电网有功功率的降低,大量的无功电能消耗在线路当中,设备使用效率低下,浪费严重,使用变频调速装置后,由于变频器内部滤波电容的作用,从而减少了无功损耗,提高电网的功率因数。

③ 软启动节能:电动机直接启动造成电网冲击,要求电网容量增大;启动时产生的振动对阀门的损害极大,对设备、管路极为不利。而使用变频节能装置后,利用变频器的软启动功能使启动电流从零开始,最大值也不超过额定电流,减轻了对电网的冲击和对供电容量的要求,降低了对设备泵体及管路的冲击、振动,降低故障率。

590. 变频器的易损件是什么?

制酸系统干吸泵使用变频器,已运行多年,根据实际经验,变频器三相电流检测元件即霍尔电流传感器非常容易损坏,输出错误电流值、误报接地等故障,导致设备无法开启。

591. 霍尔元件在变频器中的作用是什么?

变频器中的霍尔元件为霍尔电流传感器(见图 12-20),其通电导线周围存在磁场,其大小和导线中的电流成正比。利用霍尔元件测量出磁场,以确定导线电流的大小,便于监测用电设备的参数,其优点是不与被测电路发生电接触,不影响被测电路,不消耗被测电源功率,特别适合于大电流传感。在变频器中,霍尔电流传感器主要用来保护昂贵的大功率晶体管,由于霍尔电流传感器的响应时间短于 $1\mu s$,因此,出现过载或短路时,工作电流急剧升高,在晶体管未达到极限温度之前即可切断电源,使晶体管得到可靠的保护。

图 12-20　霍尔电流传感器

592. 为什么电动机配电要设计变频、工频双回路？

制酸系统的关键工序、关键设备的电动机配电设计采用变频器，便于生产过程中及时平滑调节流量。例如：净化工序的湍冲塔稀酸泵、干吸工序的干燥和吸收泵，电动机配电设计采用变频器，在生产过程中，这些设备如果由于变频器故障而跳车，短时间无法恢复，会导致制酸系统停产。

为避免类似故障发生，该类设备的电动机配电设计时，考虑变频回路为主回路，工频回路作为备用应急回路，一旦变频器出现故障，很难在短时间修复，则可立即切换到工频回路运行，不至于导致制酸系统因单台设备故障而停产。

593. 什么是软启动器？

软启动器（Soft Starter）是一种集电动机软启动、软停车、节能和多种保护功能于一体的电动机控制装置。其外形图见图 12-21（a）。

软启动器采用三相反并联晶闸管［见图 12-21（b）］作为调压器，将其接入电源和电动机定子之间。使用软启动器启动电动机时，晶闸管的输出电压逐渐增加，电动机逐渐加速，直到晶闸管全导通，电动机工作在额定电压的机械特性上，实现平滑启动，降低启动电流，避免启动过流跳闸。待电动机达到额定转速时，启动过程结束，软启动器内部的接触器自动旁路已完成启动任务的晶闸管，电动机额定电压运行，以降低晶闸管的热损耗，延长软启动器的使用寿命，提高工作效率，又使电网避免了谐波污染。软启动器同时还提供软停车功能，软停车与软启动过程相反，电压逐渐降低，转速逐渐下降到零，避免自由停车引起的转矩冲击。

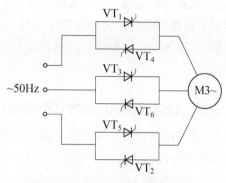

(a) 软启动器柜外形图　　　　　　　(b) 三相反并联晶闸管

图 12-21　软启动器柜外形图及三相反并联晶闸管

594.　电动机配电方式采用软启动器的优点有哪些？

相对于软启动，直接启动是在定子绕组侧直接加上额定电压，此时转差率接近 1，旋转磁场以最大的相对速度切割转子导线，转子感应电动势最大，转子电流也最大，而定子绕组中随之出现了很大的启动电流 I_{st}，其值约为额定电流 I_N 的 3～7 倍。电动机启动过程有长有短，小型电动机启动时间在几秒以内，大型电动机的启动时间约为十几秒到几十秒，启动过程较长。启动过程随着转速的逐渐增加，定子电流逐渐减小，定子绕组中通过很大的启动电流的时间并不长，如果不频繁启动，不会使电动机过热而损坏，但过大的启动电流却会使供电母线的电压降增大，导致电网电压下降，影响到同一母线上其他用电设备因低电压保护跳车，尤其是大容量电动机的启动。

电动机配电采用软启动器，其优点如下：

① 控制母线电压降。电动机软启动器对电动机提供平滑渐进的启动过程，减少启动电流对电网或发电设备的冲击，控制母线电压降，将启动电流控制在合理范围内。相对直接启动，控制大电流启动造成的母线电压降，保护同一母线下其他设备的正常运行。

② 避免接触器触点粘连。启动过程采用双向可控硅，启动过程平滑，没有大电流冲击，启动完成后，软启动内部旁路接触器自动旁路可控硅。用接触器直接控制电动机的配电方式，在启动过程中，接触器触点由于启动时的大电流，很容易造成触点拉弧、粘连、烧坏等故障。用软启动器代替接触器启动，可避免类似故障发生。

③ 软启动、软停车。软启动和软停车可降低设备的振动和噪声，减少机械应力，延长电动机及机械传动设备的使用寿命。

④ 完善保护功能。具有过流、过载、电源缺相等多种保护功能，同时可以检测负载侧的负载，防止过负荷运行。

⑤ 人机界面。控制面板的显示功能，便于现场参数修改、运行监控、故障查询。

595. 软启动器的启动方式有哪些？

① 斜坡电压启动：该方式是最常用的启动方式，电动机启动时定子电压由小到大斜坡线性上升，主要用于重载软启动。启动加速时间用户自行调节，启动斜坡加速期间，电动机的电压不断上升，当软启动器的控制器检测到电动机已达到额定转速状态，则输出电压将自动切换到全电压。

② 限流或恒流启动：该方式为电动机启动时限制电动机电流或保持恒定，主要用于轻载软启动。启动电流由用户按电动机满载电流的 50%～60%调节，限流启动时间由用户设定。在启动过程中，当软启动器的控制器检测到电动机的额定转速时，输出电压将自动切换成全压输出。

③ 转矩控制启动：该方式为电动机启动时控制启动转矩由小到大线性上升，启动平滑性好，能够降低启动时对电网的冲击，是较好的重载软启动。

④ 可选择的突跳启动：该启动功能一般是附加于斜坡电压启动方式或限流启动方式之中，为电动机提供一个大提升转矩以克服负载惯性，突跳时间可由用户设定。

选用何种启动方式，应根据各设备的实际启动情况及所在配电系统的容量适当选择。

596. 塔、槽、罐检修作业时使用的照明安全电压是多少？为什么？

安全电压：指人体不戴任何防护设备，也没有任何防护措施，直接接触带电体，而对人体没有任何伤害的电压。我国规定的安全电压额定值等级为 42V、36V、24V、12V、6V。塔、槽、罐检修作业时，使用的照明安全电压是 12V。220V 或 380V 的交流电经现场变压器降压得到。

安全电压值取决于人体的电阻值和人体允许通过的电流值。根据欧姆定律（$I=U/R$）可以得知：流经人体电流的大小与外加电压和人体电阻有关。人体电阻除人的自身电阻外，还应附加上人体以外的衣服、鞋、裤等电阻，虽然人体电阻一般可达 2kΩ，但是，影响人体电阻的因素很多，如皮肤潮湿出汗、带有导电性粉尘、加大与带电体的接触面积和压力以及衣服、鞋、袜的潮湿油污等情况，均能使人体电阻降低，所以通常流经人体电流的大小是无法事先计算出来的。因此，为确定安全条件，往往不采用安全电流，而是采用安全电压来进行估算：一般情况下，也就是干燥而触电危险性较大的环境下，安全电压规定为24V，对于潮湿而触电危险性较大环境的塔、槽、罐等，检修安全电压规定为12V，这样，触电时通过人体的电流可被限制在较小范围内，可在一定程度上保障人身安全。需要特别指出的是，任何情况下都不要把安全电压理解为绝对没有危险的电压，例如在工作环境潮湿狭小且周围又有大面积接地导体时，人体接触6V的带电体，产生近10mA的电流，会使人体内部组织因热效应受到损坏而致伤，长时间也有致命危险，所以，所谓的安全电压是相对的，并不是绝对的安全。

597. 电气设备检修作业的安全措施有哪些？

① 劳动保护用品：工作时，应戴好安全帽，穿戴好劳保用品。

② 工具确认：工作前先确认作业工具是否完好。

③ 断电：认真填写工作票，断开所有电源侧开关和刀闸，以及有可能返送电的电源开关和刀闸。

④ 验电：必须在工作现场逐项验电，验电时必须戴绝缘手套，并有专人监护，电气设备未经证实无电，不准触摸。

⑤ 接地：作业设备断电、验电后确认断电，工作人员挂接地线，挂接地线时，要先接接地端，后接导线端，并悬挂警示牌。

⑥ 工作结束：工作结束，作业人员必须检查工作现场有无遗留的工具、材料等，通知并查明全部工作人员已结束工作，然后拆除接地线。拆除时，应先拆导线端，后拆接地端。

598. SO_2鼓风机房和软水站为什么安装轴流风机？

SO_2鼓风机房和软水站房内使用大量自动化仪表和气动阀门。气动阀门的气源是氮气，氮气是一种无色无味气体，如果浓度达到一定值，则会使人由于吸氧量不足而窒息死亡。SO_2鼓风机房和软水站房一般设计采用密闭空间，通风换气量有限，一旦气动阀门氮气泄漏，容易造成事故，所以要安装轴流风机，强制换气。同时SO_2鼓风机房内风机出口正压，存在SO_2泄漏危险，也需要强制通风，达到换气目的。

附录一

硫酸生产分析控制标准目录

附录二
金川集团科学技术奖励及专利

金川集团化工厂一线操作员工在实际生产中总结出了丰富的操作经验,通过职工技术革新、合理化建议及先进操作法等创新活动,取得了省部级科学技术奖励 10 余项,授权专利 150 余项。此处仅摘录与冶炼烟气制酸相关的奖励及专利技术。

附表 1　行业及省部级科学技术奖励

序号	名　　称	获 奖 等 级
1	多炉窑非均态冶炼烟气一体化治理技术	甘肃省科技进步二等奖
2	低浓度二氧化硫冶炼烟气治理及资源化技术研究与应用	甘肃省科技进步三等奖
3	复杂硫化矿冶炼烟气清洁治理及过程余热综合利用技术	甘肃省科技进步一等奖
4	冶炼烟气制酸技术集成创新	中国有色金属工业科学技术一等奖
5	镍冶炼烟气制酸酸性废水的减排再利用技术	中国有色金属工业科学技术一等奖
6	接触法硫酸装备的超大型化研究与应用	中国有色金属工业科学技术二等奖
7	铜冶炼烟气湿法净化酸性废水处理回用技术研究	中国有色金属工业科学技术一等奖
8	超高浓度冶炼烟气制酸过程分流转化及清洁生产技术研发与应用	中国有色金属工业科学技术一等奖
9	超大型进口 SO_2 鼓风机性能提升和安全控制技术的自主创新与应用	中国有色金属工业科学技术二等奖
10	超大型化工装置冷却循环用水一体化技术研究与应用	甘肃省有色工业协会科技进步二等奖

附表 2　技术专利

序号	专　利　名　称	专利类型	专利（申请）号
1	一种冶炼烟气烟囱内酸泥的处理方法	发明专利	2007103036289
2	一种制备硫酸过程的 SO_3 的吸收装置	发明专利	2010102416969
3	一种二氧化硫冶炼烟气处理方法	发明专利	2010102416761
4	一种准等温文丘里热能置换转化器	发明专利	2012104244716
5	一种冶炼烟气制酸工艺中烟气余热回收系统及方法	发明专利	2013104721372
6	一种内衬耐酸合金的干燥吸收塔体	实用新型	032421249
7	一种用于硫酸生产的干燥吸收塔	实用新型	032421265
8	一种管式分酸器	实用新型	032421257
9	一种管道弹性支座	实用新型	2004200889991
10	一种湍冲洗涤塔	实用新型	2004200893022
11	一种浓酸过滤器	实用新型	2004200893018
12	一种混酸器	实用新型	2004200893037
13	一种 SO_2 烟气管道与塔设备接口的承插结构	实用新型	200620137936X
14	一种除尘降温洗涤塔	实用新型	2006201379270
15	一种洗涤塔内置式过滤器	实用新型	2006201379317
16	一种电雾芒刺阴极线	实用新型	2006201379266
17	一种电除雾器的电雾大梁	实用新型	2006201376944
18	一种电除雾器	实用新型	2006201376910
19	一种玻璃纤维除氟装置	实用新型	200720181357X
20	一种硫酸生产干吸塔的烟气输入管道	实用新型	200720194805X
21	一种含硫烟气输送管道与干燥塔的法兰塔接管	实用新型	2007201813584
22	一种冶炼烟气输送管道波纹补偿器	实用新型	2007201813599
23	一种硫酸脱气塔	实用新型	2007201873180
24	一种测量烟气含尘量的采样装置	实用新型	2007201873227
25	一种将装酸管固定在装酸栈桥护栏上的装置	实用新型	2007201873231
26	一种在热烟气中混入冷烟气的装置	实用新型	2007201873208
27	一种充装浓硫酸的装置	实用新型	2007201873161
28	一种两侧为圆弧状的扁平形膨胀节管	实用新型	2007201873176
29	一种硫酸吸收塔填料的支撑装置	实用新型	200720187461X
30	一种防止转化器内触媒掉落装置	实用新型	2007201874624
31	一种浓硫酸的取样装置	实用新型	200720187479X
32	内衬合金层的玻璃钢复合管道	实用新型	2007201874499
33	一种电除雾器的气体分布装置	实用新型	2007201874501
34	一种槽车装车平台过桥装置	实用新型	2007201874605

续表

序号	专 利 名 称	专利类型	专利（申请）号
35	一种烟气管道的取样装置	实用新型	2007201909182
36	一种组合式硫酸干吸塔捕沫器	实用新型	2009201054658
37	一种风机盘车卡具	实用新型	2009201054662
38	一种净化酸性废水脱气装置	实用新型	2009201054681
39	一种自压式自动串酸装置	实用新型	2009201054696
40	一种填料塔管道过滤器	实用新型	2009201054709
41	一种洗涤塔	实用新型	2009201054713
42	一种硫酸转化器	实用新型	2009201071954
43	一种管式分酸器的分酸嘴	实用新型	2009201071969
44	一种切割圆规	实用新型	2010202782547
45	一种硫酸装酸鹤管的输酸管	实用新型	2010202786270
46	一种管式分酸器喷嘴	实用新型	201020278650X
47	一种防结冰冷却水塔	实用新型	2010202786247
48	一种汽液分离塔的气液分离装置	实用新型	2010202786213
49	一种尾气处理装置	实用新型	2010202786092
50	一种沉降装置	实用新型	201020278604X
51	一种便携式虹吸装置	实用新型	2010202785780
52	一种两级轴封阀门	实用新型	2010202785776
53	一种推杆式阀门	实用新型	2010202785761
54	一种液压推杆式阀门	实用新型	2010202785668
55	一种液压推杆式双阀板阀门	实用新型	2010202785691
56	一种具有双循环系统的洗涤塔	实用新型	2010202785333
57	一种气体密封蝶阀	实用新型	201020641340X
58	一种气体密封导叶调节阀	实用新型	2010206413471
59	一种蝶阀的自动清灰装置	实用新型	2010206413452
60	一种立式反冲式过滤器	实用新型	2012202740505
61	一种过滤装置	实用新型	2012202740492
62	一种能回收 SO_2 转化为 SO_3 余热的反应装置	实用新型	2012202740399
63	一种二氧化硫脱气塔	实用新型	2012202740365
64	一种冷却循环水的装置	实用新型	2012202740401
65	一种自压装酸装置	实用新型	2012202740558
66	一种吸收塔	实用新型	2012202740628
67	一种循环水蓄水池泵水装置	实用新型	2012202740755
68	一种循环水蓄水池	实用新型	2012202740581
69	一种逆流式冷却塔的喷水装置	实用新型	2012202740539

序号	专 利 名 称	专利类型	专利（申请）号
70	一种悬浮过滤器	实用新型	2012202740384
71	一种混酸器	实用新型	2012202740488
72	一种截止阀	实用新型	2012202740632
73	一种储酸装置	实用新型	2012202740736
74	一种硫酸尾气排空控制装置	实用新型	2012202740524
75	一种管道波纹补偿器	实用新型	2012202740721
76	一种硫酸生产的干燥吸收装置	实用新型	201220274051X
77	一种输送管道漏点的处理装置	实用新型	2012202740740
78	一种轴与叶轮的拆装装置	实用新型	2012202740276
79	一种液液混合装置	实用新型	2012202740469
80	一种液氯充装设备	实用新型	2012202893322
81	一种转化器环形布气装置	实用新型	2012203331638
82	一种检修电源箱	实用新型	2012204376871
83	一种准等温文丘里热能置换转化器	实用新型	2012205642326
84	一种卧式准等温转化器	实用新型	2012205637135
85	一种防护服	实用新型	2013203815912
86	一种稀酸静态紊流器	实用新型	2013203816012
87	一种稀硫酸酸泥泥浆罐	实用新型	2013203815999
88	一种金属硫化矿冶炼中非正常外排烟气处理系统	实用新型	2013203816239
89	一种尾矿浆烟气脱硫处理设备	实用新型	2013203815880
90	一种管式连续中和装置	实用新型	2013203816559
91	一种冶炼烟气制酸工艺中酸性废水的处理系统	实用新型	201320381603
92	一种连续中和反应混合装置	实用新型	2013203816173
93	一种硫酸制酸工艺中二氧化硫转化余热回收系统	实用新型	2013203816065
94	转化器布气板	实用新型	2013203816135
95	水玻璃连续加料装置	实用新型	201320381621X
96	一种 SO_2 转化器的滑动式底座	实用新型	2013203816328
97	一种安全水封的内置漏水保护装置	实用新型	201320381597X
98	一种排酸管道脱气酸封装置	实用新型	2013203815946
99	二氧化硫气体输送用大型钛风机	实用新型	201320381614x
100	一种长距离输送管道紧急调压器	实用新型	2013203815931
101	一种烟气脱硫处理设备	实用新型	2013203816008
102	一种冶炼烟气制酸工艺中烟气余热回收系统	实用新型	2013206258253

参 考 文 献

[1] 汤桂华，赵增泰，郑冲. 硫酸//化肥工学丛书. 北京：化学工业出版社，1999.

[2] 贺天华，高凯. 硫酸生产操作工. 北京：化学工业出版社，2003.

[3] 南京化学工业（集团）公司设计院编写. 硫酸工艺设计手册（工艺计算篇）. 虞钰初等. 南京：化工部硫酸工业信息站，1994.

[4] 南京化学工业（集团）公司设计院编写. 硫酸工艺设计手册（物化数据篇）. 沙业汪等. 南京：化工部硫酸工业科技情报中心站，1990.

[5] 刘少武，齐焉，刘东，刘翼鹏等. 硫酸工作手册. 南京：东南大学出版社，2001.

[6] 化学工业部化肥司组织编写. 硫酸生产分析规程. 化学工业出版社，1993.

[7] 徐邦学. 硫酸生产工艺流程与设备安装施工技术及质量检验检测标准实用手册. 南宁：广西金海湾电子音像出版社，2004.

[8] 刘少武，齐焉，赵树起，丁汝斌等. 硫酸生产技术. 南京：东南大学出版社，1993.

[9] 王志翔. 硫酸生产加工与设备安装新工艺新技术及生产过程分析质量检测新标准实用手册. 长春：吉林音像出版社，2005.

[10] 陈五平. 无机化工工艺学 第2版.（二）硫酸与硝酸. 北京：化学工业出版社，1989.

[11] 陈五平. 无机化工工艺学 第3版. 中册：硫酸、磷肥、钾肥. 北京：化学工业出版社，2001.

[12] 《机械加工技术手册》编写组. 机械加工技术手册. 北京：北京出版社，1989.

[13] 高忠民. 气焊工基本技术. 北京：金盾出版社，2007.

[14] 徐灏. 机械设计手册. 北京：机械工业出版社，1992.

[15] 机械工业部. 泵产品样本. 北京：机械工业出版社，1997.

[16] 赵玲玲. 维修电工基本技能. 北京：金盾出版社，2007.11.

[17] 顾绳谷. 电机及拖动基础（上、下册）. 第4版. 北京：机械工业出版社，2007.

[18] 丘关源，罗先觉. 电路. 第5版. 北京：高等教育出版社，2006.

[19] 杨兴瑶. 电动机调速原理及系统. 北京：水力水电出版社，1979.

[20] 巫松桢，廖培金，陈燕. 电气工程师手册. 第2版. 北京：机械工业出版社，2002.

[21] 电力工业部西北电力设计院编. 电力工程电气设备手册 电气二次部分. 北京：中国电力出版社，1996.

[22] 中国机械工程学会设备维修专业学会. 机修手册. 第3版. 北京：机械工业出版社，1993.

[23] 《工厂常用电气设备手册》编写组. 工厂常用电气设备手册（补充版）. 北京：水利电力出版社，1993.

编 后 语

　　《现代硫酸生产操作与技术指南》是一部系统面向硫酸生产一线操作人员、技术人员及基层管理人员的指导类书籍。在金川集团股份有限公司工会的全力支持及指导下，借助全员性职工技术创新平台，编写组在充分总结硫酸生产操作实际经验的基础上，汲取凝练多年来职工技术创新成果，在经历了500多个昼夜的不懈努力最终得以编撰成稿。《现代硫酸生产操作与技术指南》的面世凝聚着金川化工人对硫酸事业的无比热爱，体现了金川化工人对硫酸事业的执着和坚韧，以及在硫酸操作管理运行水平提升方面的强烈责任感。

　　编写过程亦是一次学习过程。由于国内硫酸生产企业众多，生产条件不尽相同，选用的工艺技术及装备千差万别，为了尽可能全面地阐述行业内硫酸生产系统的技术装备及应用操作特点，本书编撰过程中，不仅对金川集团硫酸生产系统的技术装备应用情况进行了介绍，也得到了行业内技术实力雄厚、业绩突出的设备制造厂家的技术支持，在此一并致谢。

　　感谢中国硫酸工业协会的精心指导与大力支持。

　　感谢双盾环境科技有限公司对本书中高效洗涤器、电除雾器技术理论及应用操作章节部分的技术支持。

　　感谢甘肃中顺石化工程有限公司对本书中干吸塔、槽及换热器修复操作章节部分的技术支持。

　　感谢南京华电节能环保设备有限公司对本书中中温位余热回收技术及热管锅炉操作应用章节部分的技术支持。

　　感谢孟莫克化工成套设备（上海）有限公司对本书中纤维除雾器技术、低温位余热回收技术及催化剂选型应用章节部分的技术支持。

　　感谢化工厂烟气制酸工长年累月积累的操作经验对本书的贡献。

　　感谢所有编者一年半来的辛勤付出。

　　硫酸生产技术万变不离其宗，相信本书定能为行业内硫酸生产操作与经济技术指标提升提供借鉴意义，也会使读者对硫酸生产过程及操作形成全面正确的认识与理解。同时，真诚感谢您对本书的关注，愿《现代硫酸生产操作与技术指南》能成为大家诚挚交流和互动的平台，共同推进硫酸生产精细操作及技术创新！

编委会

二〇一五年十二月十日